U0232906

教育部高等学校电子信息类专业教学指导委员会规划教材

高等学校电子信息类专业系列教材·新形态教材

MATLAB应用教程

编程方法、科学计算与系统仿真

徐奇伟　编著

清华大学出版社

北京

内 容 简 介

MATLAB 是适合多学科、多工作平台的大型科学应用软件。本书详细讲解 MATLAB 的基本功能与操作，帮助读者掌握利用 MATLAB 解决实际问题的能力。

全书详细讲解 MATLAB 的基础知识、数组、矩阵运算、符号运算、程序设计、二维绘图、三维绘图、函数运用、数据分析与优化求解、输入与输出等内容，同时还对 Simulink 系统仿真与应用进行详细的讲解。本书中的示例均已记录在 M 文件及其他相关文件中，读者可以直接使用对应文件进行操作，以提高学习效率。

本书内容翔实，结合示例引导，讲解深入浅出，可作为高等院校理工科相关专业研究生、本科生的教材，也可作为广大科研工程技术人员的参考用书。

图书在版编目（CIP）数据

MATLAB应用教程：编程方法、科学计算与系统仿真 / 徐奇伟编著. -- 北京：清华大学出版社，2024. 12. -- (高等学校电子信息类专业系列教材). -- ISBN 978-7-302-67814-4

Ⅰ. TP317

中国国家版本馆CIP数据核字第2024FV4228号

策划编辑：盛东亮
责任编辑：吴彤云
封面设计：李召霞
责任校对：李建庄
责任印制：宋 林

出版发行：清华大学出版社

网　　　　址：https://www.tup.com.cn, https://www.wqxuetang.com
地　　　　址：北京清华大学学研大厦A座　　　　邮　　编：100084
社　总　机：010-83470000　　　　邮　　购：010-62786544
投稿与读者服务：010-62776969，c-service@tup.tsinghua.edu.cn
质 量 反 馈：010-62772015，zhiliang@tup.tsinghua.edu.cn
课 件 下 载：https://www.tup.com.cn，010-83470236

印 装 者：三河市铭诚印务有限公司
经　　销：全国新华书店
开　　本：185mm×260mm　　　印　　张：21.5　　　字　　数：582千字
版　　次：2024年12月第1版　　　印　　次：2024年12月第1次印刷
印　　数：1～1500
定　　价：65.00元

产品编号：105664-01

前言
PREFACE

MATLAB 是由美国 MathWorks 公司推出的商业数学软件，用于算法开发、数据可视化、数据分析以及数值计算的高级技术计算语言和交互式环境，在很大程度上摆脱了传统非交互式程序设计语言的编辑模式，代表了当今国际科学计算软件的先进水平。

MATLAB 将数值分析、矩阵计算、科学数据可视化以及非线性动态系统的建模和仿真等诸多强大功能集成在一个易于使用的视窗环境中，为科学研究、工程设计以及必须进行有效数值计算的众多科学领域提供了一种全面的解决方案。

目前众多高校开设了 MATLAB 相关课程，广大师生迫切需要拥有一本有效学习 MATLAB 课程的优秀教材。基于此，编者编写了本书，详细讲解 MATLAB 的基础知识和核心内容。全书力求从实用的角度出发，通过大量经典案例，对 MATLAB 的功能、操作和相关应用进行详细讲解，可以帮助读者快速掌握 MATLAB 的各种应用。本书基于 MATLAB 2022a 版本进行编写，是进行 MATLAB 设计和应用的优秀教科书。

1. 本书特点

前后衔接、易教易学。注重知识内容体系的前后连贯，妥善处理前期课程与后续课程的衔接，讲解的同时注重内容的实用性和可读性，便于教师授课和学生学习。

- ❑ 由浅入深、循序渐进。本书以初、中级读者为对象，从 MATLAB 基本知识讲起，辅以各种 MATLAB 应用示例，帮助读者尽快提高 MATLAB 的应用技能。
- ❑ 步骤详尽、内容新颖。本书根据编者多年的 MATLAB 使用经验，结合大量操作示例，将 MATLAB 的各种功能、使用技巧等详细地讲解给读者。讲解过程步骤详尽、内容新颖，并辅以相应的图片，使读者在阅读时一目了然，从而快速掌握书中所讲内容。
- ❑ 示例典型、轻松易学。学习应用案例的具体操作是掌握 MATLAB 使用方法的最好方式。本书通过应用示例，详尽透彻地讲解了 MATLAB 的各种功能。

2. 本书内容

本书在介绍 MATLAB 环境的基础上，详细讲解了 MATLAB 的基础知识和核心内容。书中各章均提供了大量针对性示例，并辅以图片和注释，供读者实战练习，快速掌握 MATLAB 的应用。全书共 12 章，具体内容如下。

第一部分（第 1～5 章）为 MATLAB 基础知识，主要介绍 MATLAB 的工作界面、通用命令、数据类型、基本运算等基础知识，同时对数组、矩阵的创建与操作以及符号运算等内容做了详细讲解。数组运算函数、多维数组的操作部分作为本书的附赠内容，读者可根据需要学习。

第二部分（第 6～9 章）为 MATLAB 程序设计与数据可视化，主要讲解程序结构与控制、程序调试与优化方法，介绍二维、三维图形的绘制与处理，以及函数类型与参数传递等。程序优化、三维图形控制部分作为本书的附赠内容，读者可根据需要学习。

第三部分（第 10 章）为 Simulink 仿真应用，主要介绍 Simulink 仿真环境、模块库、模块操作、系统仿真等内容。Simulink 仿真与调试作为本书的附赠内容，读者可根据需要学习。

第四部分（第 11、12 章）为 MATLAB 高级应用，主要讲解数据分析与优化求解、输入与输出等内容。微积分运算部分作为本书的附赠内容，读者可根据需要进行学习。

另外，编者专为本书编写了上机实验操作部分内容，读者在学习过程中可以通过上机实操学习掌握 MATLAB。

3. 读者对象

本书适合 MATLAB 初学者和希望提高 MATLAB 应用技能的读者，具体如下。

★ MATLAB 爱好者　　　　　　　　★ 广大科研工作者
★ 大中专院校教师和在校生　　　　★ 相关培训机构教师和学员
★ 参加数学建模大赛的学生

4. 读者服务

读者在学习过程中如果遇到与本书有关的技术问题，可以访问"算法仿真"公众号获取帮助，公众号提供了读者与编者的沟通渠道。同时，读者可以扫描图书封四勒口处二维码获取教学大纲、教学课件、程序代码、实验指导、测试试卷、习题解答等学习资源。

5. 本书编者

本书由徐奇伟编著，在编写过程中，王翔翼、易良武、张富齐、龙学汉、赵博文等提供了部分素材，在此一并表示感谢。虽然编者在本书的编写过程中力求叙述准确、完善，但由于水平有限，书中疏漏之处在所难免，希望读者能够及时指出，共同促进本书质量的提高。最后再次希望本书能为读者的学习和工作提供帮助！

编　者
2024 年 10 月

目录

CONTENTS

视频目录
VIDEO CONTENTS

视 频 名 称	时长/min	位　　置
第1集　MATLAB简介	2	1.1节
第2集　工作界面	4	1.2节
第3集　搜索路径	2	1.3节
第4集　M文件	6	1.4节
第5集　通用命令	4	1.5节
第6集　帮助系统	3	1.6节
第7集　初步使用MATLAB	1	1.7节
第8集　基本概念	6	2.1节
第9集　数据类型	6	2.2节
第10集　基本运算	9	2.3节
第11集　字符串	9	2.4节
第12集　创建数组	7	3.1节
第13集　创建标准数组	7	3.2节
第14集　数组属性	5	3.3节
第15集　数组索引与寻址	7	3.4节
第16集　数组操作	12	3.5节
第17集　向量运算	6	4.1节
第18集　矩阵基本运算	8	4.2节
第19集　矩阵特征参数	7	4.3节
第20集　稀疏矩阵	8	4.4节
第21集　矩阵分解	11	4.5节
第22集　符号对象	7	5.1节
第23集　符号运算函数	6	5.2节
第24集　符号矩阵	4	5.3节
第25集　符号方程求解	6	5.4节
第26集　程序语法规则	4	6.1节
第27集　程序结构	6	6.2节
第28集　控制语句	6	6.3节
第29集　程序调试	5	6.4节
第30集　数据可视化	4	7.1节
第31集　二维图形绘制	6	7.2节
第32集　图形的修饰	3	7.3节

续表

视 频 名 称	时长/min	位　　置
第33集　三维图形绘制	4	8.1节
第34集　网格与曲面图	5	8.2节
第35集　专用绘图函数	2	8.3节
第36集　函数文件	3	9.1节
第37集　函数类型	5	9.2节
第38集　参数传递	7	9.3节
第39集　Simulink基本介绍	3	10.1节
第40集　模块库介绍	7	10.2节
第41集　模块操作	3	10.3节
第42集　系统仿真	3	10.4节
第43集　多项式计算	6	11.1节
第44集　数据插值	5	11.2节
第45集　曲线拟合	5	11.3节
第46集　优化问题	5	11.4节
第47集　文件打开与关闭	4	12.1节
第48集　文件读写	7	12.2节
第49集　文件位置控制	6	12.3节

第 1 章

初识 MATLAB

伴随着科技的不断发展，MATLAB 已经成为一种集数值运算、符号运算、数据可视化、程序设计、系统仿真等多种功能于一体的综合应用软件。在正式学习 MATLAB 之前，本章先介绍其工作环境、通用命令和帮助系统等，帮助读者尽快了解 MATLAB 软件。

1.1 MATLAB 简介

MATLAB 是美国 MathWorks 公司推出的商业数学软件，用于数据分析、无线通信、深度学习、图像处理与计算机视觉、信号处理、量化金融与风险管理、机器人、控制系统等领域。MATLAB 是 Matrix 与 Laboratory 两个词的组合，意为"矩阵工厂（矩阵实验室）"，软件主要面向科学计算、可视化以及交互式程序设计的高科技计算环境。

第 1 集
微课视频

MATLAB 基于数组和矩阵两种基本数据运算量，每个量可能被当作数组，也可能被当作矩阵，这要根据所采用的运算法则或运算函数判断。在 MATLAB 中，数组与矩阵的运算法则和运算函数是有区别的。但不论是 MATLAB 的数组还是 MATLAB 的矩阵，都与一般高级语言中使用数组或矩阵的方式不同。

当 MATLAB 把矩阵（或数组）独立地当作一个运算量对待后，向下可以兼容向量和标量。不仅如此，矩阵和数组中的元素可以将复数作为基本单元，向下可以包含实数集。这些是 MATLAB 区别于其他高级语言的根本特点。此外，MATLAB 语言还具有以下几个特点。

1. 语言简洁，编程效率高

MATLAB 定义了专门用于矩阵运算的运算符，使得矩阵运算如同标量运算一样简单，且这些运算符本身就能执行向量和标量的多种运算。利用这些运算符可使一般高级语言中的循环结构变成一个简单的 MATLAB 语句，再结合 MATLAB 丰富的库函数可使程序变得非常简短，几条语句即可代替数十行 C 语言或 Fortran 语言程序语句的功能。

2. 交互性好，使用方便

在 MATLAB 的命令行窗口中输入一条语句，立刻能看到该语句的执行结果，体现了良好的交互性。因为不用像 C 语言和 Fortran 语言那样，需要首先编写源程序，然后对其进行编译、连接，待形成可执行文件后方可执行程序得出结果，MATLAB 的交互方式减少了编程和调试程序的工作量，给使用者带来了极大的方便。

3. 绘图功能强大，便于数据可视化

MATLAB 不仅能绘制多种不同坐标系中的二维曲线，还能绘制三维曲面，体现了强大的绘

图能力。正是这种能力为数据的图形化表示（数据可视化）提供了有力工具，使数据的展示更加形象生动，有利于揭示数据间的内在关系。

4. 领域广泛的工具箱，便于众多学科直接使用

MATLAB 工具箱（函数库）可分为功能性工具箱和学科性工具箱两类。功能性工具箱主要用来扩充其符号运算功能、图示建模仿真功能、文字处理功能以及与硬件实时交互功能。而学科性工具箱专业性比较强，如优化工具箱、统计工具箱、控制工具箱、通信工具箱、图像处理工具箱、小波工具箱等。

5. 开放性好，便于扩展

除内部函数外，MATLAB 的其他文件都是公开的、可读可改的源文件，体现了 MATLAB 的开放性特点。用户根据需要可以修改源文件，也可以加入自己的文件，甚至构造自己的工具箱。MATLAB 具有一套程序扩展系统和一组称为工具箱的特殊应用子程序。

1.2 工作界面

与其他 Windows 应用程序一样，在完成 MATLAB 的安装后，可以使用以下两种方式启动MATLAB。

（1）双击桌面上的快捷方式图标（要求 MATLAB.exe 快捷方式已添加到桌面）。

（2）在 MATLAB 的安装文件夹（默认路径为 C:\Program Files\MATLAB\R2022a\bin\）中，双击 MATLAB.exe 应用程序。

初次启动后的 MATLAB 默认界面如图 1-1 所示。这是系统默认的、未曾被用户依据自身需要和喜好设置过的主界面。

第 2 集
微课视频

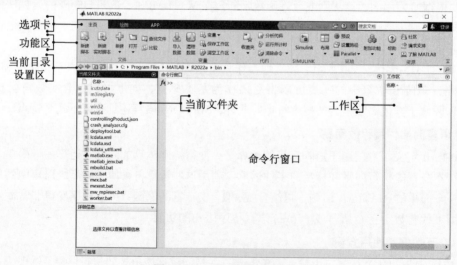

图 1-1 MATLAB 默认主界面

默认情况下，MATLAB 的操作界面包含选项卡、功能区、命令行窗口、命令历史记录窗口、工作区、当前文件夹等，其中命令历史记录窗口须在命令行窗口中按向上箭头键（↑）方可显示。

界面中的命令行窗口、工作区等窗口可以从 MATLAB 主界面中分离出来，以便单独显示和

操作。分离出的窗口也可重新回到主界面中，以命令行窗口为例，分离的方法如下。

（1）单击窗口右上角 ⊙（下拉）按钮，在下拉菜单中选择"取消停靠"。

（2）直接拖动窗口标题栏，将命令行窗口拖离主界面。

分离后的命令行窗口如图 1-2 所示。若要将分离的命令行窗口停靠在主界面中，则可单击窗口右上角 ⊙（下拉）按钮，在下拉菜单中选择"停靠"。

图 1-2　分离的命令行窗口

选项卡和功能区在组成方式和内容上与一般应用软件基本相同，其功能也比较直观，本章不再赘述。下面重点介绍 MATLAB 的几个专有窗口。

1.2.1　命令行窗口

MATLAB 默认主界面的中间部分是命令行窗口。命令行窗口就是接收命令输入的窗口，可输入的对象除 MATLAB 命令外，还包括函数、表达式、语句及 M 文件名或 MEX 文件名等，为叙述方便，这些可输入的对象以下统称为语句。

1．语句的输入

MATLAB 的工作方式之一是在命令行窗口中输入语句，然后由 MATLAB 逐句解释执行并在命令行窗口中显示结果。命令行窗口可显示除图形以外的所有运行结果。

在命令行窗口中，每条语句前都有一个>>符号，即命令提示符。在此符号后（也只能在此符号后）输入各种语句并按 Enter 键，方可被 MATLAB 接收和执行。执行的结果通常会直接显示在语句下方。

【例 1-1】　在命令行窗口输入 MATLAB 语句，并执行。

解　直接在命令行窗口输入以下语句。

```
>> a=6                              %创建变量 a，并将其赋值为 6
```

按 Enter 键接受输入后，在命令行窗口输出以下结果。

```
a=
     6
```

继续在命令行窗口输入以下语句。

```
>> A=[1 3 5; 2 4 6]                 % 创建一个 2×3 的矩阵 A，行与行用分号分隔
```

按 Enter 键接受输入后，在命令行窗口输出以下结果。

```
A=
     1     3     5
     2     4     6
```

语句执行完成之后变量会出现在工作区中，如图 1-3 所示。

图 1-3　执行语句后的命令行窗口及工作区

说明：MATLAB 中的注释采用%符号标注，即注释符。在%后的文字均为注释，不参与程序的运行。

2. 命令提示符和语句颜色

不同类型的语句用不同的颜色区分。默认情况下，输入的命令、函数、表达式以及计算结果等采用黑色显示，字符串采用红色，if、for 等关键词采用蓝色，注释语句采用绿色。

【例 1-2】　在命令行窗口中输入 MATLAB 语句，并观察语句的颜色及输出结果。

解　直接在命令行窗口输入以下语句。

```
>> A=[1 3 5; 2 4 6; 7 8 10]              % 创建一个 3×3 的矩阵
```

按 Enter 键接受输入后，在命令行窗口输出以下结果。

```
A=
    1    3    5
    2    4    6
    7    8   10
```

继续在命令行窗口输入以下语句。

```
>> B=[2 4 5]
```

按 Enter 键接受输入后，在命令行窗口输出以下结果。

```
B=
    2    4    5
```

继续在命令行窗口输入以下语句。

```
>> str=["Mercury" "Gemini" "Apollo";
    "Skylab" "Skylab B" "ISS"]          %创建一个 2×3 的字符串数组
```

按 Enter 键接受输入后，在命令行窗口输出以下结果。

```
str=
  2×3 string 数组
    "Mercury"    "Gemini"     "Apollo"
    "Skylab"     "Skylab B"   "ISS"
```

注意：在向命令行窗口输入语句时，一定要在英文输入状态下输入（在刚输完汉字后，初学者很容易忽视中英文输入状态的切换）。

3. 命令行窗口中数值的显示格式

为了适应用户以不同格式显示计算结果的需要，MATLAB 设计了多种数值显示格式供用户选用，如表 1-1 所示。

表 1-1 命令行窗口中数值的显示格式

格 式	显示格式（自然常数e）	格式效果说明
short	2.7183	短固定十进制小数点格式（默认）。小数点后保留4位小数，整数部分超过3位的小数用short e格式
long	2.718281828459045	长固定十进制小数点格式。小数点后保留15位小数（double型）或7位小数（single型），否则用long e格式表示
short e或shortE	2.7183e+00	短科学记数法。小数点后保留4位小数，倍数关系用科学记数法表示成十进制指数形式
long e或longE	2.718281828459045e+00	长科学记数法。小数点后保留15位小数（double型）或7位小数（single型）
short g或shortG	2.7183	短固定十进制小数点格式或科学记数法（取紧凑的）。保留5位有效数字，数字大小在$10^{-5}\sim10^{5}$时自动调整数位，超出范围时用short e格式
long g或longG	2.71828182845905	长固定十进制小数点格式或科学记数法（取紧凑的）。对于double型，保留15位有效数字，数字大小在$10^{-15}\sim10^{15}$时，自动调整数位，超出范围时用long e格式；对于single型，保留7位有效数字
shortEng	2.7183e+000	短工程记数法。小数点后包含4位小数，指数为3的倍数
longEng	2.71828182845905e+000	长工程记数法。包含15位有效位数，指数为3的倍数
hex	4005bf0a8b145769	十六进制显示格式。二进制双精度数字的十六进制表示形式
bank	2.72	货币格式。小数点后包含2位数，用于表示元、角、分
+	+	正/负格式。正数、负数和零分别用+、-、空格表示
rational	1457/536	小整数比格式。用分数有理数近似表示
compact	不留空行显示	屏幕控制显示格式。在显示结果之间没有空行的紧凑格式
loose	留空行显示	屏幕控制显示格式。在显示结果之间存在空行的稀疏格式

默认显示格式如下：数值为整数时，以整数显示；数值为实数时，以 short 格式显示；若数值的有效数字超出了范围，则以科学记数法显示结果。

说明： 表 1-1 中最后两个格式 compact 与 loose 用于控制屏幕显示格式，而非数值显示格式。MATLAB 的所有数值均按 IEEE 浮点标准规定的 long 格式存储，显示的精度并不代表数值实际的存储精度，或者说数值参与运算的精度。

4. 数值显示格式的设置方法

在 MATLAB 中，命令行窗口数值显示格式的设置方法有两种。

（1）在 MATLAB 主界面中单击"主页"选项卡→"环境"选项组→"预设"按钮◎，在弹出的"预设项"对话框中选择"命令行窗口"进行显示格式设置，如图 1-4 所示。

说明： 本书后面执行选项卡中的命令时采用简化描述方式，即以→表示执行顺序，如上面的操作简化为单击"主页"→"环境"→"预设"按钮◎。

（2）在命令行窗口中执行 format 命令，如要用 long 格式时，在命令行窗口中输入 format long 语句即可。使用命令方便在程序设计时进行格式设置。

图 1-4 "预设项"对话框

【例 1-3】 MATLAB 数值显示格式设置示例。

解 直接在命令行窗口输入以下语句，并观察输出结果（与表 1-1 对应）。

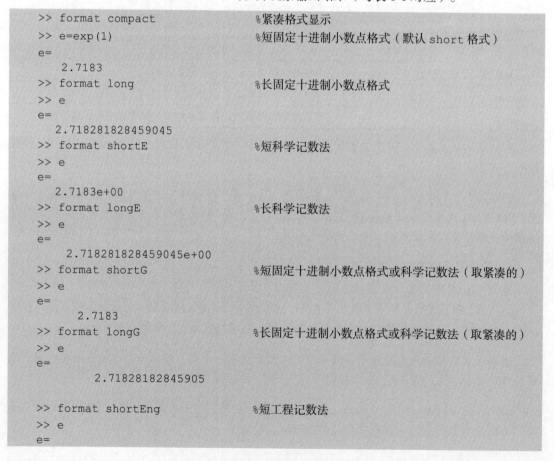

```
>> format compact            %紧凑格式显示
>> e=exp(1)                   %短固定十进制小数点格式（默认 short 格式）
e=
    2.7183
>> format long               %长固定十进制小数点格式
>> e
e=
   2.718281828459045
>> format shortE             %短科学记数法
>> e
e=
   2.7183e+00
>> format longE              %长科学记数法
>> e
e=
    2.718281828459045e+00
>> format shortG             %短固定十进制小数点格式或科学记数法（取紧凑的）
>> e
e=
        2.7183
>> format longG              %长固定十进制小数点格式或科学记数法（取紧凑的）
>> e
e=
           2.71828182845905
>> format shortEng           %短工程记数法
>> e
e=
```

```
        2.7183e+000
>> format longEng                    %长工程记数法
>> e
e=
        2.71828182845905e+000
>> format hex                        %十六进制显示格式
>> e
e=
    4005bf0a8b145769
>> format bank                       %货币格式
>> e
e=
            2.72
>> format rational                   %小整数比格式
>> e
e=
    1457/536
```

不仅数值显示格式可以自行设置，数字和文字的字体显示风格、大小、颜色也可自行设置。在"预设项"对话框左侧的格式对象树中选择要设置的对象，再配合相应的选项，便可对所选对象的风格、大小、颜色等进行设置。

【例 1-4】 MATLAB 屏幕显示格式设置示例。

解 直接在命令行窗口输入以下语句，并观察输出结果（与表 1-1 对应）。

```
>> format loose                      %稀疏格式显示
>> theta=pi/2

theta=

    1.5708

>> format compact                    %紧凑格式显示
>> theta=pi/2
theta=
    1.5708
```

5. 命令行窗口清屏

在命令行窗口中执行过许多命令后，经常需要对窗口进行清屏操作，通常有如下方法。

（1）执行"主页"→"代码"→"清除命令"→"命令行窗口"命令。

（2）在命令提示符后直接输入 clc 命令后按 Enter 键即可。

注意： clc 命令仅清除命令行窗口中显示的内容，而不能清除工作区的内容，如果需要将工作区的内容清除，则需要执行 clear 命令。

1.2.2 命令历史记录窗口

命令历史记录窗口用来存放曾在命令行窗口中使用过的语句，以方便用户追溯、查找曾经使用过的语句，利用这些既有的资源可以节省语句输入时间。下面两种情况下，命令历史记录窗口的优势体现得尤为明显。

（1）需要重复处理的长语句。

（2）需要选择多行曾经使用过的语句形成 M 文件。

默认工作界面中，命令历史记录窗口并不显示在界面中。在命令行窗口中按向上箭头（↑）键即可实时弹出浮动命令历史记录窗口。

说明：也可以执行"主页"→"环境"→"布局"→"命令历史记录"→"停靠"命令，将命令历史记录窗口显示在工作界面中。

类似命令行窗口，对命令历史记录窗口也可进行停靠、分离等操作，分离后的窗口如图 1-5 所示。从窗口中记录的时间可以看出，其中存放的正是曾经用过的语句。

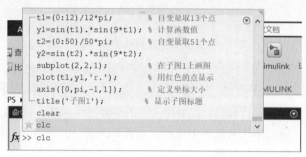

图 1-5　分离的命令历史记录窗口

注意：对命令历史记录窗口执行分离操作后，该窗口会处于隐藏状态，在命令行窗口中按向上箭头（↑）键即可将其弹出，此时窗口处于浮动状态，这与其他窗口的操作结果不同。

对于命令历史记录窗口中的内容，可在选中的前提下将它们复制到当前正在工作的命令行窗口中，以供进一步修改或直接运行。

1. 复制、执行命令历史记录窗口中的命令

命令历史记录窗口的主要用途及操作方法如表 1-2 所示，操作方法中提到的"选中"操作与 Windows 中选中文件的方法相同，同样可以结合 Ctrl 和 Shift 键使用。

表 1-2　命令历史记录窗口的主要用途和操作方法

主 要 用 途	操 作 方 法
复制单行或多行语句	选中单行或多行语句，执行"复制"命令（按Ctrl+C组合键），回到命令行窗口，执行"粘贴"命令（按Ctrl+V组合键）即可实现复制
执行单行或多行语句	选中单行或多行语句，右击，在弹出的快捷菜单中选择"执行所选内容"，选中的语句将在命令行窗口中运行，并同步显示相应结果；双击语句行也可运行该语句
把多行语句写成M文件	选中单行或多行语句，右击，在弹出的快捷菜单中选择"创建实时脚本"或"创建脚本"，利用随之打开的实时编辑器窗口，可将选中语句保存为M文件

用命令历史记录窗口完成所选语句的复制操作如下。

（1）选中所需的第 1 行语句。

（2）按住 Shift 键并选中所需的最后一行语句，连续多行语句即被选中；按住 Ctrl 键并选中所需的其他行语句，需要的多行语句即被选中。

（3）按 Ctrl+C 组合键或在选中区域右击，在弹出的快捷菜单中选择"复制"。

（4）回到命令行窗口，在该窗口中右击，在弹出的快捷菜单中选择"粘贴"，所选内容即被复制到命令行窗口中，如图 1-6 所示。

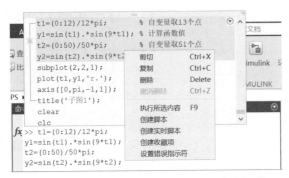

图 1-6　命令历史记录窗口中的选择与复制操作

用命令历史记录窗口执行所选语句操作如下。

（1）选中所需的第 1 行语句。

（2）结合 Shift 键选中连续多行语句；按住 Ctrl 键可选中不连续的多行语句。

（3）在选中的区域右击，在弹出的快捷菜单中选择"执行所选内容"，计算结果就会出现在命令行窗口中。

2. 清除命令历史记录窗口中的内容

执行"主页"→"代码"→"清除命令"→"命令历史记录"命令，即可清除命令历史记录窗口中的当前内容，以前的命令将不能被追溯和使用。

1.2.3　当前文件夹

MATLAB 利用"当前文件夹"窗口（见图 1-7）可以组织、管理和使用所有 MATLAB 文件和非 MATLAB 文件，如新建、复制、删除、重命名文件夹和文件等，还可以利用其打开、编辑和运行 M 程序文件及载入 mat 数据文件等。

MATLAB 的当前目录是实施打开、装载、编辑和保存文件等操作时系统默认的文件夹。设置当前目录就是将此默认文件夹改成用户希望使用的文件夹，用来存储文件和数据。具体的设置方法有以下两种。

（1）在当前文件夹的目录设置区设置。设置方法同 Windows 操作，这里不再赘述。

图 1-7　"当前文件夹"窗口

（2）使用目录命令 cd 设置，其调用格式如下。

```
cd                              %显示当前目录
cd newFolder                    %设定当前目录为 newFolder，如 cd D:\DingJB\MATLAB
```

用命令设置当前目录，为在程序中改变当前目录提供了方便，因为编写完成的程序通常用 M 文件存放，执行这些文件时即可将其存储到需要的位置。

1.2.4　工作区和变量编辑器

默认情况下，工作区位于 MATLAB 操作界面的右侧。如同命令行窗口，也可对该工作区进行停靠、分离等操作，分离后的"工作区"窗口如图 1-8 所示。

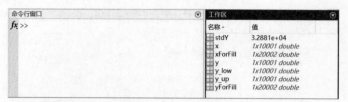

图 1-8　分离后的"工作区"窗口

工作区拥有许多其他功能，如内存变量的打印、保存、编辑和图形绘制等。这些操作都比较简单，只需要在工作区中选择相应的变量并右击，在弹出的快捷菜单（见图 1-9）中选择相应的菜单命令即可。

图 1-9　对变量进行操作的快捷菜单

1. 变量编辑器

在 MATLAB 中，数组和矩阵等都是十分重要的基础变量，因此 MATLAB 专门提供了变量编辑器工具用于编辑数据。

双击工作区中的某个变量时，会在 MATLAB 主界面中弹出如图 1-10 所示的变量编辑器。在该编辑器中可以对变量及数组进行编辑操作，利用"绘图"选项卡下的功能命令还可以很方便地绘制各种图形。

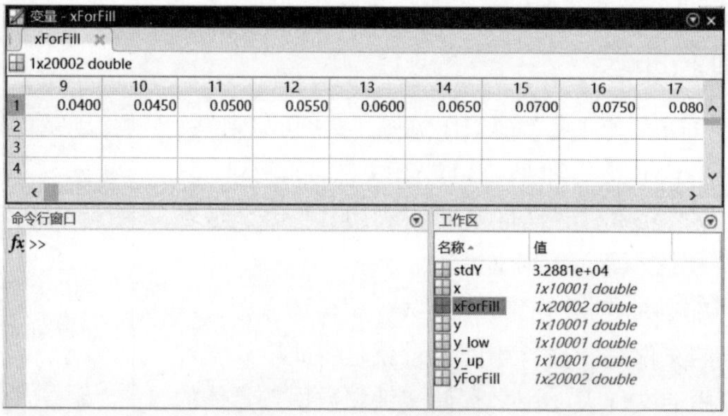

图 1-10　变量编辑器

与命令行窗口相同，变量编辑器也可从主窗口中分离，分离后的变量编辑器如图 1-11 所示。

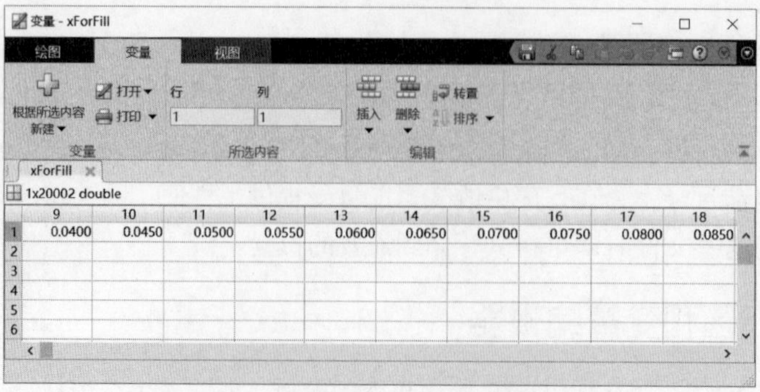

图 1-11　分离后的变量编辑器

2. 变量的查看与删除

在 MATLAB 中除了可以在工作区中编辑内存变量外，还可以在命令行窗口中输入相应的命令，查看和删除内存中的变量。

（1）通过 who 或 whos 命令可以查看工作区中的变量，两个命令的调用格式相同，其中 who 命令的调用格式如下。

```
who                            %按字母顺序列出当前活动工作区中的所有变量
who -file filename             %列出指定的 MAT 文件中的变量
who global                     %列出全局工作区中的变量
who var1 ... varN              %只列出指定的变量
who -regexp expr1 ... exprN    %只列出与指定的正则表达式匹配的变量
```

提示：who 和 whos 两个命令的区别只是内存变量信息的详细程度不同，whos 还包括变量的大小和类型。

（2）通过 clear 命令可以从工作区中删除变量，释放系统内存，其调用格式如下。

```
clear                          %删除当前工作区中所有变量，释放系统内存
clear name1 ... nameN          %删除内存中指定的变量、脚本、函数或 MEX 函数
clear -regexp expr1 ... exprN  %删除与正则表达式匹配的所有变量
```

【例 1-5】 创建 A、i、j、k 4 个变量，并查看内存变量的信息。随后删除内存变量 k，再查看内存变量的信息。

解 在命令行窗口中依次输入以下语句。

```
>> clear
>> clc
>> A(2,2,2)=1;
>> i=6;            %此处 i 作为变量存在，MATLAB 中尽量避免使用 i、j 作为变量（见后文）
>> j=12;
>> k=18;
>> who            %查看工作区中的变量
   您的变量为：
 A i j k
>> whos            %查看工作区中变量的详细信息
   Name     Size      Bytes  Class    Attributes
   A       2x2x2        64   double
   i        1x1          8   double
   j        1x1          8   double
   k        1x1          8   double
```

此时的命令行窗口与工作区如图 1-12 所示。继续在命令行窗口中输入以下语句。

```
>> clear k
>> who
   您的变量为：
 A i j
```

可以发现，执行 clear k 命令后，变量 k 被从工作区删除，在工作区浏览器中也被删除。

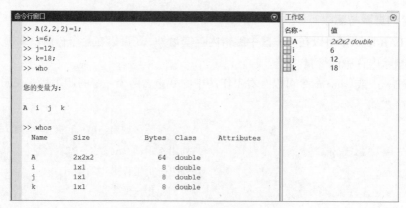

图 1-12　查看内存变量的信息

1.3　搜索路径

MATLAB 中大量的函数和工具箱文件存储在不同文件夹中，用户建立的数据文件、命令和函数文件也存放在指定的文件夹中。当需要调用这些函数或文件时，就需要找到它们所在的文件夹。

1.3.1　路径搜索机制

第 3 集
微课视频

路径其实就是存储某个待查函数或文件的文件夹名称。当然，这个文件夹名称应包括盘符和逐级嵌套的子文件夹名。

例如，现有一个 djb_a01.m 文件存放在 D 盘 DingM 文件夹下的 Char01 子文件夹中，那么描述它的路径是 D:\DingM\Char01。若要调用这个 M 文件，可在命令行窗口或程序中将其表达为 D:\DingM\Char01\djb_a01.m。

在使用时，这种书写过长，很不方便。MATLAB 为克服这一问题引入了路径搜索机制。路径搜索机制就是将一些可能被用到的函数或文件的存放路径提前通知系统，而无须在执行和调用这些函数和文件时输入一长串的路径。

说明： 在 MATLAB 中，一个符号出现在命令行窗口的语句或程序语句中可能有多种解读，它也许是一个变量、特殊常量、函数名、M 文件或 MEX 文件等。具体应该识别成什么，就涉及搜索顺序的问题。

如果在命令提示符>>后输入符号 ding，或在程序语句中有一个符号 ding，那么 MATLAB 将试图按以下步骤搜索和识别 ding。

（1）在 MATLAB 内存中进行搜索，看 ding 是否为工作区的变量或特殊常量。若是，就将其当作变量或特殊常量来处理，不再继续展开搜索；若不是，转至步骤（2）。

（2）检查 ding 是否为 MATLAB 的内部函数，若是，则调用 ding 这个内部函数；若不是，转至步骤（3）。

（3）继续在当前目录中搜索是否有名为 ding.m 或 ding.mex 的文件，若存在，则将 ding 作为文件调用；若不存在，转至步骤（4）。

（4）继续在 MATLAB 搜索路径的所有目录中搜索是否有名为 ding.m 或 ding.mex 的文件存

在，若存在，则将 ding 作为文件调用。

（5）上述 4 步全搜索完后，若仍未发现 ding 这一符号的出处，则 MATLAB 将发出错误信息。必须指出的是，这种搜索是以花费更多执行时间为代价的。

1.3.2　设置搜索路径

在 MATLAB 中，设置搜索路径的方法有两种：一种是利用"设置路径"对话框；另一种是采用 path 命令。

1. 利用"设置路径"对话框设置搜索路径

在 MATLAB 主界面中执行"主页"→"环境"→"设置路径"命令，弹出如图 1-13 所示的"设置路径"对话框。

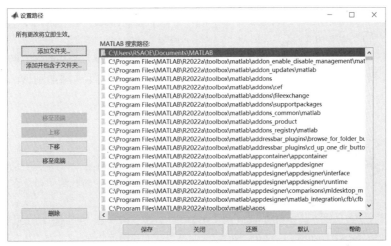

图 1-13　"设置路径"对话框

单击"添加文件夹"或"添加并包含子文件夹"按钮，弹出一个如图 1-14 所示"将文件夹添加到路径"对话框，利用该对话框可以从树状目录结构中选择欲指定为搜索路径的文件夹。

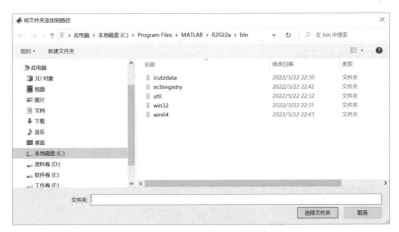

图 1-14　"将文件夹添加到路径"对话框

"添加文件夹"和"添加并包含子文件夹"两个按钮的不同之处在于，后者设置某个文件夹成为可搜索的路径后，其下级子文件夹将自动被加入搜索路径。

2. 利用命令设置搜索路径

MATLAB 中将某一路径设置成可搜索路径的命令有 path 及 addpath 两个。其中，path 命令可以查看或更改当前搜索路径，其调用格式如下。

```
path                                %显示搜索路径，该路径存储在 pathdef.m 文件中
path(newpath)                       %将搜索路径更改为 newpath
path(oldpath,newfolder)             %将 newfolder 文件夹添加到搜索路径的末尾
                                    %若 newfolder 已存在于搜索路径中，则将其移至底层
path(newfolder,oldpath)             %将 newfolder 文件夹添加到搜索路径的开头
                                    %若 newfolder 已存在于搜索路径中，则将其移到开头
```

addpath 命令可以将指定的一个或多个文件夹添加到当前 MATLAB 搜索路径中，其调用格式如下。

```
addpath(folderName1,...,folderNameN)      %将指定的文件夹添加到当前搜索路径的顶层
addpath(folderName1,...,folderNameN,position)
                          %将指定的文件夹添加到 position 指定的搜索路径的最前面或最后面
```

其中，position 指定搜索路径中的位置，取'-begin'表示将指定文件夹添加到搜索路径的顶层，取'-end'表示将指定文件夹添加到搜索路径的底层。

【例 1-6】　将路径 D:\DingJB\MATLAB 设置为可搜索路径。

解　在命令行窗口中依次输入以下语句：

```
>> path(path,'D:\DingJB\MATLAB')            %将文件夹添加到搜索路径的末尾
>> addpath('D:\DingJB\MATLAB','-begin')     %begin 意为将路径放在路径表的前面
>> addpath D:\DingJB\MATLAB -begin          %同前
>> addpath('D:\DingJB\MATLAB','-end')       %end 意为将路径放在路径表的最后
>> addpath D:\DingJB\MATLAB -end            %同前
```

第 4 集
微课视频

1.4　M 文件

所谓 M 文件，简单来说就是用户首先把要实现的语句写在一个以.m 为扩展名的文件中，然后由 MATLAB 系统进行解读，最后运行出结果。

1.4.1　M 文件编辑器

在 MATLAB 中，M 文件有函数和脚本两种格式。两者的相同之处在于它们都是以.m 为扩展名的文本文件，不进入命令行窗口，而是由专用编辑器创建外部文本文件。但是，两者在语法和使用上略有区别，下面分别介绍这两种格式。

通常，M 文件是文本文件，因此可使用一般的文本编辑器编辑 M 文件，以文本模式存储，MATLAB 内部自带了 M 文件编辑器与编译器。打开 M 文件编辑器方法如下。

（1）执行"主页"→"文件"→"新建"→"脚本"命令。

（2）单击"主页"→"文件"→"新建脚本"按钮▦。

（3）单击"主页"→"文件"→"新建实时脚本"按钮▦。

打开 M 文件编辑器后的 MATLAB 主界面如图 1-15 所示，此时主界面功能区出现"编辑器"选项卡，中间命令行窗口上方出现"编辑器"窗口。

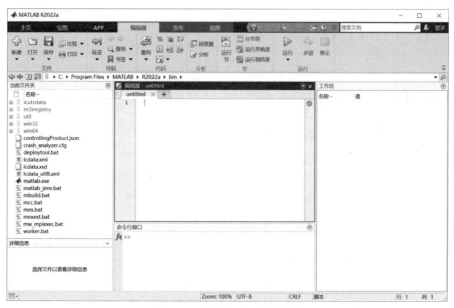

图 1-15　打开 M 文件编辑器

编辑器是一个集编辑与调试两种功能于一体的工具环境。在进行代码编辑时，通过它可以用不同的颜色显示注解、关键词、字符串和一般程序代码，使用非常方便。

在书写完 M 文件后，也可以像一般的程序设计语言一样，对 M 文件进行调试、运行。

1.4.2　函数式 M 文件

MATLAB 中许多常用的函数（如 sqrt、inv 和 abs 等）都是函数式 M 文件。在使用时，MATLAB 获取传递给它的变量，利用操作系统所给的输入，运算得到要求的结果并返回这些结果。

函数文件类似于一个黑箱，由函数执行的语句及由这些语句创建的中间变量都是隐含的；运算过程中的中间变量都是局部变量（除特别声明外），且被存放在函数本身的工作空间内，不会和 MATLAB 基本工作空间的变量相互覆盖。

MATLAB 既内置了大量标准初等数学函数（如 abs、sqrt、exp 和 sin），称之为 elfun 函数族；也内置了许多高等数学函数（如贝塞尔函数、伽马函数），称之为 specfun 函数族；还内置了初等矩阵和矩阵运算函数，称之为 elmat 函数族。

在命令行窗口中输入以下命令可以查看对应的函数族列表。

```
>> help elfun          %查看初等数学函数列表
>> help specfun        %查看高等数学函数列表
>> help elmat          %查看初等矩阵和矩阵运算函数列表
```

除 MATLAB 内置函数外，用户还可以自行定义函数，通常用 function 进行声明，下面通过一个示例进行说明，本书后文还会做具体介绍。

【例 1-7】　自行定义函数 funa，并对其进行调用。

解　在 MATLAB 主界面中执行以下操作。

（1）启动 MATLAB 后，单击"主页"→"文件"→"新建脚本"按钮，打开 M 文件编辑器。

（2）在编辑器中输入以下内容（创建名为 funa.m 的 M 文件）。

```
function f=funa(var)                        %求变量 var 的正弦
f=sin(var);
end
```

（3）单击"编辑器"→"文件"→"保存"按钮 🖫，在弹出的"选择要另存的文件"对话框中保存文件为 funa.m，即可创建 funa 函数。

（4）将刚才保存的路径设置为可搜索路径。

```
>> addpath D:\DingJB\MATLAB\Char01
```

（5）在命令行窗口中输入以下命令并显示输出结果。

```
>> type funa.m                        %显示函数内容
function f=funa(var)
f=sin(var);                           %求变量 var 的正弦
end

>> x=[0 pi/2 pi 3*pi/2 2*pi]          %输入变量
x=
        0    1.5708    3.1416    4.7124    6.2832
>> sinx=funa(x)                       %调用函数，将变量 x 传递给函数，并将结果赋给变量 sinx
sinx=
        0    1.0000    0.0000   -1.0000   -0.0000
```

可以看出，函数的第 1 行为函数定义行，以 function 作为引导，定义了函数名称（funa）、输入自变量（var）和输出自变量（f）；函数执行完毕返回运行结果。

提示：函数名和 M 文件名必须相同，在调用该函数时，需要指定变量的值，类似于 C 语言的形式参数。

function 为关键词，说明此 M 文件为函数，第 2 行为函数主体，规范函数的运算过程，并指出输出自变量的值。

在函数定义行下可以添加注解，以%开头，即函数的在线帮助信息。在 MATLAB 的命令行窗口中输入"help 函数主文件名"，即可看到这些帮助信息。

注意：在线帮助信息和 M 函数定义行之间可以有空行，但是在线帮助信息的各行之间不应有空行，针对自定义函数后面会有专门的章节进行讲解，在此读者了解即可。

1.4.3　脚本式 M 文件

脚本是一个扩展名为.m 的文件，其中包含了 MATLAB 的各种语句。它与批处理文件类似，在 MATLAB 命令行窗口中直接输入该文件的主文件名，MATLAB 即可逐一执行该文件内的所有语句，这与在命令行窗口中逐行输入这些语句一样。

脚本式 M 文件运行生成的所有变量都是全局变量，运行脚本后，生成的所有变量都驻留在 MATLAB 基本工作空间内，只要不使用 clear 命令清除，且主界面不关闭，这些变量将一直保存在工作空间中。

运行一个脚本文件等价于从命令行窗口中顺序运行文件里的语句。由于脚本文件只是一串命令的集合，因此只需像在命令行窗口中输入语句那样，依次将语句编辑在脚本文件中即可。

注意：基本工作空间随 MATLAB 的启动而生成，在关闭 MATLAB 软件后，该基本工作空间会被删除。

【例 1-8】　试在 MATLAB 中求三元一次方程组的解。

$$\begin{cases} 2x+2y+z=17 \\ 5x-y+3z=7 \\ 3x+y+2z=10 \end{cases}$$

解　（1）在编辑器窗口中输入以下内容（创建名为 sroot.m 的 M 文件）。

```
% sroot 用于求 A*X=b
A=[2 2 1; 5 -1 3; 3 1 2];
b=[17; 7; 10];
X=A\b
```

（2）单击"编辑器"→"文件"→"保存"按钮🖫，在弹出的"选择要另存的文件"对话框中保存文件为 sroot.m。

（3）在命令行窗口中输入以下命令并显示输出结果。

```
>> sroot
X=
    9.0000
    5.0000
  -11.0000
```

从上面的求解可知，$x=9$，$y=5$，$z=-11$。上述用到了 MATLAB 中矩阵的输入方式，本书后文会做详细介绍。

【例 1-9】　编写计算向量元素平均值的脚本文件。

解　在编辑器窗口中输入以下语句，并保存为 scriptf.m 文件。

```
clear
a=input('输入变量: a=');
[b,c]=size(a);
if ~((b==1)||(c==1))||(((b==1)&&(c==1)))    %判断输入是否为向量
    error('必须输入向量')
end
average=sum(a)/length(a)                    %计算向量 a 所有元素的平均值
```

运行程序后，系统提示如下。

```
输入变量: a=
```

输入行向量[1 2 3]，则运行结果如下。

```
average=
    2
```

如果输入的不是向量，如[1 2; 3 4]，则运行结果如下。

```
错误使用 scriptf
必须输入向量
```

1.4.4　M 文件遵循的规则

下面对编写 M 文件时必须遵循的规则以及函数、脚本两种格式的异同进行简要说明。

（1）在 M 文件中（包括脚本和函数），所有注释行都是帮助文本，当需要帮助时，返回该文本，通常用来说明文件的功能和用法。

（2）函数式 M 文件的函数名必须与文件名相同。函数式 M 文件有输入参数和输出参数；脚本式 M 文件没有输入参数或输出参数。

（3）函数可以有零个或多个输入和输出变量。利用内置函数 nargin 和 nargout 可以查看输入和输出变量的个数。在运行时，可以按少于 M 文件中规定的输入和输出变量的个数进行函数调用，但不能多于这个标称值。

（4）函数式 M 文件中的所有变量除特殊声明外都是局部变量，而脚本式 M 文件中的变量都是全局变量。

（5）若在函数式 M 文件中发生了对某脚本式 M 文件的调用，该脚本式 M 文件运行生成的所有变量都存放于该函数工作空间中，而不是存放在基本工作空间中。

（6）从运行上看，与脚本式 M 文件不同的是，函数式 M 文件在被调用时，MATLAB 会专门为它开辟一个临时工作空间，称为函数工作空间，用来存放中间变量，当执行完函数的最后一条语句或遇到 return 时，就结束该函数的运行。同时，该函数工作空间及其中所有中间变量将被清除。函数工作空间相对于基本空间来说是临时的、独立的，在 MATLAB 运行期间，可以产生任意多个函数工作空间。

提示：变量的名称可以包括字母、数字和下画线，但必须以字母开头，并且在 M 文件设计中是区分大小写的。变量的长度不能超过系统函数 namelengthmax 规定的值。

1.5　通用命令

第 5 集
微课视频

通用命令是 MATLAB 中经常使用的一组命令，这些命令可以用来管理目录、命令、函数、变量、工作区、文件和窗口等。为了更好地使用 MATLAB，需要熟练掌握和理解这些命令。下面对这些命令进行介绍。

1.5.1　常用命令

在使用 MATLAB 编写程序代码的过程中，会经常使用的命令称为常用命令，如表 1-3 所示。其中 clc、clf、clear 是最常用的命令，使用时直接在命令行窗口输入命令即可。

表 1-3　常用命令及其说明

命　令	说　明	命　令	说　明
cd	显示或改变当前工作文件夹	load	加载指定文件的变量
dir	显示当前文件夹或指定目录下的文件	diary	日志文件命令
clc	清除工作区窗口中的所有显示内容	hold	图形保持开关
clf	清空图形窗口	close	关闭指定图形窗口
clear	清理内存变量、工作区变量	!	调用DOS命令
home	将光标移至命令行窗口的左上角	pack	收集内存碎片
type	显示指定M文件的内容	path	显示搜索目录
echo	在函数或脚本执行期间显示语句	save	保存内存变量到指定文件
disp	显示变量或文字内容	exit	退出MATLAB
more	控制命令行窗口的分页输出	quit	退出MATLAB

1.5.2 编辑命令

在命令行窗口中，为了便于对输入的内容进行编辑，MATLAB 提供了一些控制光标位置和进行简单编辑的常用编辑键与组合键（本书称之为编辑命令），掌握这些可以在输入语句的过程中起到事半功倍的效果。表 1-4 列出了一些常用键盘按键及其说明。

表 1-4 常用键盘按键及其说明

键 盘 按 键	说　明	键 盘 按 键	说　明
↑	向上回调以前输入的语句行	Home	让光标跳到当前行的开头
↓	向下回调以前输入的语句行	End	让光标跳到当前行的末尾
←	光标在当前行中左移一个字符	Esc	清除当前输入行
→	光标在当前行中右移一个字符	Delete	删除当前行光标后的字符
Ctrl+←	光标左移一个单词	Backspace	删除当前行光标前的字符
Ctrl+→	光标右移一个单词	Alt+Backspace	恢复上一次删除的内容
PgUp	向前翻阅当前窗口中的内容	Ctrl+C	中断命令的运行
PgDn	向后翻阅当前窗口中的内容	…	…

其实这些按键与文字处理软件中的同一按键在功能上大体一致，不同点主要是在文字处理软件中针对整个文档使用按键，而在 MATLAB 命令行窗口中则以行为单位使用按键。

说明： 按向上（↑）并结合向下箭头（↓）键可以重新调用之前的命令（也即操作命令历史记录）。使用时可以在空白命令行中或在输入命令的前几个字符后按箭头键。

例如，要重新调用命令 A=[1 3 5; 2 4 6; 7 8 10]，可以直接输入 A=，然后按向上箭头（↑）键调用之前的命令，以提高输入效率。

1.5.3 特殊符号

在 MATLAB 语言中，输入语句时可能要用到各种特殊符号，这些符号也被赋予了特殊的意义或代表一定的运算，表 1-5 列出了各种特殊符号的功能。

表 1-5 语句中常用特殊符号

名　称	符　号	功　能
空格	—	变量分隔；数组构造符号内的行元素分隔（矩阵一行中各元素间的分隔）；程序语句关键词分隔；函数返回值分隔。与逗号等效
换行	—	分隔数组构造语句中的多个行。与分号等效
逗号	,	分隔数组中的行元素、数组下标；函数输入、输出参数；同一行中输入的命令
句点	.	数值中的小数点；包含句点的运算符会始终按元素执行运算；访问结构体中的字段；对象的属性和方法设定
分号	;	分隔数组创建命令中的各行（矩阵行与行之间的分隔）；禁止代码行的输出显示
冒号	:	创建等间距向量；定义for循环的边界；对数组进行索引（表示一维数组的全部元素或多维数组某一维的全部元素）

续表

名　　称	符　号	功　　能
省略号	…	用于续行符。行末尾有大于或等于3个句点时表示当前命令延续到下一行（续行），多用于长命令行
圆括号	()	对数组进行索引，矩阵元素引用；括住函数输入参数；指定运算的优先级
方括号	[]	向量和矩阵标识符；构造和串联数组；创建空矩阵、删除数组元素；获取函数返回值
花括号	{}	构造元胞数组；访问元胞数组中特定元胞的内容
百分号	%	注释语句说明符，凡在其后的字符均视为注释性内容而不被执行；某些函数中作为转换设定符
百分号+花括号	%{ %}	注释超出一行的注释块，其间的字符均视为注释性内容而不被执行
双百分号+空格	%%	代码分块，注释一段（由%%开始，到下一个%%结束）
惊叹号	!	调用操作系统运算
单引号	''	字符串标识符，创建char类的字符向量
双引号	""	创建string类的字符串标量
波浪号	~	表示逻辑非；禁止特定输入或输出参数
赋值号	=	将表达式赋值给一个变量。注意：=用于赋值，而==用于比较两个数组中的元素
at符	@	为跟在其后的命名函数或匿名函数构造函数句柄；从子类中调用超类方法

1.5.4　数据存取

MATLAB 提供了 save 和 load 命令实现工作区数据文件的存取。其中，利用 save 命令将工作区变量保存到文件中，其调用格式如下。

```
save(fname)                %将当前工作区中的所有变量保存在 fname 文件（MAT 格式）中
save(fname,var)            %仅保存 var 指定的结构体数组的变量或字段
save(fname,var,fmt)        %以 fmt 指定的文件格式保存，var 为可选参数
save(fname,var,'-append')  %将新变量添加到一个现有文件的末尾
save fname                 %命令形式，无须输入括号或将输入括在单引号或双引号内
                           %需要使用空格（而不是逗号）分隔各输入项
```

【例 1-10】　存取数据文件示例。

解　直接在命令行窗口输入以下语句。

```
>> p=rand(1,4)
p=
    0.4218    0.9157    0.7922    0.9595
>> q=ones(3)
q=
    1    1    1
    1    1    1
```

```
        1    1    1
>> save test.mat                        %命令形式
>> save('test.mat')                     %函数形式，等效命令形式


>> save test.mat p              %命令形式
>> save('test.mat','p')         %函数形式，当输入为变量或字符串时，不要使用命令格式


>> save(test.mat','p','q')  %将两个变量 p 和 q 保存到 test.mat 文件中
>> save('test.txt','p','q','-ascii')       %保存到 ASCII 文件中
>> type('test.txt')                          %查看文件
   4.2176128e-01    9.1573553e-01    7.9220733e-01    9.5949243e-01
   1.0000000e+00    1.0000000e+00    1.0000000e+00
   1.0000000e+00    1.0000000e+00    1.0000000e+00
   1.0000000e+00    1.0000000e+00    1.0000000e+00
```

同样地，利用 load 命令可以将文件变量加载到工作区中，其调用格式如下。

```
load(fname)        %从 fname 加载数据，若 fname 是 MAT 文件，直接将变量加载到工作区
                   %若 fname 是 ASCII 文件，则会创建一个包含该文件数据的双精度数组
load(fname,var)              %加载 MAT 文件 fname 中的指定变量
load(fname,'-ascii')         %将 fname 视为 ASCII 文件
load(fname,'-mat')           %将 fname 视为 MAT 文件
load(fname,'-mat',var)       %加载 fname 中的指定变量
load fname                   %命令形式，无须输入括号或将输入括在单引号或双引号内
                             %需要使用空格（而不是逗号）分隔各输入项
```

【例 1-11】 加载示例 MAT 文件 gong.mat 中的所有变量。

解 直接在命令行窗口输入以下语句。

```
>> whos                                      %查看当前工作区中的变量
  Name          Size          Bytes  Class      Attributes
  filename      1x8              16  char
  p             1x4              32  double
  q             3x3              72  double


>> whos('-file','gong.mat')                  %查看 gong.mat 文件中的变量
  Name          Size          Bytes  Class      Attributes
  Fs            1x1               8  double
  y         42028x1          336224  double
>> load('gong.mat')                          %将变量加载到工作区
>> whos
  Name          Size          Bytes  Class      Attributes
  Fs            1x1               8  double
  p             1x4              32  double
  q             3x3              72  double
  y         42028x1          336224  double


>> load gong.mat                             %使用命令语法加载变量，结果同上
```

MATLAB 中除了可以在命令行窗口中输入相应的命令之外，也可以单击工作区右上角的下拉按钮，在弹出的下拉菜单中选择相应的命令实现数据文件的存取，如图 1-16 所示。

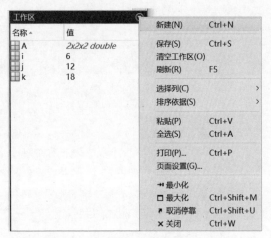

图 1-16　在工作区实现数据文件的存取

1.6　帮助系统

第 6 集
微课视频

MATLAB 提供了丰富的帮助系统，可以帮助用户更好地了解和运用 MATLAB。本节将详细介绍 MATLAB 帮助系统的使用。

1.6.1　使用帮助命令

在 MATLAB 中，所有执行命令或函数的 M 文件都有较为详细的注释。这些注释是用纯文本的形式表示的，一般包括函数的调用格式或输入函数、输出结果的含义。

MATLAB 中，常见的帮助命令如表 1-6 所示。

表 1-6　常见的帮助命令

命　令	功　能	命　令	功　能
demo	运行MATLAB演示程序	helpwin	运行帮助窗口，列出函数组的主题
help	获取在线帮助	which	显示指定函数或文件的路径
who	列出当前工作区窗口中的所有变量	whos	列出当前工作空间中变量的更多信息
doc	在浏览器中显示指定内容的HTML格式帮助文件或启动helpdesk	what	列出当前目录或指定目录下的M文件、MAT文件和MEX文件
exist	检查变量、脚本、函数、文件夹或类的存在性	lookfor	按照指定的关键字查找所有相关的M文件

1. help命令

在 MATLAB 中，利用 help 命令可以在命令行窗口中显示 MATLAB 的帮助信息，其调用格式如下。

```
help name        %显示 name（可以是函数、方法、类、工具箱或变量等）指定的帮助信息
```

通过分类搜索可以得到相关类型的所有命令。表 1-7 列出了部分分类搜索类型。

表 1-7　部分分类搜索类型

类　型　名	功　　能	类　型　名	功　　能
general	通用命令	graphics	通用图形函数
elfun	基本数学函数	control	控制系统工具箱函数
elmat	基本矩阵及矩阵操作	ops	操作符及特殊字符
mathfun	矩阵函数、数值线性代数	polyfyn	多项式和内插函数
datafun	数据分析及傅里叶变换	lang	语言结构及调试
strfun	字符串函数	funfun	非线性数值功能函数
iofun	低级文件输入/输出函数	…	…

2. lookfor命令

在 MATLAB 中，lookfor 命令用于在所有帮助条目中搜索关键字，通常用于查询具有某种功能而不知道准确名字的命令，其调用格式如下。

```
lookfor keyword          %在搜索路径中的所有 MATLAB 程序文件的第 1 个注释行（H1 行）中，
                         %搜索指定的关键字，搜索结果显示所有匹配文件的 H1 行
lookfor keyword -all     %搜索 MATLAB 程序文件的第 1 个完整注释块
```

下面通过简单的示例说明如何使用 MATLAB 的帮助命令获取需要的帮助信息。

【例 1-12】　在 MATLAB 中查阅帮助信息。

解　根据 MATLAB 的帮助系统，用户可以查阅不同范围的帮助信息，具体如下。

（1）在命令行窗口中输入 help help 命令，按 Enter 键，可以查阅如何在 MATLAB 中使用 help 命令，如图 1-17 所示。

图 1-17　在 MATLAB 中查阅帮助信息

界面中显示了如何在 MATLAB 中使用 help 命令的帮助信息，用户可以详细阅读此信息学习如何使用 help 命令。

（2）在命令行窗口中输入 help 命令，按 Enter 键，可以查阅最近使用命令主题相关的帮助信息。

（3）在命令行窗口中输入 help topic 命令，按 Enter 键，可以查阅关于指定主题的所有帮助信息。

上面简单地演示了如何在 MATLAB 中使用 help 命令获得各种函数、命令的帮助信息。在实际应用中，可以灵活使用这些命令搜索所需的帮助信息。

1.6.2 帮助导航

MATLAB 提供帮助信息的"帮助"窗口主要由帮助导航器和帮助浏览器两部分组成。这个帮助文件和 M 文件中的纯文本帮助无关，而是 MATLAB 专门设置的独立帮助系统。

独立帮助系统对 MATLAB 的功能叙述比较全面、系统，且界面友好、使用方便，是查找帮助信息的重要途径。在 MATLAB 主界面右上角的快捷工具栏中单击 ❓ 按钮，可以打开如图 1-18 所示的"帮助"窗口。

图 1-18　"帮助"窗口

1.6.3 示例帮助

在 MATLAB 中，各个工具包都有设计好的示例程序，对于初学者而言，这些示例对提高自己的 MATLAB 应用能力具有重要的作用。

在 MATLAB 的命令行窗口中输入 demo 命令，就可以进入关于示例程序的"帮助"窗口，如图 1-19 所示。用户可以打开实时脚本进行学习。

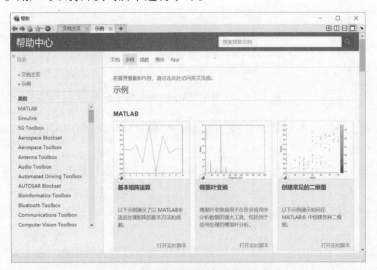

图 1-19　关于示例程序的"帮助"窗口

1.7 初步使用 MATLAB

前面已经对 MATLAB 的工作界面、通用命令进行了讲解，下面通过一个简单的示例展示如何使用 MATLAB 进行数值运算。

【例 1-13】 MATLAB 入门应用操作示例。

解 按以下步骤逐步操作。

（1）在 MATLAB 命令行窗口中输入以下语句。

```
>> w=1/6*pi                                    %将 π/6 的值赋给变量 w
```

按 Enter 键，可以在工作区窗口中看到变量 w，大小为 0.5236，命令行窗口中显示如下。

```
w=
    0.5236
```

（2）继续在命令行窗口中输入以下语句。

```
>> y=sin(w*2/3)
```

按 Enter 键，可以在工作区窗口中看到变量 y，大小为 0.3420，命令行窗口中显示如下。

```
y=
    0.3420
```

（3）继续在命令行窗口中输入以下语句。

```
>> z=sin(2*w)
```

按 Enter 键，可以在工作区窗口中看到变量 z，大小为 0.8660，命令行窗口中显示如下。

```
z=
    0.8660
```

第 7 集
微课视频

提示：当语句后面有分号（半角符号格式）时，按 Enter 键后，在命令行窗口中将不显示运算结果；如果无分号，则在命令行窗口中显示运算结果。

当希望先输入多条语句，然后同时执行它们时，在输入下一条语句时，要在按住 Shift 键的同时按 Enter 键进行换行输入。例如，比较使用分号和不使用分号的区别。

（4）在 MATLAB 命令行窗口中输入以下语句。

```
x=rand(2,3);                                   %生成一个 2×3 的随机矩阵
```

按住 Shift 键的同时按 Enter 键，继续输入以下语句。

```
y=rand(2,3)
```

按住 Shift 键的同时按 Enter 键，继续输入以下语句。

```
A=sin(x)
```

按住 Shift 键的同时按 Enter 键，继续输入以下语句。

```
B=sin(2*y)
```

按 Enter 键，命令行窗口中将依次输出以下结果。

```
y=
    0.3786   0.5328   0.9390
    0.8116   0.3507   0.8759
A=
```

```
        0.3016  0.4889  0.7137
        0.4869  0.7295  0.6007
B=
        0.6869  0.8751  0.9532
        0.9986  0.6453  0.9836
```

可以看出，x 无输出，这是因为该语句后面带了分号，表示不在命令行窗口中显示结果。

（5）继续输入以下语句，每行输入完成后按 Enter 键。

```
>> %{
A=[1 3 5; 2 4 6; 7 8 10]
str=["Mercury" "Gemini" "Apollo";
     "Skylab" "Skylab B" "ISS"]
%}
```

可以发现，输入的语句均为绿色显示，每行语句输入完成后按 Enter 键，均无运行结果输出，标明输入语句被%{和%}符号注释掉了。

说明： MATLAB 中的注释采用注释符%引导，即每行中在%后的文字均为注释，不参与程序的运行。当需要对多行进行注释（注释块）时，可以采用%{和%}符号。

本章小结

MATLAB 是一种功能多样、高度集成、适合科学和工程计算的软件，同时又是一种高级程序设计语言。MATLAB 的主界面集成了命令行窗口、当前文件夹、工作区和选项卡等区域，它们既可单独使用，又可相互配合使用，提供了十分灵活方便的操作环境。通过本章的学习，读者应能够对 MATLAB 有一个较为直观的印象，并能进行简单的输入/输出操作，为后面的学习打下基础。

本章习题

1. 选择题

（1）下列选项中能反映 MATLAB 特点的是（　　）。

A. 编程效率高　　　　　　　　　　B. 交互性好

C. 程序执行效率高　　　　　　　　D. 算法最优

（2）在命令行窗口输入程序语句时，在其后加上（　　）后，命令行窗口将不再输出语句的运行结果。

A. 冒号（:）　　　B. 逗号（,）　　　C. 分号（;）　　　D. 百分号（%）

（3）如果要重新执行以前输入的语句，可以使用（　　）。

A. 上移光标键（↑）　　　　　　　B. 下移光标键（↓）

C. 左移光标键（←）　　　　　　　D. 右移光标键（→）

（4）MATLAB 命令行窗口中提示用户输入语句的符号是（　　）。

A. >　　　　B. >>　　　　C. >>>　　　　D. >>>>

（5）下列与冒号（:）的功能无关的是（　　）。

A. 创建等间距向量　　　　　　　　B. 定义 for 循环的边界

C．对数组进行索引　　　　　　　　　D．分隔数组中的行元素

（6）下列语句中能够在命令行窗口输出显示结果为 6 的是（　　　）。

A．>> x=4, y=2+x;　　　　　　　　B．>> x=4; y=2+x;

C．>> x=4; y=2+x,　　　　　　　　D．>> x=4, y=2:x

（7）>> load('gong.mat')语句的作用是（　　　）。

A．将变量加载到命令行窗口　　　　　B．将变量加载到工作区

C．将语句加载到命令行窗口　　　　　D．将语句加载到工作区

（8）以下两个语句的区别是（　　　）。

```
>> x=3,  y=5+x
>> x=3,  y=5+x;
```

A．第 1 个命令行同时显示 x 和 y 的值，第 2 个命令行只显示 x 的值

B．第 1 个命令行同时显示 x 和 y 的值，第 2 个命令行只显示 y 的值

C．第 1 个命令行只显示 x 的值，第 2 个命令行同时显示 x 和 y 的值

D．第 1 个命令行只显示 y 的值，第 2 个命令行同时显示 x 和 y 的值

（9）下列语句中，输出结果与其他 3 项不同的是（　　　）。

A.	B.	C.	D.
`>> 1+2+...` `3`	`>> ...` `3+2+1`	`>> 1+2+3%5`	`>> %3+2+1`

（10）下列选项中与获取 MATLAB 帮助信息无关的是（　　　）。

A．help　　　　B．lookfor　　　　C．search　　　　D．lookfor-all

2. 填空题

（1）MATLAB 功能区提供了_____、_____和_____ 3 个选项卡。

（2）默认情况下，MATLAB 操作界面包含_____、_____、_____、_____、命令行窗口、_____等区域。

（3）在 MATLAB 中，M 文件的两个格式为_____、_____。它们都是以_____为扩展名的文本文件，由专用的_____创建外部文本文件。

（4）分号（;）的功能是分隔_____创建命令中的各行（矩阵行与行之间的分隔）；禁止_____的输出显示。

（5）设置 MATLAB 搜索路径有两种方法，一是用_____命令，二是在 MATLAB "主页"选项卡→"环境"选项组中单击_____按钮或在命令行窗口执行_____命令，然后在弹出的 "设置路径"对话框中进行设置。

（6）在 MATLAB 命令提示符后直接输入 3+5，输出的结果为_____。

（7）在 MATLAB 中，利用 clc 命令实现_____；利用 clf 命令实现_____；利用 clear 命令实现_____。

3. 计算与简答题

（1）试在 MATLAB 中编程，求下列方程组的解。

① $\begin{cases} 2x+8y=7 \\ 8x-2y=6 \end{cases}$　　② $\begin{cases} 3x+y-z=1 \\ 2x-2y+5z=6 \\ 3x+y-4z=2 \end{cases}$　　③ $\begin{cases} 2x+3y-z=2 \\ 8x+2y+3z=4 \\ 45x+3y+9z=23 \end{cases}$

（2）试通过 help 命令查看非线性规划求解器 subplot（将当前图窗划分为多个坐标区）函数的使用方法。

（3）试描述空格、逗号、点号、分号、冒号、百分号的功能。

（4）当一条 MATLAB 语句包含很多字符，需要分成多行输入时，应该如何操作？请上机验证。

（5）丁欣建立了一个 MATLAB 程序文件 mpga.m，并将其保存在 F:\Dinbin 下，在命令行窗口运行程序时，MATLAB 系统提示如下。

```
>> mpga
函数或变量 'mpga' 无法识别。
```

试分析产生错误的原因并给出解决办法。

（6）在 MATLAB 环境下，创建一个变量 djb，同时又在当前文件夹下建立了一个 M 文件 djb.m。如果需要运行 djb.m 文件，该如何处理？

（7）在命令行窗口中依次输入以下语句，考虑会输出哪些结果，请上机尝试。

```
>> a=9
>> b=1:4:20
>> c=a+b
>> d=6;
>> A=[1, 3, 5]
>> B=[2; 4; 6]
>> C=[3 6 9]
>> D=A'
```

（8）利用 MATLAB 的帮助功能查询 rank、plot、rand、round 等函数的功能及用法。

第 2 章

基 础 知 识

　　MATLAB 是目前在国际上被广泛接受和使用的科学与工程计算软件。在程序设计语言中，常量、变量、函数、运算符和表达式是必不可少的，MATLAB 也不例外。本章将介绍 MATLAB 中运用的一些基础知识，包括基本概念、数据类型、基本运算和字符串等。

2.1　基本概念

　　常量、变量、命令、函数、表达式等是学习程序语言时必须掌握的基本概念。MATLAB 虽是一个集多种功能于一体的集成软件，但就其语言部分，这些概念同样不可或缺。

2.1.1　常量与变量

第 8 集
微课视频

1. 常量

　　常量是程序语句中取不变值的那些量，如表达式 y=0.618*x，其中就包含一个常数 0.618，它便是一个数值常量；而表达式 "s='Today and Tomorrow'" 中单引号内的英文字符串"Today and Tomorrow"则是字符串常量。

　　在 MATLAB 中，有一类常量是由系统默认给定一个符号来表示的，如 pi 代表圆周率 π，即 3.1415926…，类似于 C 语言中的符号常量，这些常量有时又称为系统预定义的变量，如表 2-1 所示。

表 2-1　默认常量（特殊常量）

符　号	含　义
ans	默认变量名
i或j	虚数单位，定义为$i^2=j^2=-1$
pi	圆周率π的双精度表示
eps	容差变量，即浮点数的最小分辨率（浮点相对精度）。当某量的绝对值小于eps时，可以认为此量为0，计算机上此值为2^{-52}
NaN（nan）	不定式，表示非数值量，产生于0/0、∞/∞、0*∞等运算
Inf（inf）和−Inf（−inf）	正、负无穷大，由0作除数时引入此常量，产生于1/0或log(0)等运算
realmin	最小标准浮点数，为2^{-1022}
realmax	最大正浮点数，为$(2-2^{-52})\times 2^{1023}$
nargin / nargout	函数输入/输出的参数数目

【例 2-1】 显示常量值示例。

解 在命令行窗口中依次输入以下语句，同时会输出相应的结果。

```
>> i
ans=
    0.0000+1.0000i
>> pi
ans=
    3.1416
>> eps
ans=
    2.2204e-16
>> x=0/0
x=
    NaN
>> y=log(0)
y=
    -Inf
>> realmin
ans=
    2.2251e-308
>>  2^(-1022)
ans=
    2.2251e-308
>> realmax
ans=
    1.7977e+308
>>  (2-2^(-52))*2^1023
ans=
    1.7977e+308
```

2. 变量

变量是在程序运行中其值可以改变的量，由变量名表示。在 MATLAB 中变量的命名有自己的规则，可以归纳为以下几条。

（1）变量名必须以字母开头，且只能由字母、数字或下画线 3 类符号组成，不能含有空格和标点符号（如( )、%）等。

（2）变量名区分字母的大小写，如 a 和 A 是不同的变量。

（3）变量名不能超过 63 个字符，第 63 个字符后的字符将被忽略。

（4）关键字（如 if、while 等）不能作为变量名。

（5）最好不要用表 2-1 中的特殊常量符号作变量名，虽然它们可以作为变量名。

常见的错误命名有 d.ing、3x、f(x)、y'、y"、A^2 等。

2.1.2　无穷量和非数值量

MATLAB 中分别用 Inf 和-Inf 代表正无穷和负无穷，用 NaN 表示非数值量。正无穷和负无穷的产生一般是由于 0 作为分母或运算溢出，产生了超出双精度浮点数数值范围的结果；非数值量则是由 0/0 或 Inf/Inf 型的非正常运算造成的。

注意： 由 0/0 或 Inf/Inf 产生的两个 NaN 彼此并不相等。

除了运算会造成异常结果外，MATLAB 还提供了专门的函数创建这两种特殊的量。用 Inf

函数和 NaN 函数创建指定数值类型的无穷量和非数值量，默认是双精度浮点型。这两个函数的调用方式相同，其中 NaN 函数的调用格式如下。

```
X=NaN              %返回非数字的标量表示形式，如 0/0 或 0*Inf，则运算返回 NaN
X=NaN(n)                     %返回 NaN 值的 n×n 矩阵
X=NaN(sz1,...,szN)          %返回由 NaN 值组成的 sz1×...×szN 数组
X=NaN(sz)                   %返回 NaN 值的数组，大小向量 sz 定义 size(X)
X=NaN(___,type)  %返回由数据类型为 type('single'或'double')的 NaN 值组成的数组
```

【例 2-2】　无穷量和非数值量。

解　在命令行窗口中依次输入以下语句，同时会输出相应的结果。

```
>> x=1/0
x=
    Inf
>> x=1.e1000
x=
    Inf
>> x=exp(1000)
x=
    Inf
>> x=log(0)
x=
   -Inf
>> y=0/0
y=
    NaN
>> X=NaN(2,4)
X=
    NaN    NaN    NaN    NaN
    NaN    NaN    NaN    NaN
```

2.1.3　标量、向量、矩阵与数组

1. 基本运算量的特点

标量、向量、矩阵和数组是 MATLAB 运算中涉及的一组基本运算量。它们各自的特点及相互关系描述如下。

（1）数组不是一个数学量，而是一个用于高级语言程序设计的概念。如果数组元素按一维线性方式组织在一起，则称为一维数组，一维数组的数学原型是向量。

如果数组元素按行、列排成一个二维平面表格，则称其为二维数组，其数学原型是矩阵。如果在元素排成二维数组的基础上，再将多个行、列数分别相同的二维数组叠成一本立体表格，便形成三维数组。以此类推，便有了多维数组的概念。

在 MATLAB 中，数组的用法与一般高级语言不同，它不借助于循环，而是直接采用运算符创建，有自己独立的运算符和运算法则。

（2）矩阵是一个数学概念，一般高级语言并未将其作为基本的运算量，不认可将两个矩阵视为两个简单变量而直接进行加、减、乘、除运算，要完成矩阵的四则运算则必须借助于循环结构。

MATLAB 引入矩阵作为基本运算量后，改变了上述局面。MATLAB 不仅实现了矩阵的简单加、减、乘、除运算，许多与矩阵相关的其他运算也因此大大简化了。

（3）向量是一个数学量，一般高级语言中也未引入，可将其视为矩阵的特例。从 MATLAB 的工作区窗口可以查看到，一个 n 维的行向量是一个 $1 \times n$ 阶的矩阵，而 n 维列向量则可作为 $n \times 1$ 阶的矩阵。

（4）标量也是一个数学概念，但在 MATLAB 中，一方面可将其视为一般高级语言的简单变量处理，另一方面又可把它当成 1×1 阶的矩阵，这与矩阵作为 MATLAB 的基本运算量是一致的。

（5）在 MATLAB 中，二维数组和矩阵其实是数据结构形式相同的两种运算量。二维数组和矩阵的表示、建立、存储区别只是运算符和运算法则不同。

例如，向命令行窗口中输入 A=[1 2; 3 4]这个量，实际上该量有两种可能的角色：矩阵 A 或二维数组 A。这就是说，单从形式上不能完全区分矩阵和数组，必须看它使用什么运算符与其他量之间进行的运算。

（6）数组的维和向量的维是两个完全不同的概念。数组的维是从数组元素排列后所形成的空间结构定义的：线性结构是一维，平面结构是二维，立体结构是三维，当然还有四维以至多维。向量的维相当于一维数组中的元素个数。

2．数组与矩阵的运算

MATLAB 既支持数组的运算，也支持矩阵的运算，但它们的运算却有很大的差别。在 MATLAB 中，数组的所有运算都针对被运算数组中的每个元素平等地执行同样的操作；矩阵运算则从把矩阵整体当作一个特殊的量这个基点出发，按照线性代数的规则进行运算。

1）关于数组

数组（Array）是由一组复数排成的长方形阵列（而实数可被视为复数的虚部为 0 的特例）。对于 MATLAB，在线性代数范畴之外，数组也是进行数值运算的基本处理单元。

一行多列的数组是行向量，一列多行的数组就是列向量。数组可以是二维的"矩形"，也可以是三维的，甚至还可以是多维的。多行多列的"矩形"数组与数学中的矩阵从外观形式与数据结构上看并无区别。

MATLAB 中定义了一套数组运算规则及其运算符，但数组运算是 MATLAB 所定义的规则，规则是为了管理数据方便、操作简单、指令形式自然、程序简单易读与运算高效。

在 MATLAB 中大量数值运算是以数组形式进行的。而在 MATLAB 中涉及线性代数范畴的问题，其运算则是以矩阵作为基本的运算单元。

对于数组，不论是算术运算，还是关系或逻辑运算，甚至调用函数的运算，形式上可以把数组当作整体，但其有一套有别于矩阵的、完整的运算符和运算函数，实质上是针对数组中的每个元素进行运算。

2）关于矩阵

有 $m \times n$ 个数 $a_{ij}(i=1,2,\cdots,m; \ j=1,2,\cdots,n)$ 组成的数组，将其排成如下格式（用方括号括起来）并作为整体，则称该表达式为 m 行 n 列的矩阵。

$$A=\begin{bmatrix} a_{11} & \cdots & a_{1n} \\ \vdots & & \vdots \\ a_{m1} & \cdots & a_{mn} \end{bmatrix}$$

横向每行所有元素依次序排列为行向量；纵向每列所有元素依次序排列为列向量。注意，数组用方括号括起来后已成为一个抽象的特殊量——矩阵。

矩阵概念是线性代数范畴内特有的。在线性代数中，矩阵有特定的数学含义，并有其自身严格的运算规则及其运算符。MATLAB 在定义数组运算的基础上又定义了矩阵运算规则，矩阵运算规则与线性代数中的矩阵运算规则相同，运算时把矩阵视为一个整体进行。

2.1.4 命令、函数、表达式和语句

有了常量、变量、数组和矩阵，再加上各种运算符即可编写出多种 MATLAB 的表达式和语句。但在 MATLAB 的表达式或语句中，还有一类对象会时常出现，那就是命令和函数。

1. 命令

命令通常是一个动词，如 clear 命令用于清除工作区。有的命令可能在动词后带有参数，如 "addpath D:\DingJB\MATLAB –end" 命令用于添加新的搜索路径。

在 MATLAB 中，命令与函数都在函数库里，有一个专门的函数库 general 用来存放通用命令。一个命令通常也是一条语句。

2. 函数

MATLAB 中的函数分为内置函数（如 sqrt 和 sin）及自定义函数。内置函数运行效率高，但不能访问计算的详细信息；自定义函数利用编程实现，可以访问其计算的详细信息。

MATLAB 中内置大量函数，可以直接被调用，仅就基本函数而言，其所包括的函数类别就有二十多种，而每种中又有少则几个、多则数十个函数。

除 MATLAB 基本函数外，还有各种工具箱，而工具箱实际上也是由一组组用于解决专门问题的函数构成。不包括 MATLAB 网站上外挂的工具箱函数，目前 MATLAB 自带的工具箱已多达几十种，可见 MATLAB 函数之多。

从某种意义上说，MATLAB 全靠函数解决问题。函数一般的调用格式如下。

```
函数名(参数 1，参数 2，...)
```

例如，引用正弦函数就书写成 sin(A)，A 就是一个参数，它可以是一个标量，也可以是一个数组，而对数组求正弦是针对其中的各元素求正弦，这是由数组的特征决定的。

3. 表达式

用多种运算符将常量（数字、字符串等）、变量（含标量、向量、矩阵和数组等）、函数等多种运算对象连接起来构成的运算式就是 MATLAB 的表达式，例如：

```
A+B&C-sin(A*pi)+sqrt(B)
```

就是一个表达式。

试分析其与表达式

```
(A+B)&C-sin(A*pi)+sqrt(B)
```

有无区别，这将在后面的章节进行讲解。

表达式又分为算术表达式、逻辑表达式、符号表达式，后文会进行详细讲解。

4. 语句

在 MATLAB 中，表达式本身即可被视为一个语句。而典型的 MATLAB 语句是赋值语句，其一般结构如下。

```
变量名=表达式
```

例如：

```
F=(A+B)&C-sin(A*pi)
```

就是一个赋值语句。

除赋值语句外，MATLAB 还有函数调用语句、循环控制语句、条件分支语句等。这些语句都将在后面的章节中分别介绍。

【例 2-3】 赋值语句示例及运行结果。

在命令行窗口中输入以下命令并显示输出结果。

```
>> a=6
a=
    6
>> rho=(1+sqrt(a))/2                    %sqrt 函数用于求平方根
rho=
    1.7247
>> b=abs(3+4i)                          %abs 函数用于求绝对值或复数的模
b=
    5
>> x=sqrt(besselk(7/3,rho-3i))          %besselk 为第二类修正 Bessel 函数
x=
    0.1929-0.3812i
```

2.2　数据类型

第 9 集
微课视频

数据类型、常量与变量是程序语言入门时必须引入的基本概念，MATLAB 是一个集多种功能于一体的集成软件，这些概念同样不可缺少。本节重点介绍数值型数据。

2.2.1　数据类型概述

数据作为计算机处理的对象，在程序语言中可分为多种类型，在 MATLAB 这种可编程的语言中当然也不例外。MATLAB 的主要数据类型如图 2-1 所示。

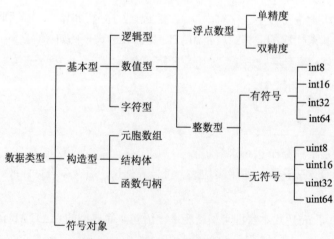

图 2-1　MATLAB 的主要数据类型

将 MATLAB 的数值型数据划分成整数型和浮点数型的用意和 C 语言有所不同。MATLAB

的整数型数据主要为图像处理等特殊的应用问题提供数据类型，以便节省空间或提高运行速度。对于一般数值运算，绝大多数情况下采用双精度浮点数型的数据。

MATLAB 的构造型数据基本与 C++的构造型数据相衔接，但它的数组却有更加广泛的含义和不同于一般语言的运算方法。

符号对象是 MATLAB 所特有的一类为符号运算而设置的数据类型。严格地说，它不是某一类型的数据，它可以是数组、矩阵、字符等多种形式及其组合，但它在 MATLAB 的工作区中的确又是另立的一种数据类型。

在使用中，MATLAB 数据类型的一个突出的特点就是，在引用不同数据类型的变量时，一般不用事先对变量的数据类型进行定义或说明，系统会依据变量被赋值的类型自动进行类型识别，这在高级语言中是极有特色的。这样处理的优势是，在书写程序时可以随时引入新的变量而不用担心会出错，这的确给应用带来了很大方便。但缺点是有失严谨，搜索和确定一个符号是否为变量名将耗费更多的时间。

2.2.2 整数型

MATLAB 中支持以 1 字节、2 字节、4 字节和 8 字节几种形式存储整数数据，共提供了 8 种内置的整数型。表 2-2 列出了各种整数型、数值范围和转换函数。

表 2-2　MATLAB中的整数型

整 数 型	数 值 范 围	转 换 函 数	整 数 型	数 值 范 围	转 换 函 数
有符号8位整数	$-2^7\sim2^7-1$	int8	无符号8位整数	$0\sim2^8-1$	uint8
有符号16位整数	$-2^{15}\sim2^{15}-1$	int16	无符号16位整数	$0\sim2^{16}-1$	uint16
有符号32位整数	$-2^{31}\sim2^{31}-1$	int32	无符号32位整数	$0\sim2^{32}-1$	uint32
有符号64位整数	$-2^{63}\sim2^{63}-1$	int64	无符号64位整数	$0\sim2^{64}-1$	uint64

不同的整数型所占用的位数不同，因此所能表示的数值范围不同，在实际应用中，应该根据需要的数据范围选择合适的整数型。有符号整数型拿出一位表示正、负，因此表示的数据范围和相应的无符号整数型不同。

MATLAB 中数值的默认存储类型是双精度浮点数（double）类型，通过转换函数可以将双精度浮点数型转换为指定的整数型。

【例 2-4】　通过转换函数创建整数型数据。

解　在命令行窗口中依次输入以下语句，同时会输出相应的结果。

```
>> x=105; y=105.49; z=105.5;
>> xx=int16(x)                    %把默认 double 型变量 x 强制转换为 int16 型
xx=
  int16
  105
>> yy=int32(y)
yy=
  int32
  105
>> zz=int32(z)
zz=
  int32
  106
```

在类型转换中，MATLAB 默认将待转换数值转换为最接近的整数，若小数部分正好为 0.5，那么 MATLAB 转换后的结果是绝对值较大的那个整数。另外，应用这些转换函数也可以将其他类型转换为指定的整数型。

【例 2-5】 将小数转换为整数。

解 在命令行窗口中依次输入以下语句，同时会输出相应的结果。

```
>> x1=325.499;
>> int16(x1)
ans=
  int16
   325
>> x2=x1+0.001;
>> int16(x2)
ans=
  int16
   326
>> int16(-x2)
ans=
  int16
  -326
```

MATLAB 还提供了多种取整函数，如表 2-3 所示，用于将浮点数转换为整数。

表 2-3　MATLAB中的取整函数

函　　数	说　　明	举　　例
round(a)	向最接近的整数取整，即四舍五入取整 小数部分是0.5时，向绝对值大的方向取整	round(4.3)结果为4 round(4.5)结果为5
fix(a)	向0方向取整	fix(4.3)结果为4 fix(4.5)结果为4
floor(a)	向不大于a的最接近整数取整	floor(4.3)结果为4 floor(4.5)结果为4
ceil(a)	向不小于a的最接近整数取整	ceil(4.3)结果为5 ceil(4.5)结果为5

整数型数据参与的数学运算与 MATLAB 中默认的双精度浮点数运算不同。当两种相同的整数型数据进行运算时，结果仍然是这种整数型；当一个整数型数据与一个双精度浮点数型数据进行数学运算时，计算结果是整数型，取整采用默认的四舍五入方式。

注意： 两种不同的整数型之间不能进行数学运算，除非提前进行强制类型转换。

【例 2-6】 整数型数据参与的运算。

解 在命令行窗口中依次输入以下语句，同时会输出相应的结果。

```
>> clear, clc
>> x=uint32(367.2)*uint32(20.3)
x=
 uint32
 7340
>> y=uint32(24.321)*359.63
y=
 uint32
```

```
     8631
>> z=uint32(24.321) *uint16(359.63)
错误使用  *
整数只能与同类型的整数或双精度标量值组合使用。
 >> whos
   Name   Size   Bytes   Class   Attributes
    x      1x1      4             uint32
    y      1x1      4             uint32
```

不同的整数型数据能够表示的数值范围不同，数学运算中，运算结果超出相应的整数型数据能够表示的范围时，就会出现溢出错误，运算结果被置为该整数型能够表示的最大值或最小值。

MATLAB 提供了 warning 函数可以设置是否显示这种转换或计算过程中出现的溢出及非正常转换的错误，有兴趣的读者可查阅 MATLAB 帮助文档。

2.2.3 浮点数型

MATLAB 中提供了单精度浮点数型（single）和双精度浮点数型（double），它们在存储位宽、各数据位的用处、数值范围、转换函数等方面都不同，如表 2-4 所示。

表 2-4 MATLAB中浮点数型的比较

类　　型	存储位宽	各数据位的作用	数 值 范 围	转换函数
双精度浮点数	64	$0\sim51$位表示小数部分 $52\sim62$位表示指数部分 63位表示符号（0为正，1为负）	$-1.79769\times10^{+308}\sim-2.22507\times10^{-308}$ $2.22507\times10^{-308}\sim1.79769\times10^{+308}$	double
单精度浮点数	32	$0\sim22$位表示小数部分 $23\sim30$位表示指数部分 31位表示符号（0为正，1为负）	$-3.40282\times10^{+38}\sim-1.17549\times10^{-38}$ $1.17549\times10^{-38}\sim3.40282\times10^{+38}$	single

从表 2-4 可以看出，存储单精度浮点数型所用的位数少，因此内存占用少，但从各数据位的用处来看，单精度浮点数能够表示的数值范围比双精度浮点数小。

与创建整数一样，创建浮点数也可以通过转换函数实现，当然，MATLAB 中默认的数值类型是双精度浮点数型。

【例 2-7】 浮点数型转换函数的应用。

解 在命令行窗口中依次输入以下语句，同时会输出相应的结果。

```
>> clear,clc
>> x=5.4                      %创建变量 x，并对其赋值
x=
 5.4000
>> class(x)                   %利用 class 函数查看变量的数据类型
ans=
    'double'
>> y=single(x)               %将 double 型的变量强制转换为 single 型
y=
  single
  5.4000
```

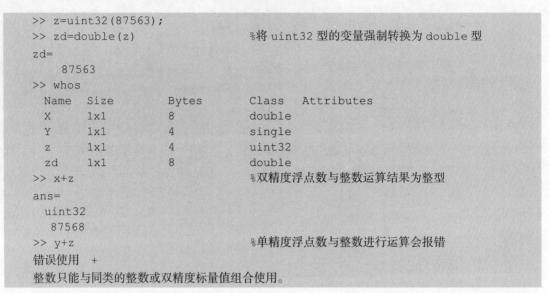

```
>> z=uint32(87563);
>> zd=double(z)              %将 uint32 型的变量强制转换为 double 型
zd=
    87563
>> whos
  Name    Size        Bytes     Class    Attributes
  X       1x1         8         double
  Y       1x1         4         single
  z       1x1         4         uint32
  zd      1x1         8         double
>> x+z                        %双精度浮点数与整数运算结果为整型
ans=
  uint32
    87568
>> y+z                        %单精度浮点数与整数进行运算会报错
错误使用  +
整数只能与同类的整数或双精度标量值组合使用。
```

双精度浮点数参与运算时，返回值的类型依赖于参与运算的其他数据类型。双精度浮点数与逻辑型、字符型数据进行运算时，返回结果为双精度浮点数；与整数进行运算时返回结果为相应的整数；与单精度浮点数运算返回单精度浮点数。单精度浮点数与逻辑型、字符型数据和任何浮点数进行运算时，返回结果都是单精度浮点数。

注意：单精度浮点数不能和整数进行算术运算。

【例 2-8】 浮点数型数据参与的运算。

解 在命令行窗口中依次输入以下语句，同时会输出相应的结果。

```
>> clear,clc
>> x=uint32(240); y=single(32.345); z=12.356;
>> xy=x*y
错误使用*
整数只能与同类的整数或双精度标量值组合使用。
>> xz=x*z
xz=
  uint32
  2965
>> whos
  Name    Size        Bytes     Class    Attributes
  x       1x1         4         uint32
  xz      1x1         4         uint32
  y       1x1         4         single
  z       1x1         8         double
```

从表 2-4 还可以看出，浮点数只占用一定的存储位宽，其中只有有限位用来存储指数部分和小数部分。因此，浮点数能表示的实际数值是有限且离散的。

任何两个最接近的浮点数之间都有一个很微小的间隙，而所有处在这个间隙中的值都只能用这两个最接近的浮点数中的一个表示。

在 MATLAB 中，eps 函数用于获取其与一个数值最接近的浮点数的间隙大小。有兴趣的读者可查阅 MATLAB 帮助文档。

2.2.4　显示格式

MATLAB 提供了多种数值显示方式，可以通过 format 函数设置，也可以通过在"预设项"对话框中修改"命令行窗口"的参数，设置不同的数值显示方式。默认情况下，MATLAB 使用 5 位定点或浮点显示格式。

MATLAB 中通过 format 函数提供的几种数值显示格式，相关内容请参考前面的章节。

注意： format 函数和"预设项"对话框都只修改数值的显示格式，而 MATLAB 中数值运算不受影响，仍按照双精度浮点数进行运算。

在利用 MATLAB 进行程序设计时，还常需要临时改变数值显示格式，这可以通过 get 和 set 函数来实现，下面举例说明。

【例 2-9】　通过 get 和 set 函数临时改变数值显示格式。

解　在命令行窗口中依次输入以下语句，同时会输出相应的结果。

```
>> origFormat=get(0,'format')      %获取数值显示格式并将其保存在 origFormat 中
origFormat=
    'short'
>> format('rational')              %修改显示格式为 rational
>> rat_pi=pi
rat_pi=
    355/113
>> set(0,'format',origFormat)      %重新设置数值显示格式为 origFormat
>> get(0,'format')
ans=
    'short'
```

2.2.5　常用函数

除了前面介绍的数值相关函数外，MATLAB 中还有很多用于确定数值类型的函数，如表 2-5 所示。

表 2-5　MATLAB 中确定数值类型的函数

函　　数	说　　明	函　　数	说　　明
class(A)	返回变量 A 的类型名称	isreal(A)	确定 A 是否为实数
isa(A,'dataType')	确定 A 是否为 dataType 类型	isnan(A)	确定 A 是否为非数值量
isnumeric(A)	确定 A 是否为数值型	isinf(A)	确定 A 是否为无穷量
isinteger(A)	确定 A 是否为整数型	isfinite(A)	确定 A 是否为有限数值
isfloat(A)	确定 A 是否为浮点数型		

【例 2-10】　创建数值变量并确定其是否为指定的数据类型。

解　在命令行窗口中依次输入以下语句，同时会输出相应的结果。

```
>> A=3.1416;
>> tf=isa(A,'double')              %确定 A 是否为 double 类型
tf=
  logical
  1
```

```
>> A=int32([0 2 4 6 8])                    %创建一个 32 位整数数组
A=
  1×5 int32 行向量
   0  2  4  6  8
>> tf=isa(A,'int32')                       %确定 A 是否为 int32 类型
tf=
  logical
   1
>> tf=isa(A,'char')                        %确定 A 是否为 char 类型
tf=
  logical
   0
>> isnumeric(A)                            %确定 A 是否为数值型
ans=
  logical
   1
```

2.3 基本运算

MATLAB 中的运算包括算术运算、关系运算和逻辑运算 3 种，其中关系运算和逻辑运算的返回结果都是逻辑类型（1 代表逻辑真，0 代表逻辑假），在程序设计中应用十分广泛。

2.3.1 算术运算

第 10 集
微课视频

算术运算因所处理的对象不同，分为数组算术运算和矩阵算术运算两类。

1. 数组算术运算

数组算术运算可针对向量（一维数组）、矩阵（二维数组）和多维数组的对应元素执行逐元素运算，其运算符如表 2-6 所示。

表 2-6　数组算术运算符（点运算）

运 算 符	名 称	示 例	说 明	函 数
+	加	C=A+B	加法法则，即 C(i,j)=A(i,j)+B(i,j)	plus
−	减	C=A−B	减法法则，即 C(i,j)=A(i,j)−B(i,j)	minus
.*	数组乘	C=A.*B	C(i,j)=A(i,j)*B(i,j)	times
./	数组右除	C=A./B	C(i,j)=A(i,j)/B(i,j)	rdivide
.\	数组左除	C=A.\B	C(i,j)=B(i,j)/A(i,j)	ldivide
.^	数组乘幂	C=A.^B	C(i,j)=A(i,j)^B(i,j)	power
.'	数组转置	A.'	将数组的行摆放成列，复数元素不作共轭	transpose

区别于矩阵算术运算，数组算术运算的乘、除、乘幂和转置等均带有一个点，因此也可以称之为数组点运算。

【例 2-11】 MATLAB 中的数组算术运算。

解 在命令行窗口中依次输入以下语句，同时会输出相应的结果。

```
>> A=[1 0; 2 4]; B=[5 8; 4 1];             %创建两个数值数组 A 和 B
>> C=A+B
C=
```

```
       6      8
       6      5
>> C=A-B
C=
      -4     -8
      -2      3
>> C=A.*B
C=
       5      0
       8      4
>> C=A./B
C=
   0.2000          0
   0.5000     4.0000
>> C=A.\B
C=
   5.0000        Inf
   2.0000     0.2500
>> C=A.^B
C=
       1      0
      16      4
>> C=A.'
C=
       1      2
       0      4
```

上述给出的是数组与数组的算术运算，针对数组与标量、行向量与列向量的算术运算请读者自行尝试，下面只给出创建的变量，读者自行参照上面的运算学习即可。

```
>> A=[1 0; 2 4]; B=5;              %用于验证数组与标量的运算
>> A=[1 0 2 4]; B=[5 8 4 1]';      %用于验证行向量和列向量的运算
>> A=[1 0; 2 4]; B=[5 8 4 1]';     %创建矩阵和向量的运算
```

2．矩阵算术运算

矩阵算术运算遵循线性代数的法则，与多维数组不兼容，其运算符如表 2-7 所示。

表 2-7　矩阵算术运算符

运算符	名　称	示　例	说　明	函　数
*	乘	C=A*B	矩阵乘法（线性代数乘积），A 的列数必须与 B 的行数相等	mtimes
/	右除	C=A/B	线性方程组 X*B=A 的解，即 $C=A/B=A*B^{-1}$	mrdivide
\	左除	C=A\B	线性方程组 A*X=B 的解，即 $C=A\backslash B=A^{-1}*B$	mldivide
^	乘幂	C=A^B	B 为标量时，A 的 B 次幂 B 为其他值时，计算包含特征值和特征向量	mpower
'	共轭转置	B=A'	B 是 A 的共轭转置矩阵	ctranspose

说明：

（1）表 2-7 中并未定义数组的加减法，这是因为数组的加减法与矩阵的加减法相同，所以未重复定义。

（2）矩阵的加、减、乘运算是严格按矩阵运算法则定义的，而矩阵的除法虽和矩阵求逆有关系，但却分为左除、右除，因此不是完全等价的。乘幂运算更是将标量幂扩展到矩阵可作为幂指数。总的来说，MATLAB 接受了线性代数已有的矩阵运算规则，但又有所扩展。

（3）不论是加、减、乘、除还是乘幂，数组的运算都是元素间的运算，即对应下标元素一对一的运算。多维数组的运算法则可依元素按下标一一对应参与运算的原则推广。

2.3.2　关系运算

关系运算用于比较两个操作数，而逻辑运算则用于对简单逻辑表达式进行复合运算。MATLAB 中的关系运算符如表 2-8 所示。

表 2-8　关系运算符

运 算 符	名　　称	示　　例	法则或使用说明
<	小于	A<B	（1）A、B都是标量，结果是为1（真）或0（假）的标量
<=	小于或等于	A<=B	（2）A、B若一个为标量，另一个为数组，标量将与数组各元素逐一比较，结果为与运算数组行、列数相同的数组，其中各元素取值1或0
>	大于	A>B	
>=	大于或等于	A>=B	（3）A、B均为数组时，必须行、列数分别相同，A与B各对应元素相比较，结果为与A或B行、列数相同的数组，其中各元素取值1或0
==	恒等于	A==B	
~ =	不等于	A ~ =B	（4）==和～=运算对参与比较的量同时比较实部和虚部，其他运算则只比较实部

需要指出的是，MATLAB 的关系运算虽可看成矩阵的关系运算，但严格地讲，把关系运算定义在数组的基础之上更为合理。因为从表 2-8 中所列的法则不难发现，关系运算是元素一对一的运算。数组的关系运算向下可兼容一般高级语言中所定义的标量关系运算。

当操作数是数组形式时，关系运算符总是对被比较的两个数组的各个对应元素进行比较，因此要求被比较的数组必须具有相同的尺寸。

【例 2-12】　MATLAB 中的关系运算。

解　在命令行窗口中依次输入以下语句，同时会输出相应的结果。

```
>> 5>=4                              %标量比较
ans=
  logical
  1
>> rng(123)                          %控制随机数生成器，确保数据可复现
>> x=rand(1,4)
x=
   0.6965    0.2861    0.2269    0.5513
>> y=rand(1,4)
y=
   0.7195    0.4231    0.9808    0.6848
>> x>y                               %比较两个大小相同的向量
ans=
  1×4 logical 数组
   0  0  0  0
>> A=[2 4 6; 8 10 12];
>> B=[5 5 5; 9 9 9];
>> A < B                             %比较两个大小相同的矩阵
```

```
ans=
  2×3 logical 数组
    1   1   0
    1   0   0
>> A > 7                                    %将某个数组与标量进行比较
ans=
  2×3 logical 数组
    0   0   0
    1   1   1
```

注意：

（1）在 MATLAB 中，比较两个数是否相等的关系运算符是两个等号连用（==），而单个等号=是变量赋值的符号。

（2）由于浮点数的存储形式造成了相对误差的存在，在程序设计中最好不要直接比较两个浮点数是否相等，而应该采用大于、小于的比较运算将待确定值限制在一个满足需要的区间内。

2.3.3　逻辑运算

关系运算返回的结果是逻辑类型（逻辑真或逻辑假），这些简单的逻辑数据可以通过逻辑运算符组成复杂的逻辑表达式，在程序设计中常用于进行分支选择或确定循环终止条件。MATLAB 中的逻辑运算有 3 类：

（1）逐元素逻辑运算；

（2）捷径逻辑运算；

（3）逐位逻辑运算。

只有前两种逻辑运算返回逻辑类型的结果。

1.　逐元素逻辑运算

逐元素逻辑运算符有逻辑与（&）、逻辑或（|）和逻辑非（~）3 种。其中，前两个是双目运算符，必须有两个操作数参与运算；逻辑非是单目运算符，只对单个元素进行运算，其意义和示例如表 2-9 所示。

表 2-9　逐元素逻辑运算符

运 算 符	名　　称	示　　例		说　　明	函　　数
&	逐元素 逻辑与	1&0 1&false 1&1	返回0 返回0 返回1	双目运算符。参与运算的两个元素值为逻辑真或非零时，返回逻辑真，否则返回逻辑假	and
|	逐元素 逻辑或	1|0 1|false 0|0	返回1 返回1 返回0	双目运算符。参与运算的两个元素都为逻辑假或零时，返回逻辑假，否则返回逻辑真	or
~	逐元素 逻辑非	~1 ~0	返回0 返回1	单目运算符。参与运算的元素为逻辑真或非零时，返回逻辑假，否则返回逻辑真	not

注意：这里逻辑与和逻辑非运算都是逐个元素进行双目运算，因此如果参与运算的是数组，就要求两个数组具有相同的尺寸。

【例 2-13】 逐元素逻辑运算应用示例。

解 在命令行窗口中依次输入以下语句，同时会输出相应的结果。

```
>> rng(123)                              %控制随机数生成器，确保数据可复现
>> x=rand(1,3)
x=
    0.6965    0.2861    0.2269
>> x=rand(1,3)
x=
    0.5513    0.7195    0.4231
>> rng(123)
>> x=rand(1,3)
x=
    0.6965    0.2861    0.2269
>> y=x>0.5
y=
  1×3 logical 数组
   1   0   0
>> m=x<0.96
m=
  1×3 logical 数组
   1   1   1
>> y&m
ans=
  1×3 logical 数组
   1   0   0
>> y|m
ans=
  1×3 logical 数组
   1   1   1
>> ~y
ans=
  1×3 logical 数组
   0   1   1
```

2. 捷径逻辑运算

MATLAB 中的捷径逻辑运算符有逻辑与（&&）和逻辑或（‖）两个。实际上它们的运算功能和前面讲过的逐元素逻辑运算符相似，只不过在某些特殊情况下，捷径逻辑运算符会较少进行逻辑判断的操作。

当参与逻辑与运算的两个数据同为逻辑真（非零）时，逻辑与运算才返回逻辑真（1），否则都返回逻辑假（0）。捷径逻辑与（&&）运算符就是基于这一特点，当参与运算的第 1 个操作数为逻辑假时，将直接返回逻辑假，而不再计算第 2 个操作数。而逐元素逻辑与（&）运算符在任何情况下都要计算两个操作数的结果，然后进行逻辑与运算。

捷径逻辑或（‖）运算符的情况类似，当第 1 个操作数为逻辑真时，将直接返回逻辑真，而不再计算第 2 个操作数。而逐元素逻辑或（|）运算符任何情况下都要计算两个操作数的结果，然后进行逻辑或运算。

捷径逻辑运算符如表 2-10 所示。

表 2-10 捷径逻辑运算符

运 算 符	名 称	说 明
&&	捷径逻辑与	当第1个操作数为逻辑假时，直接返回逻辑假，否则同&
‖	捷径逻辑或	当第1个操作数为逻辑真时，直接返回逻辑真，否则同‖

说明：捷径逻辑运算符比相应的逐元素逻辑运算符的运算效率更高，在实际编程中一般都使用捷径逻辑运算符。

【例 2-14】 捷径逻辑运算应用示例。

解 在命令行窗口中依次输入以下语句，同时会输出相应的结果。

```
>> x=0
x=
    0
>> x~=0&&(1/x>2)
ans=
  logical
   0
>> x~=0&(1/x>2)
ans=
  logical
   0
```

3. 逐位逻辑运算

逐位逻辑运算能够对二进制形式的非负整数进行逐位逻辑运算，并将运算后的二进制数值转换为十进制数值输出。MATLAB 中的逐位逻辑运算函数如表 2-11 所示。

表 2-11 逐位逻辑运算函数

函 数	名 称	说 明
bitand(a,b)	逐位逻辑与	a和b的二进制数位都为1，则返回1，否则返回0，并将运算后的二进制数值转换为十进制数值输出
bitor(a,b)	逐位逻辑或	a和b的二进制数位都为0，则返回0，否则返回1，并将运算后的二进制数值转换为十进制数值输出
bitcmp(a,b)	逐位逻辑非	将a扩展成n位二进制形式，当扩展后的二进制数位都为1，则返回0，否则返回1，并将运算后的二进制数值转换为十进制数值输出
bitxor(a,b)	逐位逻辑异或	a和b的二进制数位相同，则返回0，否则返回1，并将运算后的二进制数值转换为十进制数值输出

【例 2-15】 逐位逻辑运算函数应用示例。

解 在命令行窗口中依次输入以下语句，同时会输出相应的结果。

```
>> m=8; n=2;
>> mn=bitxor(m,n)
mn=
    10
>> dec2bin(m)
ans=
    '1000'
>> dec2bin(n)
ans=
```

```
    '10'
>> dec2bin(mn)
ans=
    '1010'
```

2.3.4　运算符优先级

和其他高级语言一样，当用多个运算符和运算量写出一个 MATLAB 表达式时，必须明确运算符的优先级，如表 2-12 所示。

表 2-12　运算符优先级

优　先　级	运　算　符
最高	()（圆括号）
	'（转置共轭）、^（矩阵乘幂）、.'（数组转置）、.^（数组乘幂）
	~（逻辑非）
	（乘法）、/（右除）、\（左除）、 .（数组乘）、./（数组右除）、.\（数组左除）
	+（加法）、−（减法）
	:（冒号运算符）
	<（小于）、<=（小于或等于）、>（大于）、 >=（大于或等于）、==（恒等于）、~=（不等于）
	&（逻辑与）
	|（逻辑或）
	&&（捷径逻辑与）
最低	||（捷径逻辑或）

处于同一优先级的运算符具有相同的运算优先级，从左至右依次进行计算。在同一级别中又遵循有括号先括号运算的原则。

2.3.5　常用函数

除前面介绍的关系与逻辑运算符外，MATLAB 提供了大量的其他关系与逻辑函数，如表 2-13 所示。

表 2-13　其他关系与逻辑函数

函　　数	说　　明
xor(x,y)	异或运算。若x或y非零(真)，则返回1；若x和y都是零(假)或都是非零(真)，则返回0
any(x)	如果在一个向量x中，任何元素是非零，则返回1；矩阵x中的每列有非零元素，则返回1
all(x)	如果在一个向量x中，所有元素非零，则返回1；矩阵x中的每列所有元素非零，则返回1

【例 2-16】　其他关系与逻辑函数的应用示例。

解　在命令行窗口中依次输入以下语句，同时会输出相应的结果。

```
>> A=[0 0 3; 0 3 3]
A=
    0    0    3
```

```
      0     3     3
>> B=[0 -2 0; 1 -2 0]
B=
      0    -2     0
      1    -2     0
>> C=xor(A,B)
C=
  2×3 logical 数组
   0   1   1
   1   0   1
>> D=any(A)
D=
  1×3 logical 数组
   0   1   1
>> E=all(A)
E=
  1×3 logical 数组
   0   0   1
```

2.4　字符串

在 MATLAB 中，字符数组和字符串数组用于存储文本数据。实际上，MATLAB 将字符串视为一维字符数组。本节针对字符串的运算或操作，对字符数组同样有效。

2.4.1　字符串变量

当把某个字符串赋值给一个变量后，这个变量便因取得这一字符串而被 MATLAB 作为字符串变量识别。

用双引号将一段文本括起来，即可创建一个字符串标量，如"Hello, world"。通过赋值语句可以完成字符串变量的赋值操作。

【例 2-17】　将 3 个字符串分别赋值给 S1、S2、S3 这 3 个变量。

解　在命令行窗口中依次输入以下语句，同时会输出相应的结果。

```
>> S1='Go home.'
S1=
    'Go home.'
>> S2='朝闻道，夕死可矣。'
S2=
    '朝闻道，夕死可矣。'
>> S3='Go home.朝闻道，夕死可矣。'
S3=
    'Go home.朝闻道，夕死可矣。'
```

2.4.2　一维字符数组

当观察 MATLAB 的工作区窗口时，字符串变量的类型是字符数组类型。而从工作区窗口观察一个一维字符数组时，也可以发现它具有与字符串变量相同的数据类型。由此推知，字符串与一维字符数组的运算处理和操作过程是等价的。

因为向量的生成方法就是一维数组的生成方法，而一维字符数组也是数组，与数值数组不

第 11 集
微课视频

同的是字符数组中的元素是字符而非数值。因此，原则上用生成向量的方法同样能生成字符数组。当然，最常用的还是直接输入法。

【例 2-18】 生成字符数组。

解 在命令行窗口中依次输入以下语句，同时会输出相应的结果。

```
>> Sa=['I love my teacher, ' 'I' ' love truths ' 'more profoundly.']
Sa=
    'I love my teacher, I love truths more profoundly.'
>> Sb=char('a':2:'r')                    %char 函数用于将输入转换为字符串
Sb=
    'acegikmoq'
>> Sc=char(linspace('e','t',10))
Sc=
    'efhjkmoprt'
```

注意观察 Sa 在工作区窗口中的各项数据，尤其是 size 的大小，不要以为它只有 4 个元素，从中体会 Sa 作为一个字符数组的真正含义。

2.4.3 对字符串的操作

对字符串的操作主要由一组函数实现，这些函数中有求字符串长度和矩阵阶数的 length 和 size，有字符串和数值相互转换的 double 和 char 等。

1. 求字符串长度

length 和 size 函数虽然都能求字符串、数组或矩阵的大小，但用法上有区别。length 函数只从它们各维中挑出最大维的数值大小，而 size 函数则以一个向量的形式给出所有各维的数值大小。二者的关系是：length()=max(size())。它们的调用格式如下。

```
L=length(X)              %返回 X 中最大数组维度的长度，对于向量，长度仅仅是元素数量
sz=size(A)               %返回一个行向量，其元素是 A 的相应维度的长度
```

【例 2-19】 length 和 size 函数的用法。

解 在命令行窗口中依次输入以下语句，同时会输出相应的结果。

```
>> Sa=['I love my teacher, ' 'I' ' love truths ' 'more profoundly.'];
>> length(Sa)            %返回字符串的长度
ans=
    50
>> size(Sa)             %返回包括字符串各维度大小向量
ans=
   1  50
```

2. 字符串与一维数值数组互换

字符串是由若干字符组成的，在 ASCII 中，每个字符又可对应一个数值编码，如字符 A 对应 65。因此，字符串又可在一个一维数值数组之间找到某种对应关系，这就构成了字符串与数值数组之间可以相互转换的基础。

【例 2-20】 利用 abs、double 和 char、setstr 函数实现字符串与数值数组的转换。

解 在命令行窗口中依次输入以下语句，同时会输出相应的结果。

```
>> S1='I am a boy.';
>> As1=abs(S1)
As1=
```

```
   73   32   97   109   32   110   111   98   111   100   121
>> As2=double(S1)
As2=
   73   32   97   109   32   110   111   98   111   100   121
>> char(As2)
ans=
  'I am nobody'
>> setstr(As2)
ans=
  'I am nobody'
```

3. 比较字符串

在 MATLAB 中，可以使用关系运算符和 strcmp 函数比较字符串数组和字符向量。strcmp 函数的调用格式如下。

```
tf=strcmp(s1,s2)    %比较字符串 s1 和 s2,完全相同则返回 1(true),否则返回 0(false)
```

另外，strcmpi 函数用来比较两个字符串，并忽略字母大小写，用法与 strcmp 函数相同。

【例 2-21】　字符串比较。

解　在命令行窗口中依次输入以下语句，同时会输出相应的结果。

```
>> str1="Hello";
>> str2="World";
>> str1==str2
ans=
  logical
   0
>> S1='I am a boy';
>> S2='I am a boy.';
>> strcmp(S1,S2)
ans=
  logical
   0
>> strcmp(S1,S1)
ans=
  logical
   1
```

4. 查找字符串

在 MATLAB 中，利用 findstr 与 strfind 函数可以在一个较长的字符串中查找另一个较短的字符串。

```
k=strfind(str,pat)   %在 str 中搜索出现的 pat, k 为 str 中每次出现的 pat 的起始索引
k=findstr(s1,s2)     %在 s1,s2 中较长的参数中搜索较短的参数,并返回每个起始索引
```

【例 2-22】　查找字符串。

解　在命令行窗口中依次输入以下语句，同时会输出相应的结果。

```
>> S='I believe that love is the greatest thing in the world.';
>> findstr(S,'love')
    16
>> findstr(S,'th')
ans=
    11   24   37   46
```

5. 显示字符串

在 MATLAB 中，使用 disp 函数可以原样输出其中的内容，多用于程序的提示说明。

【例 2-23】 显示字符串。

解 在命令行窗口中依次输入以下语句，同时会输出相应的结果。

```
>> S1='I am a boy';
>> disp('两串比较的结果如下: ')
>> Result=strcmp(S1,S1),...
>> disp('若为1则说明两字符串完全相同，为0则不同。')
两串比较的结果如下:
Result=
  logical
    1
若为1则说明两字符串完全相同，为0则不同。
```

除了上面介绍的这些字符串操作函数外，相关的函数还有很多，限于篇幅，这里不再一一介绍，有需要时可通过 MATLAB 帮助获得相关主题的信息。

2.4.4 二维字符数组

二维字符数组其实就是由字符串纵向排列构成的数组。借用构造数值数组的方法，可以用直接输入法生成或用连接函数法获得二维字符数组。

1. 直接输入法生成二维字符数组

直接输入法生成二维字符数组，是通过单引号、分号及方括号创建的。创建时要求串联的数组维度一致，否则会报错。例如，在命令行窗口中输入

```
>> str1=["Mercury","Gemini","Apollo"; "Skylab","Skylab B"," Space Station"]
```

按 Enter 键后输出结果如下。

```
str1=
  2×3 string 数组
    "Mercury"    "Gemini"      "Apollo"
    "Skylab"     "Skylab B"    "Space Station"
```

【例 2-24】 将 S1、S2、S3、S4 分别视为数组的 4 行，用直接输入法沿纵向构造二维字符数组。

解 在命令行窗口中依次输入以下语句，同时会输出相应的结果。

```
>> S1='路修远以多艰兮, ';
>> S2='腾众车使径待。';
>> S3='路不周以左转兮, ';
>> S4='指西海以为期。';
>> S=[S1; S2,' '; S3; S4,' ']         %此法要求每行字符数相同，不够时要补齐空格
S=
  4×8 char 数组
  '路修远以多艰兮, '
  '腾众车使径待。 '
  '路不周以左转兮, '
  '指西海以为期。 '
```

```
>> S=[S1; S2, ' '; S3; S4]        %每行字符数不同时, 系统提示出错
错误使用 vertcat
要串联的数组的维度不一致。
```

2. 连接函数法生成二维字符数组

可以将字符串连接生成二维数组的函数有多个, 如 char、strvcat 和 str2mat 等。其中 char 函数的调用格式如下。

```
C=char(A)                          %将输入数组 A (数值对象或符号对象) 转换为字符数组
C=char(A1,...,An)                  %将数组 A1,...,An 转换为单个字符数组
```

strcat 函数是将字符串沿横向连接成更长的字符串; strvcat 函数则是将字符串沿纵向连接成二维字符数组。它们的调用格式如下。

```
S=strcat(s1,...,sN)                %横向串联输入参数中的文本
S=strvcat(s1,...,sN)               %返回一个包含文本数组 s1,...,sN 为各行的字符数组
```

【例 2-25】 通过连接函数生成二维字符数组。

解 在命令行窗口中依次输入以下语句, 同时会输出相应的结果。

```
>> S1a='I''m boy,'; S1b=' who are you?';      %注意字符串中有单引号时的处理方法
>> S2='Are you boy too?';
>> S3='Then there''s a pair of us.';          %注意字符串中有单引号时的处理方法
>> SS1=char([S1a,S1b],S2,S3)
SS1=
  3×26 char 数组
    'I'm boy, who are you?     '
    'Are you boy too?          '
    'Then there's a pair of us.'
>> SS2=strvcat(strcat(S1a,S1b),S2,S3)
SS2=
  3×26 char 数组
    'I'm boy, who are you?     '
    'Are you boy too?          '
    'Then there's a pair of us.'
>> SS3=str2mat(strcat(S1a,S1b),S2,S3)
SS3=
  3×26 char 数组
    'I'm boy, who are you?     '
    'Are you boy too?          '
    'Then there's a pair of us.'
```

3. 字符串数组排序

在 MATLAB 中, 利用 sort 函数可以对字符串数组进行排序, 其调用格式如下。

```
B=sort(A)                          %按升序对 A 的元素进行排序
B=sort(A,dim)                      %返回 A 沿维度 dim 的排序元素
```

【例 2-26】 对字符串数组进行排序。

解 在命令行窗口中依次输入以下语句, 同时会输出相应的结果。

```
>> A=["Santos","Burns"; "Jones","Morita"; "Petrov","Adams"]
A=
  3×2 string 数组
```

```
    "Santos"    "Burns"
    "Jones"     "Morita"
    "Petrov"    "Adams"
>> B=sort(A)
B=
  3×2 string 数组
    "Jones"     "Adams"
    "Petrov"    "Burns"
    "Santos"    "Morita"
>> B=sort(A,2)
B=
  3×2 string 数组
    "Burns"     "Santos"
    "Jones"     "Morita"
    "Adams"     "Petrov"
```

本章小结

MATLAB 把向量、矩阵、数组作为基本的运算量，给它们定义了具有针对性的运算符和运算函数，使其在语言中的运算方法与数学上的处理方法更趋一致。从字符串的许多运算或操作中不难看出，MATLAB 在许多方面与 C 语言非常相近，目的就是与 C 语言和其他高级语言保持良好的接口能力。认清这点对进行大型程序设计与开发具有重要意义。

本章习题

1. 选择题

（1）下列可作为 MATLAB 合法变量名的是（　　）。

A. 丁欣　　　　　　B. 32_1　　　　　　C. @d　　　　　　D. djb_a

（2）下列可作为 MATLAB 合法变量名的是（　　）。

A. d3_jb　　　　　　B. f(x)　　　　　　C. ?ding　　　　　　D. edu.d

（3）下列可作为 MATLAB 合法变量名但不建议使用的是（　　）。

A. d.jb　　　　　　B. fx　　　　　　C. ans　　　　　　D. edu_d

（4）下列数值数据表示中错误的是（　　）。

A. +8　　　　　　B. 0.4e-5.　　　　　　C. 6e　　　　　　D. 2i

（5）在命令行窗口中输入 y=0/0 语句，其输出结果是（　　）。

A. 错误信息　　　　B. Inf　　　　　　C. NaN　　　　　　D. 0

（6）若 x=4，y=3.2，则语句 xy=x*y 的输出结果是（　　）。

A. 错误信息　　　　B. 12.8　　　　　　C. 12.8000　　　　　　D. 1.28e1

（7）若 x=uint32(4)，y=single(3)，则语句 xy=x*y 的输出结果是（　　）。

A. 错误信息　　　　B. 12　　　　　　C. 12.0000　　　　　　D. 1.2000

（8）下列逻辑运算结果为 1（真）的是（　　）。

A. 5>=4　　　　　　B. 4=4　　　　　　C. 5==4　　　　　　D. 4~=4

（9）以下语句的输出结果是（　　）。

```
>> m=8; n=2;
```

```
>> mn=bitxor(m,n);
>> dec2bin(m)
```

A. '1001'　　　　　B. '1010'　　　　　C. '10'　　　　　D. '1000'

（10）在命令行窗口输入以下命令后，x 的值是（　　　）。

```
>> clear
>> x=i*j
```

A. 不确定　　　　　B. −1　　　　　C. 1　　　　　D. i*j

（11）下列语句中错误的是（　　　）。

A. x==y==6　　　　B. x=y=6　　　　C. x=y==6　　　　D. y=6,x=y

2. 填空题

（1）在 MATLAB 中，两个等号连用（==）表示_____，而单个等号（=）表示_____。

（2）在 MATLAB 中，表达式分为_____、_____和_____。其中返回结果是逻辑类型的是_____和_____。

（3）双精度浮点数参与运算时，返回值的类型依赖于参与运算的其他数据类型。双精度浮点数与逻辑型、字符型数据进行运算时，返回结果为_____；与整数进行运算时返回结果为_____；与单精度浮点数运算时返回结果为_____。

（4）MATLAB 中的捷径逻辑运算符有_____和_____。

（5）在 MATLAB 中，数组的所有运算都对被运算数组中的_____执行同样的操作；矩阵运算则从把矩阵整体当作_____这个基点出发，按照_____的规则进行运算。

（6）设 A=[1, 2; 2, 1]，B=[2, 4; 4, 2]，则 A*B=_____，A.*B=_____。

（7）下列语句执行后的输出结果是_____。

```
>> ans=5;
>> 10;
>> ans+10
```

下列语句执行后的输出结果是_____。

```
>> an=5;
>> 10;
>> an+10
```

下列语句执行后的输出结果是_____。

```
>> A=[6 8 2; 8 10 12];
>> B=[5 5 5; 10 10 10];
>> A<=B
```

下列语句执行后的输出结果是_____。

```
>> S='My name is DingXin.';
>> findstr(S,'DingXin')
>> findstr(S,'i')
```

（8）对字符串的操作主要由一组函数实现，包括求字符串长度的_____函数、求矩阵阶数的_____函数，有字符串和数值相互转换的_____和_____等。

（9）将字符串连接生成二维数组的函数有多个，其中将字符串沿横向连接成更长的字符串的函数为_____；将字符串沿纵向连接成二维字符数组的函数为_____。

（10）在 MATLAB 中，利用 isnan 函数实现_____；利用 xor 函数实现_____；利用

strcmp 函数实现＿＿＿＿＿；利用 round 函数实现＿＿＿＿＿。

3. 计算与简答题

（1）请指出下面命名错误的变量，并说明错误原因。

Ding、%d、cosxy、fun(x+y)、Name_djb、y'、y"、F(x)、sou–suo、.ding

（2）标量、向量、矩阵和数组是 MATLAB 运算中涉及的一组基本运算量，简述它们各自的特点及相互关系。

（3）命令、函数、表达式和语句是程序语言中常见的基本概念，请基于 MATLAB 对这些概念进行描述。

（4）在 MATLAB 中包含多种类型的运算，每种类型的运算又包含多种运算符，请对这些运算符进行归纳，并对其优先级进行描述。

（5）若 A 和 B 是两个同尺寸的矩阵或是两个标量，试分析 A*B 和 A.*B、A./B 和 B.\A、A/B 和 B\A 的区别。

（6）试对下面的语句进行注释。

```
>> clear,clc
>> x=5.4
>> class(x)
>> y=single(x)
>> z=uint32(87563);
>> zd=double(z)
>> whos
```

（7）在 MATLAB 中，对矩阵 $A=\begin{bmatrix} 2 & 1 \\ 6 & 0 \end{bmatrix}$、$B=\begin{bmatrix} 3 & 2 \\ 5 & 8 \end{bmatrix}$ 执行加、减、乘、除、乘方运算，并观察运算结果。

（8）在 MATLAB 中对矩阵 $A=\begin{bmatrix} 3 & 4 & 1 \\ 0 & 2 & 2 \\ 5 & 0 & 8 \end{bmatrix}$、标量 $b=5$、向量 $B=\begin{bmatrix} 3 & 0 & 1 \end{bmatrix}$ 执行加、减、乘、除、乘方运算，并观察运算结果。

（9）试对下面的语句进行注释，并在 MATLAB 中运行，针对输出结果简述运算符的功能。

```
>> A=[ 1 0 5; 4 0 3]
>> B=[-5 2 0; 0 -1 4]
>> C1=xor(A,B)
>> C2=any(A)
>> C3=all(A)
>> D1=A>=5
>> D2=A>=B
>> D3=A~=B
>> D4=A|B
>> D4=A&B
```

（10）将 My、name、is、DingXin 分别视为数组的 4 行，用直接输入法沿纵向构造二维字符数组，并尝试对字符串数组进行排序。

第 3 章

数　　组

MATLAB 内部的任何数据类型都是按照数组的形式进行存储和运算的。这里说的数组是广义的，它可以只是一个元素，也可以是一行或一列元素（向量），还可以是最普通的二维数组（矩阵），抑或是高维空间的多维数组；其元素也可以是任意数据类型，如数值型、逻辑型、字符串型等。MATLAB 中把超过二维的数组称为多维数组，多维数组实际上是一般的二维数组的扩展。本章就来介绍数组的基本概念、操作和运算等。

3.1　创建数组

第 12 集
微课视频

MATLAB 中，数组可以说无处不在，任何变量在 MATLAB 中都是以数组形式存储和运算的。按照元素个数和排列方式，MATLAB 中的数组可以分为：

（1）没有元素的空数组（空矩阵）；

（2）只有一个元素的标量，实际上是一行一列（1×1）的数组（矩阵）；

（3）只有一行或一列元素的向量，分别叫作行向量（$1 \times n$）和列向量（$n \times 1$），也统称为一维数组；

（4）普通的具有多行多列（$n \times m$）元素的二维数组（矩阵）；

（5）超过二维的多维数组（具有行、列、页等多个维度）。

按照数组的存储方式，MATLAB 中的数组可以分为普通数组和稀疏数组（二维稀疏数组常称为稀疏矩阵）。稀疏矩阵适用于那些大部分元素为 0、只有少部分非零元素的数组的存储，主要是为了提高数据存储和运算的效率。

MATLAB 中一般使用方括号（[ ]）、逗号（,）或空格，以及分号（;）创建数组，方括号中给出数组的所有元素，同一行中的元素间用逗号或空格分隔，不同行之间用分号分隔。

3.1.1　空数组

空数组是 MATLAB 中的特殊数组，它不含任何元素。空数组可以用于数组声明、数组清空及各种特殊的运算场合（如特殊的逻辑运算）。

创建空数组很简单，只需要把变量赋值为空的方括号（[ ]）即可。

【例 3-1】　创建空数组 A。

解　在命令行窗口中依次输入以下语句，同时会输出相应的结果。

```
>> A=[ ]
A=
```
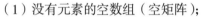

[ ]

3.1.2 一维数组（向量）

一维数组是所有元素排列在一行或一列中的数组，对应线性代数中的行向量和列向量。实际上，一维数组可以看作二维数组在某一维度（行或列）尺寸退化为 1 的特殊形式。

创建按行排列的一维数组，只需要把所有用空格或逗号分隔的元素用方括号括起来即可；而创建按列排列的一维数组，则需要在方括号括起来的元素之间用分号分隔。不过，更常用的办法是用转置运算符（'）把按行排列的一维组转置为按列排列的一维数组。

1. 直接输入法

在命令提示符之后直接输入一个一维数组，其格式如下。

```
Var=[a1, a2, a3, ...]          %创建一维数组（按行排列）
Var=[a1; a2; a3; ...]          %创建一维数组（按列排列）
```

按列排列的一维数组可以通过按行排列的一维数组的转置（'）得到。

【例 3-2】 用直接输入法创建一维数组。

解 在命令行窗口中依次输入以下语句，同时会输出相应的结果。

```
>> A=[1, 3, 5]                 %利用逗号创建按行排列的一维数组
A=
     1     3     5
>> B=[2; 4; 6]                 %利用分号创建按列排列的一维数组
B=
     2
     4
     6
>> C=[3 6 9]                   %利用空格创建按行排列的一维数组
C=
     3     6     9
>> D=A'                        %利用转置符创建按列排列的一维数组
D=
     1
     3
     5
```

2. 冒号表达式法

很多时候要创建的一维数组实际上是一个等差数列，这时可以通过冒号来创建，其格式如下。

```
Var=a1:step:an                 %创建一个按行排列的一维数组 Var
```

其中，a1 为数组 Var 的第 1 个元素；an 为数组最后一个元素的限定值；step 是变化步长，为正时表示递增，为负时表示递减，省略时默认为 1。

【例 3-3】 用冒号表达式法创建一维数组。

解 在命令行窗口中依次输入以下语句，同时会输出相应的结果。

```
>> A=1:2:10            %创建初值为 1，步长为 2，最后一个值小于或等于 10 的一维数组
A=
   1   3   5   7   9
>> B=1:10             %创建初值为 1，步长为 1，最后一个值小于或等于 10 的一维数组
```

```
B=
   1  2  3  4  5  6  7  8  9  10
>> C=10:-2:1                    %创建初值为10，步长为-2，最后一个值小于或等于1的一维数组
C=
   10  8  6  4  2
>> D=10:2:4
D=
   空的 1×0 double 行向量
>> E=2:-1:10
E=
   空的 1×0 double 行向量
```

3. 函数法

MATLAB 中利用 linspace（线性等分函数）及 logspace（对数等分函数）这两个函数可以直接创建一维数组。

linspace 函数的调用格式如下。

```
A=linspace(a1,an,n)
```

其中，a1 是数组 A 的首元素；an 是尾元素；n 把 a1～an 的区间分成首尾之外的其他 n-2 个元素，省略 n 则默认生成 100 个元素的一维数组。

注意：linspace 函数和冒号是不同的，冒号创建等差的一维数组时，an 可能取不到值。

logspace 函数的调用格式如下。

```
A=logspace(a1,an,n)
```

其中，a1 是数组 A 首元素的幂，即 $A(1)=10^{a1}$；an 是尾元素的幂，即 $A(n)=10^{an}$；n 是数组的维数，省略 n 则默认生成 50 个元素的一维对数等分数组。

【例 3-4】 利用函数法创建一维数组。

解 在命令行窗口中依次输入以下语句，同时会输出相应的结果。

```
>> A1=linspace(1,50)
A1=
  列 1 至 8
    1.0000   1.4949   1.9899   2.4848   2.9798   3.4747   3.9697   4.4646
                             %中间输出数据略
  列 97 至 100
   48.5152  49.0101  49.5051  50.0000
>> B1=linspace(1,5,8)
B1=
    1.0000   1.5714   2.1429   2.7143   3.2857   3.8571   4.4286   5.0000

>> A2=logspace(0,2)
A2=
  列 1 至 8
    1.0000   1.0985   1.2068   1.3257   1.4563   1.5999   1.7575   1.9307
                             %中间输出数据略
  列 49 至 50
   91.0298  100.0000
>> B2=logspace(0,2,8)
B2=
```

```
        1.0000    1.9307    3.7276    7.1969    13.8950    26.8270    51.7947    100.0000
>> B1=1:2:8
B1=
     1     3     5     7
>> B2=linspace(1,8,4)                                    %创建一维等差数组（线性等分）
B2=
     1.0000    3.3333    5.6667    8.0000
>> C=logspace(0,log10(32),6)                             %创建一维等比数组（对数等分）
C=
     1.0000    2.0000    4.0000    8.0000    16.0000    32.0000
```

尽管用冒号表达式和线性等分函数都能生成一维线性等分数组，但在使用时仍有几点区别值得注意。

（1）an 在冒号表达式中不一定恰好是一维数组的最后一个元素，只有当数组的倒数第 2 个元素加步长等于 an 时，an 才正好构成尾元素。如果一定要构成一个以 an 为尾元素的向量，那么最可靠的生成方法是用线性等分函数。

（2）在使用线性等分函数前，必须先确定生成一维数组的元素个数，但使用冒号表达式将按照步长和 an 的限制生成一维数组，无须考虑元素个数。

实际应用时，同时限定尾元素和步长生成一维数组，有时可能会出现矛盾。此时必须做出取舍，要么坚持步长优先，调整尾元素限制；要么坚持尾元素限制，修改等分步长。

3.1.3　二维数组（矩阵）

二维数组本质上就是以数组作为数组元素的数组，即"数组的数组"，对应线性代数中的矩阵。创建二维数组的方法和创建一维数组的方法类似，也是综合运用方括号、逗号、空格及分号。

数组中所有元素用方括号括起来，不同行元素之间用分号分隔，同一行元素之间用逗号或空格分隔，按照逐行排列的方式顺序书写每个元素。

当然，在创建每行或列元素时还可以利用冒号和函数，只是要特别注意创建二维数组时，要保证每行（或每列）具有相同数目的元素。

【例 3-5】　创建二维数组。

解　在命令行窗口中依次输入以下语句，同时会输出相应的结果。

```
>> A=[1 2 3; 2 5 6; 1 4 5]
A=
     1     2     3
     2     5     6
     1     4     5
>> B=[1:5; linspace(3,10,5); 3 5 2 6 4]
B=
     1.0000    2.0000    3.0000    4.0000    5.0000
     3.0000    4.7500    6.5000    8.2500    10.0000
     3.0000    5.0000    2.0000    6.0000    4.0000
>> C=[[1:3];[linspace(2,3,3)];[3 5 6]]
C=
     1.0000    2.0000    3.0000
     2.0000    2.5000    3.0000
     3.0000    5.0000    6.0000
```

提示：创建二维数组，也可以通过函数拼接，或者利用 MATLAB 内置函数直接创建特殊的二维数组，这些在本章后续内容中逐步介绍。

3.1.4　多维数组

在 MATLAB 中，习惯将二维数组的第 1 维称为"行"，第 2 维称为"列"；而对于三维数组，其第 3 维一般称为"页"。

在 MATLAB 中，将三维或三维以上的数组统称为多维数组。由于多维数组的形象思维比较复杂，本节将主要以三维为例介绍如何创建多维数组。

1. 使用下标创建三维数组

下面通过示例介绍如何在 MATLAB 中使用下标直接创建三维数组。

【例 3-6】　使用下标引用的方法创建三维数组。

解　在命令行窗口中依次输入以下语句，同时会输出相应的结果。

```
>> clear
>> A(3,3,2)=1              %创建 3×3×2 的三维数组，并将最后一页的最后一个元素赋值为 1
A(:,:,1)=
     0     0     0
     0     0     0
     0     0     0

A(:,:,2)=
     0     0     0
     0     0     0
     0     0     1
>> for i=1:3              %利用嵌套循环为三维数组赋值，循环结构在后面的章节讲解
       for j=1:3
           for k=1:2
               A(i,j,k)=i+j+k;    %为第 k 页、i 行、j 列赋值的元素赋值
           end
       end
   end
>> A(:,:,1)              %查看三维数组的第 1 页元素
ans=
     3     4     5
     4     5     6
     5     6     7
>> A(:,:,2)              %查看三维数组的第 2 页元素
ans=
     4     5     6
     5     6     7
     6     7     8
```

继续在命令行窗口中依次输入以下语句，并显示运行结果。

```
>> B(3,4,:)=2:4          %创建 3×4×3 三维数组，每页的最后一个元素分别为 2、3、4
B(:,:,1)=
     0     0     0     0
     0     0     0     0
     0     0     0     2
B(:,:,2)=
     0     0     0     0
     0     0     0     0
```

```
            0     0     0     3
B(:,:,3)=
            0     0     0     0
            0     0     0     0
            0     0     0     4
>> B(:,:,1)                          %查看三维数组的第 1 页元素
ans=
            0     0     0     0
            0     0     0     0
            0     0     0     2
>> B(:,:,2)                          %查看三维数组的第 2 页元素
ans=
            0     0     0     0
            0     0     0     0
            0     0     0     3
```

从结果中可以看出，当使用下标的方法创建多维数组时，需要使用各自对应的维度数值，没有指定维度数值时，则默认为 0。

2. 使用低维数组创建三维数组

下面通过示例介绍如何在 MATLAB 中使用低维数组创建三维数组。

【例 3-7】 使用低维数组创建三维数组。

解 在命令行窗口中依次输入以下语句，同时会输出相应的结果。

```
>> clear
>> A=[1, 2, 3; 4, 5, 6; 7, 8, 9];
>> B(:,:,1)=-A;
>> B(:,:,2)=2*A;
>> B(:,:,3)=3*A;
>> B                                 %查看输出结果
B(:,:,1)=
     -1    -2    -3
     -4    -5    -6
     -7    -8    -9
B(:,:,2)=
      2     4     6
      8    10    12
     14    16    18
B(:,:,3)=
      3     6     9
     12    15    18
     21    24    27
```

从结果中可以看出，由于三维数组中"包含"二维数组，因此可以通过二维数组创建各种三维数组。

3.1.5 数组拼接

在 MATLAB 中，可以通过拼接的方式，将行数相同的小数组在列方向扩展拼接成更大的数组。同理，也可以将列数相同的小数组在行方向扩展拼接成更大的数组。拼接是通过方括号（[]）、分号（;）、逗号（,）或空格之间的组合来实现。

【例 3-8】 以二维数组为例介绍小数组拼成大数组的方法。

解 在命令行窗口中依次输入以下语句，同时会输出相应的结果。

```
>> A=[1 2 3; 4 5 6; 7 8 9];
>> B=[9 8; 7 6; 5 4];
>> C=[4 5 6;7 8 9];
C=
    4    5    6
    7    8    9
>> D1=[A B; B A]          %行和列两个方向同时拼接，请留意行、列数的匹配问题
D1=
    1    2    3    9    8
    4    5    6    7    6
    7    8    9    5    4
    9    8    1    2    3
    7    6    4    5    6
    5    4    7    8    9
>> D2=[A; C]             %数组 A、C 列数相同，沿行方向扩展拼接
D2=
    1    2    3
    4    5    6
    7    8    9
    4    5    6
    7    8    9
```

3.1.6 复数数组

创建复数数组有单个元素生成法和整体生成法两种生成方式。下面通过示例介绍复数数组的创建方法。

【例 3-9】 复数数组创建示例。

解 在命令行窗口中依次输入以下语句，同时会输出相应的结果。

```
%% 单个元素生成法
>> a=2.7
a=
    2.7000
>> b=13/25
b=
    0.5200
>> C=[1,3*a+i*b,b*sqrt(a); sin(pi/6),3*a+b,3]
C=
    1.0000+0.0000i    8.1000+0.5200i    0.8544+0.0000i
    0.5000+0.0000i    8.6200+0.0000i    3.0000+0.0000i
%% 整体生成法
>> A=[1 2 3; 4 5 6]
A=
    1    2    3
    4    5    6
>> B=[11 12 13;14 15 16]
B=
    11   12   13
    14   15   16
>> C=A+i*B
C=
    1.0000 +11.0000i    2.0000 +12.0000i    3.0000 +13.0000i
    4.0000 +14.0000i    5.0000 +15.0000i    6.0000 +16.0000i
```

另外，在 MATLAB 中使用 cat 函数（连接数组）、repmat 函数（复制并堆砌数组）、reshape

函数（修改数组大小）等也可以创建修改数组，具体创建方法请参考后面的章节。

3.2 创建标准数组

在线性代数领域，经常需要创建或重建具有一定形式的标准数组，以适应矩阵的运算，MATLAB 提供了丰富的创建标准数组（矩阵）的函数，如表 3-1 所示。

表 3-1 创建标准数组函数

函 数	功 能	函 数	功 能
zeros	创建元素全为0的数组	rand	生成0～1均匀分布的随机数
ones	创建元素全为1的数组	randn	生成高斯分布随机数（均值为0，方差为1）
eye	生成主对角线上的元素为1，其余全为0的数组（即单位矩阵）	diag	把向量转换为对角矩阵，或获取矩阵的对角元素
magic	生成幻方矩阵（每行、每列之和相等）	randperm	生成整数1～n的随机排列

3.2.1 0-1 数组

顾名思义，0-1 数组就是所有元素不是 0 就是 1 的数组。在线性代数中，经常用到的 0-1 数组（矩阵）有：

（1）所有元素都为 0 的全 0 数组（矩阵）；

（2）所有元素都为 1 的全 1 数组（矩阵）；

（3）只有主对角线元素为 1，其他位置元素全部为 0 的单位数组（单位矩阵）。

在 MATLAB 中，利用 zeros 函数可以创建全 0 数组，利用 ones 函数可以创建全 1 数组。这两个函数的调用格式相同，其中 zeros 函数的调用格式如下。

第 13 集
微课视频

```
X=zeros                 %返回标量 0
X=zeros(n)              %返回一个 n×n 的全 0 矩阵
X=zeros(sz1,...,szN)    %返回由零组成的 sz1×...×szN 数组
                        %sz1,...,szN 为每个维度的大小
X=zeros(sz)             %返回一个由 0 组成的数组，其中大小向量 sz 定义 size(X)
```

利用 eye 函数可以创建指定大小的单位数组（单位矩阵），即只有主对角线元素为 1，其他元素全为 0。eye 函数的调用格式如下。

```
I=eye                   %返回标量 1
I=eye(n)                %返回主对角线元素为 1 且其他位置元素为 0 的 n×n 单位矩阵
I=eye(n,m)              %返回主对角线元素为 1 且其他位置元素为 0 的 n×m 矩阵
I=eye(sz)               %返回主对角线元素为 1 且其他位置元素为 0 的数组，size(I)=sz
```

【例 3-10】 创建 0-1 数组。

解 在命令行窗口中依次输入以下语句，同时会输出相应的结果。

```
>> A1=zeros(2)          %创建 2×2 的全 0 矩阵
A1=
     0      0
     0      0
```

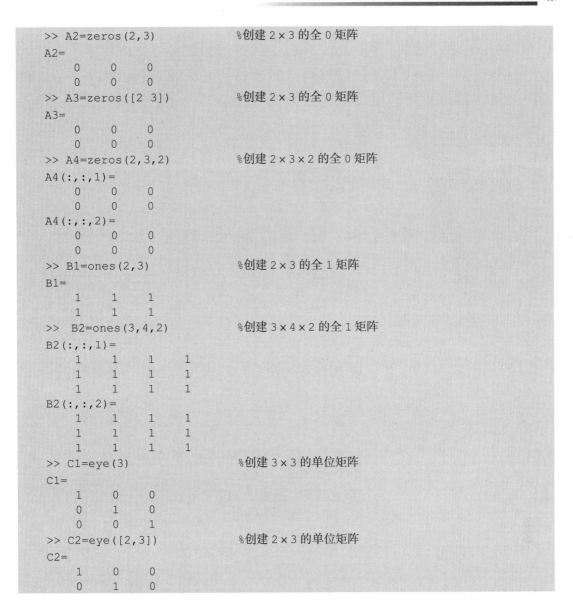

```
>> A2=zeros(2,3)              %创建 2×3 的全 0 矩阵
A2=
    0    0    0
    0    0    0
>> A3=zeros([2 3])           %创建 2×3 的全 0 矩阵
A3=
    0    0    0
    0    0    0
>> A4=zeros(2,3,2)           %创建 2×3×2 的全 0 矩阵
A4(:,:,1)=
    0    0    0
    0    0    0
A4(:,:,2)=
    0    0    0
    0    0    0
>> B1=ones(2,3)             %创建 2×3 的全 1 矩阵
B1=
    1    1    1
    1    1    1
>> B2=ones(3,4,2)           %创建 3×4×2 的全 1 矩阵
B2(:,:,1)=
    1    1    1    1
    1    1    1    1
    1    1    1    1
B2(:,:,2)=
    1    1    1    1
    1    1    1    1
    1    1    1    1
>> C1=eye(3)                %创建 3×3 的单位矩阵
C1=
    1    0    0
    0    1    0
    0    0    1
>> C2=eye([2,3])            %创建 2×3 的单位矩阵
C2=
    1    0    0
    0    1    0
```

3.2.2　对角数组

在 MATLAB 中,可以利用 diag 函数创建对角线元素为指定值、其他元素都为 0 的对角数组。通常,diag 函数接收一个一维行向量为输入参数,将此向量的元素逐次排列在指定的对角线上,其他位置则用 0 填充。diag 函数的调用格式如下。

D=diag(v)	%返回包含主对角线上向量 v 的元素的对角数组（矩阵）
D=diag(v,k)	%将向量 v 的元素放置在第 k 条对角线上

说明:$k=0$ 表示主对角线不偏离;$k>0$ 表示主对角线向右上角偏离 k 个元素;$k<0$ 表示主对角线向左下角偏离 k 个元素。

另外,diag 函数还可以接收普通二维数组形式的输入参数,此时并不是创建对角数组,而是从已知数组中提取对角元素组成一个一维数组。

```
X=diag(A)                       %提取 A 的主对角线元素的列向量
X=diag(A,k)                     %提取 A 的第 k 对角线上元素的列向量
```

组合使用这两种方法，可以很容易产生已知数组 X 的指定对角线元素对应的对角数组。例如，以下组合命令表示提取 X 的第 m 条对角线元素，产生与此对应的第 n 条对角线元素为提取的元素的对角数组。

```
diag(diag(X,m),n)
```

提示：在学习工作中，连续两次使用 diag 函数产生对角数组（矩阵）的方法非常实用，读者需要着重掌握。

【**例 3-11**】 创建对角数组。

解 在命令行窗口中依次输入以下语句，同时会输出相应的结果。

```
>> v=[2 1 -2 -5];               %创建一维数组（向量）
>> A1=diag(v)                   %创建对角数组（矩阵）
A1=
     2     0     0     0
     0     1     0     0
     0     0    -2     0
     0     0     0    -5
>> A2=diag(v,1)                 %创建对角数组（矩阵），v 的元素放置在右上角第 1 条对角线上
A2=
     0     2     0     0     0
     0     0     1     0     0
     0     0     0    -2     0
     0     0     0     0    -5
     0     0     0     0     0

>> rng(123)                     %控制随机数生成器，确保数据可复现
>> B=randi(10,4)                %创建一个 4×4 的随机矩阵
B=
     7     8     5     5
     3     5     4     1
     3    10     4     4
     6     7     8     8
>> x=diag(B)                    %获取主对角线上的元素
x=
     7
     5
     4
     8
>> x1=diag(B,-1)               %获取左下角第 1 条对角线的元素，结果比主对角线少一个元素
x1=
     3
    10
     8
>> C=diag(diag(B))            %返回一个包含原始矩阵的对角线上元素的对角矩阵
C=
     7     0     0     0
     0     5     0     0
     0     0     4     0
     0     0     0     8
```

3.2.3　随机数组

在各种分析领域，经常需要使用随机数组。MATLAB 中通过内部函数可以产生服从多种随机分布的随机数组。

（1）利用 rand 函数可以创建均匀分布随机数组，其调用格式如下。

```
X=rand                  %返回一个在(0,1)区间内均匀分布的随机数
X=rand(n)               %返回一个元素服从 0~1 均匀分布的 n×n 随机数矩阵
X=rand(sz1,...,szN)     %返回由随机数组成的 sz1×...×szN 数组
                        %sz1,...,szN 每个维度的大小
X=rand(sz)              %返回由随机数组成的数组，其中大小向量 sz 指定 size(X)
```

提示： 如果需要产生一个和 A 大小相同、元素服从 0~1 均匀分布的随机数组，可以采用表达式：rand(size(A))。

生成 (a,b) 区间内的 N 个随机数，通常使用如下语句。

```
r=a+(b-a).*rand(N,1)
```

（2）利用 randi 函数可以创建均匀分布随机整数数组。

```
X=randi(imax)           %返回一个 1~imax 的伪随机整数标量
X=randi(imax,n)         %返回 n×n 的均匀离散分布伪随机整数矩阵，元素区间为[1,imax]
X=randi(imax,sz1,...,szN)  %返回 sz1×...×szN 数组
X=randi(imax,sz)        %返回一个数组，其中大小向量 sz 定义 size(X)
```

（3）利用 randn 函数可以创建元素服从标准正态分布（高斯分布）随机数组，其用法和 rand 函数类似，此处不再赘述。

（4）利用 randperm 函数可以创建整数的随机序列，其调用格式如下。

```
p=randperm(n)           %返回行向量，包含 1~n 没有重复元素的整数随机序列
p=randperm(n,k)         %返回行向量，包含 1~n 随机选择的 k 个唯一整数序列
```

【例 3-12】　创建随机数组。

解　在命令行窗口中依次输入以下语句，同时会输出相应的结果。

```
>> rng(123)                %控制随机数生成器，确保数据可复现
>> A1=rand(3)
A1=
    0.6965    0.5513    0.9808
    0.2861    0.7195    0.6848
    0.2269    0.4231    0.4809
>> A2=rand(3,4)            %返回一个 3×4 数组
A2=
    0.3921    0.4386    0.7380    0.5316
    0.3432    0.0597    0.1825    0.5318
    0.7290    0.3980    0.1755    0.6344
>> A3=rand([3 4])         %返回一个 3×4 矩阵
A3=
    0.8494    0.7224    0.2283    0.0921
    0.7245    0.3230    0.2937    0.4337
    0.6110    0.3618    0.6310    0.4309
>> r=-5+(5+5)*rand(5,1)    %生成由 (-5,5) 区间内均匀分布的数字组成的 10×1 列向量
```

```
    r=
       -0.0631
       -0.7417
       -1.8774
       -0.7365
        3.9339

>> rng(123)                        %控制随机数生成器，确保数据可复现
>> B1=randi(10,3,4)                 %返回 1~10 的伪随机整数组成的 3×4 数组
B1=
       7      6     10      4
       3      8      7      4
       3      5      5      8
>> B2=randi(10,[3,4])              %返回 1~10 的伪随机整数组成的 3×4 数组
B2=
       5      8      6      9
       1      2      6      8
       4      2      7      7
>> X=randi(5,[2,4,2])             %创建 1~5 的伪随机整数组成的 2×4×2 数组
X(:,:,1)=
       4      2      2      1
       2      2      4      3
X(:,:,2)=
       3      3      3      5
       3      2      5      3

>> rng(123)                        %控制随机数生成器，确保数据可复现
>> C1=randn(3)                     %创建由正态分布的随机数组成的 3×3 数组
C1=
      0.7643     0.2014     1.3343
     -0.6050     0.6680     0.6214
     -1.0350    -0.3235    -0.0329
>> C2=randn(2,3)                   %创建由正态分布的随机数组成的 2×3 数组
C2=
     -0.2951     0.5644    -1.6757
     -0.5548    -0.1337    -0.3487

>> rng(123)                        %控制随机数生成器，确保数据可复现
>> r1=randperm(6)                  %创建 1~6 的整数随机排列
r1=
       3      2      6      4      1      5
>> r2=randperm(8,4)              %生成从 1~8 随机选择的 4 个整数（不重复）的随机序列
r2=
       7      4      6      5
```

3.2.4 幻方数组

幻方数组（矩阵）也是一种比较常用的特殊数组，这种数组一定是正方形的（即行方向上的元素个数与列方向上的相等），且每行、每列和两主对角线上的元素之和均相等，且等于 $(n^3+n)/2$，如 3 阶幻方矩阵（$n=3$）每行、每列和两对角线元素和为 15。

在 MATLAB 中，通过 magic 函数可以创建幻方矩阵，其调用格式如下。

```
M=magic(n)                         %返回由 1~n² 的整数构成的 n×n（n≥3）幻方矩阵
```

【例 3-13】　创建幻方数组。

解　在命令行窗口中输入以下语句，同时会输出相应的结果。

```
>> A=magic(3)                    %创建 3 阶幻方矩阵，由 1~9 的整数构成
A=
     8     1     6
     3     5     7
     4     9     2
>> B=magic(4)                    %创建 4 阶幻方矩阵，由 1~16 的整数构成
B=
    16     2     3    13
     5    11    10     8
     9     7     6    12
     4    14    15     1
```

利用 MATLAB 函数，除了可以创建这些常用的标准数组外，也可以创建许多专门应用领域常用的特殊数组（矩阵），如希尔伯特（Hilbert）矩阵、帕斯卡（Pascal）矩阵、范德蒙德（Vandermonde）矩阵等，如表 3-2 所示。

表 3-2　特殊矩阵生成函数

函　　数	功　　能	函　　数	功　　能
compan	创建 Companion 伴随矩阵	magic	创建幻方矩阵
gallery	创建 Higham 测试矩阵	pascal	创建 Pascal 矩阵
hadamard	创建 Hadamard 矩阵	rosser	创建经典对称特征值测试矩阵
hankel	创建 Hankel 矩阵	toeplitz	创建 Toeplitz 矩阵
hilb	创建 Hilbert 矩阵	vander	创建 Vandermonde 矩阵
invhilb	创建 Hilbert 矩阵的逆矩阵	wilkinson	创建 Wilkinson 的特征值测试矩阵

其中，pascal、compan、gallery 函数的调用格式如表 3-3 所示，其余函数的调用格式请查阅帮助文档。

表 3-3　创建特殊矩阵的函数

函　　数	用　　途	基本调用格式	说　　明
pascal	创建 pascal 矩阵	P=pascal(n)	生成 n 阶 pascal 矩阵
		P=pascal(n,1)	生成 pascal 矩阵的下三角 Cholesky 因子，P 是对合矩阵，即矩阵 P 是它自身的逆矩阵
		P=pascal(n,2)	生成 pascal(n,1) 的转置和置换矩阵，P 是单位矩阵的立方根
compan	生成多项式的伴随矩阵	A=compan(u)	生成第 1 行为 -u(2:n)/u(1) 的对应伴随矩阵，u 是多项式系数向量，compan(u) 的特征值是多项式的根
gallery	生成测试矩阵	A=gallery(3)	生成一个对扰动敏感的病态 3×3 矩阵
		A=gallery(5)	生成一个 5×5 矩阵，其特征值对舍入误差很敏感

【例 3-14】　利用特殊函数生成矩阵。

解　在命令行窗口中依次输入以下语句，同时会输出相应的结果。

```
>> format rat;                   %采用 rat（用分数表示小数）数值显示格式
>> A=hilb(3)                     %创建 3 阶 Hilbert 矩阵，Hilbert 矩阵是病态矩阵的典型示例
```

```
A=
    1        1/2      1/3
    1/2      1/3      1/4
    1/3      1/4      1/5
>> format short;              %采用 short 数值显示格式
>> B=pascal(4)    %创建 4 阶 pascal 矩阵，是一对称正定矩阵，其整数项来自 pascal 三角形
B=
    1    1    1    1
    1    2    3    4
    1    3    6    10
    1    4    10   20
```

希尔伯特矩阵的元素在行、列方向和对角线上的分布规律是显而易见的，而 pascal 矩阵在其副对角线及其平行线上的变化规律实际上就是中国人称为杨辉三角而西方人称为帕斯卡三角的变化规律。

3.3　数组属性

MATLAB 中提供了大量函数，用于返回数组的各种属性，包括数组的尺寸维度、数组大小、数组数据类型，以及数组的内存占用情况等。

3.3.1　数组维度

第 14 集
微课视频

通俗一点讲，数组维度就是数组具有的方向。例如，普通的二维数组具有行和列两个方向。在 MATLAB 中，将空数组、标量和一维数组当作普通二维数组对待，因此它们都至少具有两个维度（至少具有行和列的方向）。

特别地，用空方括号产生的空数组是被当作二维数组对待的，但在多维数组中也有空数组的概念，这时的空数组可以是只在任意一个维度上尺寸等于零的数组，相应地，此时的空数组就具有多个维度了。

MATLAB 中计算数组维度可以用 ndims 函数，其调用格式如下。

```
N=ndims(A)              %返回数组 A 的维数 N（≥2），实际上等于 length(size(A))
```

【例 3-15】　计算数组维度。

解　在命令行窗口中依次输入以下语句，同时会输出相应的结果。

```
>> A=2;
>> ndims(A)
ans=
    2
>> B=rand(3,4,2);                          %创建一个 3×4×2 的数组 B
>> ndims(B)
ans=
    3
```

可以看出，非多维数组在 MATLAB 中都被当作二维数组来处理。

3.3.2　数组大小

数组大小是指数组在每个方向上具有的元素数量。例如，含有 10 个元素的一维行向量，也即 1×10 的数组，其在行的方向上只有 1 个元素（1 行），在列的方向上有 10 个元素（10 列），

则数组的大小为 10。

（1）在 MATLAB 中，利用 size 函数可以获取数组的大小，其调用格式如下。

```
sz=size(A)              %返回行向量 sz，其元素是 A 中相应维度的长度
                        %若 A 是表或时间表，则返回由表中的行数和变量数组成的二元素行向量
szdim=size(A,dim)       %当 dim 为正整数标量时，返回维度 dim 的长度
                        %将 dim 指定为正整数向量，可以一次查询多个维度长度
szdim=size(A,dim1,dim2,...,dimN)
                        %返回维度 dim1,dim2,...,dimN 的长度到行向量 szdim 中
[sz1,...,szN]=size(A)   %将数组 A 各维度的长度分别返回到 sz1,...,szN 中
```

（2）利用 length 函数可以返回最大数组维度的长度，多用于返回一维数组的长度，其调用格式如下。

```
L=length(X)             %返回 X 中最大数组维度的长度
```

说明：对于一维数组，length(X)返回数组的元素数量；对于具有更高维度的数据，返回由 size(X)得到的长度最大的那个数，即 max(size(X))；空数组的长度为 0。

注意：在 MATLAB 中，空数组被默认为行的方向和列的方向尺寸都为 0 的数组，但自定义产生的多维空数组情况则不同。

（3）利用 numel 函数可以返回数组元素的总个数，其调用格式如下。

```
n=numel(A)              %返回数组 A 中的元素数目 n，相当于 prod(size(A))
```

【**例 3-16**】　获取数组大小。

解　在命令行窗口中依次输入以下语句，同时会输出相应的结果。

```
>> clear
>> A=[ ];                %创建空数组
>> size(A)
ans=
     0    0
>> B=rand(3,4,2);        %创建一个 3×4×2 的数组 B
>> sz=size(B)            %以向量方式返回 A 中相应维度的长度
sz=
     3    4    2
>> szdim=size(B,[2 3])   %返回 B 中第 2 个维度和第 3 个维度的长度
szdim=
     4    2
>> L=length(B)           %返回 B 中最大数组维度的长度
L=
     4
>> n=numel(B)            %返回 B 中元素的总数目
n=
    24
```

可以看出，MATLAB 通常把数组都按照普通的二维数组对待，即使是没有元素的空数组，也有行和列两个方向，只不过在这两个方向上的尺寸都是 0；而一维数组则是在行或列中的一个方向的尺寸为 1；标量则在行和列两个方向上的尺寸都是 1。

3.3.3　数组数据类型

数组作为一种 MATLAB 的内部数据存储和运算结构，其元素可以是各种各样的数据类型。对应于不同的数据类型的元素，可以有数值数组（实数数组、浮点数数组等）、字符数组、结构体数组等。MATLAB 中提供了测试一个数组是否为这些类型的数组的测试函数，如表 3-4 所示。

表 3-4　数组数据类型测试函数

函　　数	说　　明	函　　数	说　　明
isnumeric	测试数组元素是否为数值型变量	islogical	测试数组元素是否为逻辑型变量
isreal	测试数组元素是否为实数型变量	ischar	测试数组元素是否为字符型变量
isfloat	测试数组元素是否为浮点数型变量	isstruct	测试数组元素是否为结构体型变量
isinteger	测试数组元素是否为整数型变量		

可以看出，所有测试函数名都是以 is 开头，紧跟着一个测试内容关键字，它们的返回结果依然是逻辑类型，返回 0 表示不符合测试条件，返回 1 则表示符合测试条件。

【例 3-17】　数组数据类型测试函数。

　　解　在命令行窗口中依次输入以下语句，同时会输出相应的结果。

```
>> A=[1 2; 3 5];          %创建数组 A，默认每个元素都被当作双精度浮点数存储和运算
>> isnumeric(A)
ans=
    1
>> isinteger(A)
ans=
    0
>> isreal(A)
ans=
    1
>> isfloat(A)
ans=
    1
```

测试发现数组 A 是一个实数数组、浮点数数组，而不是整数数组，更不是字符数组。

3.3.4　测试函数

除了以上函数，MATLAB 还提供了大量测试函数，如表 3-5 所示，用于测试数组的特殊值或条件的存在，并返回逻辑值。

表 3-5　测试函数（部分）

函　　数	说　　明	函　　数	说　　明
isfinite	测试数组中哪些元素为有限	issparse	测试数组是否为稀疏矩阵
isempty	测试数组是否为空数组	isspace	测试数组中元素是否为空字符
isscalar	测试数组是否为单元素的标量数组	isstring	测试数组是否为字符串数组
isvector	测试数组是否为一维向量数组	isletter	测试字符串元素是否为字母

这些测试函数都是以 is 开头，然后紧跟检测内容的关键字。它们的返回结果为逻辑类型，返回 1 表示测试符合条件，返回 0 则表示测试不符合条件。

【例 3-18】 数组结构测试函数。

解　在命令行窗口中依次输入以下语句，同时会输出相应的结果。

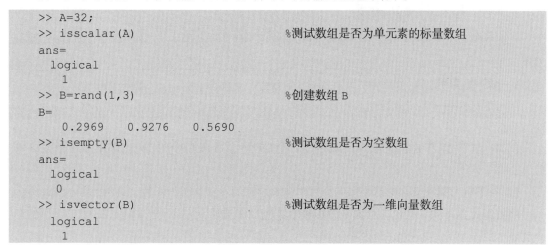

```
>> A=32;
>> isscalar(A)                    %测试数组是否为单元素的标量数组
ans=
  logical
    1
>> B=rand(1,3)                    %创建数组 B
B=
    0.2969    0.9276    0.5690
>> isempty(B)                     %测试数组是否为空数组
ans=
  logical
    0
>> isvector(B)                    %测试数组是否为一维向量数组
  logical
    1
```

3.4　数组索引与寻址

数组操作中最常遇到的就是对数组的某个具体位置上的元素进行访问和重新赋值，这涉及元素的存储次序、数组中元素位置，也就是数组索引和寻址的问题。

说明： 本书重点讨论二维数组（一维数组拓展为二维数组），多维数组本书不过多讨论。

第 15 集
微课视频

3.4.1　元素存储次序

针对一个 $m×n$ 阶的二维数组 A（矩阵 A），如果用符号 i 表示行下标，j 表示列下标，那么这个数组中第 i 行第 j 列的元素就可表示为 $A(i,j)$。

在计算机中，MATLAB 规定数组元素在存储器中采用列优先原则存储数据，即按列的先后顺序存储，在存储完第 1 列后再存储第 2 列，以此类推，这与我们先行后列的习惯不同。而一维数组（向量）作为二维数组（矩阵）的特例，是依其元素本身的先后次序进行存储的。

例如，有一个 3×4 阶（3 行 4 列）的矩阵 B，若要把它存储在计算机中，其元素存储次序就如表 3-6 所示。

表 3-6　矩阵 **B** 元素存储次序

次　序	元　素	次　序	元　素	次　序	元　素	次　序	元　素
1	$B(1,1)$	4	$B(1,2)$	7	$B(1,3)$	10	$B(1,4)$
2	$B(2,1)$	5	$B(2,2)$	8	$B(2,3)$	11	$B(2,4)$
3	$B(3,1)$	6	$B(3,2)$	9	$B(3,3)$	12	$B(3,4)$

注意： 不是所有高级语言都采用列元素优先原则，如 C 语言就是按行的先后顺序存储数组元素，即存储完第 1 行后，再存储第 2 行，以此类推。

弄清了数组元素的存储次序，再讨论其元素的表示方法，会更加容易理解。在 MATLAB 中，数组除了以数组名为单位整体被引用外，还可能涉及对数组元素的引用操作，所以数组元素的表示也是一个必须交代的问题。

3.4.2　元素的下标索引

数组元素的索引采用下标法。在 MATLAB 中，有全下标索引方式和单下标索引方式两种方案。

1. 全下标索引

用行下标和列下标表示数组中的一个元素，这是一个被普遍接受和采用的方法。对于 $m×n$ 阶的数组 A，其第 i 行第 j 列的元素表示为 $A(i, j)$。

例如，对于 $3 × 2$ 的数组 A，$A(3,1)$表示数组 A 的第 3 行第 1 列的元素，$A(1,2)$表示数组 A 的第 1 行第 2 列的元素。

2. 单下标索引

将数组元素按列元素优先存储顺序用单个数码顺序地连续编号。全下标元素 $A(i, j)$对应的单下标表示便是 $A(s)$，其中 $s=(j-1)×m+i$。

对于 $m×n$ 阶的数组 A，第 1 列元素的单下标索引依次为 $A(1), A(2),\cdots, A(m)$。第 2 列元素的单下标索引依次为 $A(m+1), A(m+2),\cdots, A(2m)$，以此类推。

例如，对于 3 行 2 列的数组 A，$A(3,1)$用单下标索引表示就是 $A(3)$，$A(1,2)$用单下标索引表示就是 $A(4)$。

这两种索引方式中的数字索引也可以是一个数列，从而实现访问多个数组元素的目的，这通常可以通过运用冒号或一维数组实现。

必须指出的是，i、j、s 这些下标符号，不能只视为单数值下标，也可理解成用向量表示的一组下标。

【例 3-19】　元素的下标索引示例。

解　在命令行窗口中依次输入以下语句，同时会输出相应的结果。

```
>> clear                %清空工作区数据，以避免工作区中已有内容干扰后面的运算
>> A=[4 2 5 6; 3 1 7 8; 12 45 78 23]          %创建数组
A=
     4     2     5     6
     3     1     7     8
    12    45    78    23
>> A(2,3)               %双下标索引访问数组第 2 行第 3 列元素
ans=
     7
>> A(8)                 %单下标索引访问数组第 2 行第 3 列元素
ans=
     7
>> A(1:2,3)            %显示第 1~2 行的第 3 列的元素值
ans=
     5
     7
>> A(6:8)              %显示单下标第 6~8 号元素的值，此处用一个向量表示下标区间
ans=
    45     5     7
>> A(8)=0             %将数组第 8 个元素（即第 1 行第 3 列）重新赋值为 0
A=
```

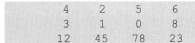

```
     4     2     5     6
     3     1     0     8
    12    45    78    23
```

可以看到，利用下标索引的方法，可以访问特定位置上的数组元素的值，或者对特定位置的数组元素重新赋值。

3. 单下标和双下标索引间的转换

单下标索引和双下标索引之间可以通过 MATLAB 提供的函数进行转换。

（1）利用 sub2ind 函数可以把双下标索引转换为单下标索引，其调用格式如下。

```
ind=sub2ind(sz,row,col)          %针对大小为 sz 的数组返回单下标索引 ind
```

（2）利用 ind2sub 函数可以把单下标索引转换为双下标索引，其调用格式如下。

```
[row,col]=ind2sub(sz,ind)        %针对大小为 sz 的数组返回双下标索引[row,col]
```

其中，sz 是包含两个元素的向量（1×2 的数组），指定转换数组的行数和列数，一般可以用 size(A) 表示；row 和 col 分别是双下标索引中的两个数字。

【例 3-20】　单下标索引和双下标索引之间的转换。

解　在命令行窗口中依次输入以下语句，同时会输出相应的结果。

```
>> rng(123)                      %控制随机数生成器，确保数据可复现
>> A=rand(3,5)
A=
    0.6965    0.5513    0.9808    0.3921    0.4386
    0.2861    0.7195    0.6848    0.3432    0.0597
    0.2269    0.4231    0.4809    0.7290    0.3980
>> ind=sub2ind(size(A),2,4)
ind=
    11
>> A(ind)
ans=
    0.3432
>> [row,col]=ind2sub(size(A),13)
row=
     1
col=
     5
```

可以看到，sub2ind 和 ind2sub 函数实现了单下标索引和双下标索引之间的转换。需要注意的是，ind2sub 函数需要指定两个输出参数的接收变量。

4. 逻辑索引

除了下标的数字索引外，MATLAB 中还可以通过逻辑索引的方式访问数组元素，使用时是通过比较关系运算产生一个满足比较关系的数组元素的索引数组（实际上是一个由 0、1 组成的逻辑数组），然后利用这个索引数组访问原数组，并进行重新赋值等操作。

【例 3-21】　逻辑索引应用示例。

解　在命令行窗口中依次输入以下语句，同时会输出相应的结果。

```
>> rng(123)                      %控制随机数生成器，确保数据可复现
>> A=rand(4)                     %创建数组
A=
    0.6965    0.7195    0.4809    0.4386
```

```
     0.2861      0.4231      0.3921      0.0597
     0.2269      0.9808      0.3432      0.3980
     0.5513      0.6848      0.7290      0.7380
>> B=A>0.6                          %通过比较关系运算产生逻辑索引
B=
  4×4 logical 数组
   1   1   0   0
   0   0   0   0
   0   0   0   0
   0   1   1   1
>> A(B)=0                           %通过逻辑索引访问原数组元素，并重新赋值
A=
        0           0      0.4809      0.4386
     0.2861      0.4231      0.3921      0.0597
     0.2269           0      0.3432      0.3980
     0.5513           0           0           0
```

3.4.3 数组元素赋值

数组元素有全下标方式、单下标方式和全元素方式 3 种赋值方式。其中，单下标方式赋值的数组必须是被引用过的数组，否则系统会生成一个一维数组（行向量）；全元素方式赋值要求元素个数相等。

1. 全下标方式

当给数组的单个或多个元素赋值时，可以采用全下标方式接收。

【例 3-22】 全下标方式接收元素赋值。

解 在命令行窗口中依次输入以下语句，同时会输出相应的结果。

```
>> clear                           %清空工作区数据
>> A(1:2,1:3)=[1 1 1;1 1 1]        %通过数组将数组 A 的 1~2 行 1~3 列的元素赋值为 1
A=
   1   1   1
   1   1   1
>> A(3,3)=2                        %给原数组中并不存在的元素赋值会扩充数组的阶数，注意补 0 原则
A=
   1   1   1
   1   1   1
   0   0   2
```

2. 单下标方式

当给数组的单个或多个元素赋值时，也可以采用单下标方式接收。

【例 3-23】 单下标接收元素赋值。

解 续例 3-22，在命令行窗口中依次输入以下语句，同时会输出相应的结果。

```
>> A(3:6)=[-4 4 5 -5]             %通过一个向量给单下标表示的连续多个数组元素赋值
A=
    1    4    1
    1    5    1
   -4   -5    2
>> A(6)=0
A=
    1    4    1
    1    5    1
```

```
         -4       0       2
>> A(3)=6
A=
          1       4       1
          1       5       1
          6       0       2
>> B1(3:6)=[-4 4 5 -5]          %对不存在的数组赋值，生成行向量
B1=
          0       0      -4       4       5      -5
```

3. 全元素方式

将数组 B 的所有元素全部赋值给数组 A，即 A(:)=B，此时不要求 A、B 同阶，只要求元素个数相等。

【例 3-24】 全元素方式赋值。

解 续例 3-23，在命令行窗口中依次输入以下语句，同时会输出相应的结果。

```
>> A(:)=2:2:18          %将一个向量按列的先后顺序赋值给数组 A，A 在例 3-23 中已被引用
A=
          2       8      14
          4      10      16
          6      12      18
>> A(3,4)=16                              %扩充数组 A 为 3 行 4 列
A=
          2       8      14       0
          4      10      16       0
          6      12      18      16
>> B=[11 12 13; 14 15 16;17 18 19; 0 0 0]          %生成 4×3 阶数组 B
B=
         11      12      13
         14      15      16
         17      18      19
          0       0       0
>> A(:)=B                        %将数组 B 的所有元素全部赋值给数组 A
A=
         11       0      18      16
         14      12       0      19
         17      15      13       0
>> C(:)=B
无法执行赋值，因为左侧的索引与右侧的大小不兼容。
```

3.4.4 抽取法创建数组

抽取法是从大数组中抽取出需要的小数组（或子数组）。线性代数中分块数组就是一个典型的从大数组中取出子数组的实例。数组的抽取实质是元素的抽取，用元素下标的向量表示从大数组中提取元素就能完成抽取过程。

1. 全下标抽取法

【例 3-25】 用全下标抽取法建立子数组。

解 在命令行窗口中依次输入以下语句，同时会输出相应的结果。

```
>> rng(123)                    %控制随机数生成器，确保数据可复现
>> A=randi(10,4,4)
```

```
A=
     7     8     5     5
     3     5     4     1
     3    10     4     4
     6     7     8     8
>> B1=A(1:3,2:3)              %从数组 A 中提取 1~3 行，2~3 列的元素构成子数组 B
B1=
     8     5
     5     4
    10     4
>> B2=A([1 3],[2 4])         %从数组 A 中提取 1、3 行，2、4 列的元素构成子数组 C
B2=
     8     5
    10     4
>> B3=A(4,:)                  %从数组 A 中提取第 4 行所有列，冒号可表示所有行或列
B3=
     6     7     8     8
>> B4=A([2 4 1],end)          %取 2、4、1 行最后一列，用 end 表示某一维数中的最大值
B4=
     1
     8
     5
```

2. 单下标抽取法

【例 3-26】 用单下标抽取法建立子数组。

解 续例 3-25，在命令行窗口中依次输入以下语句，同时会输出相应的结果。

第 16 集
微课视频

```
>> C=A([4:6; 3 5 7; 12:14])
C=
     6     8     5
     3     8    10
     8     5     1
```

本例是从数组 A 中取出单下标为 4~6 的元素作为第 1 行，单下标为 3、5、7 的 3 个元素作为第 2 行，单下标为 12~14 的元素作为第 3 行，生成一 3×3 阶新数组 B。

也可以采用下面的语句提取，输出结果是一致的。

```
>> B=A([4:6; [3 5 7]; 12:14])
```

说明：上述语句中，必须在单下标引用中的最外层加上一对方括号，以满足 MATLAB 对数组的约定。其中的分号也不能少，分号若改写成逗号，二维数组（矩阵）将变为一维数组（向量），如

```
>> C=A([4:5, 3, 5, 7, 10:13])
C=
     6     8     3     8    10     4     4     8     5
```

3.5 数组操作

前面讲解了 MATLAB 中数组的创建方法和基本属性，本节重点介绍在实际应用中最常用的数组操作方法。

3.5.1　保存和装载

许多实际应用中的数组都是很庞大的，当操作步骤较多，不能在短期内完成，需要多次分时进行时，可以将数组保存在文件中，需要时再进行装载，以提高工作效率。

1. 函数装载

在 MATLAB 中，通过 save 函数可以将工作区中指定的变量存储在二进制的 MAT 文件中；通过 save 函数存储到 MAT 文件中的数组变量，在使用前可以用 load 函数装载到工作区。

提示： 数值变量也可以通过选项卡命令（执行 MATLAB "主页"→"变量"→"导入数据"命令）直接装载。

关于 save 和 load 函数在数据保存和装载方面的更详细的内容，可以参考本书 1.5.4 节内容，这里不再介绍。

说明： 在命令行窗口中交互讨论问题时，使用选项卡和函数都可装载数据，但在程序设计时就只能用命令书写程序。

【例 3-27】 将外部数据文件加载到内存中。

解 在命令行窗口中依次输入以下语句，同时会输出相应的结果。

```
>> A=[1 2 3];
>> save('matlabdata.mat', 'A');
>> load matlabdata          %加载事先保存在可搜索路径下的数据文件
>> who                      %询问加载的矩阵名称
您的变量为：
A
>> A                        %显示加载的矩阵内容
A=
   1   2   3
```

2. M文件加载

利用 M 文件法也可以将事先保存在外存中的矩阵读入内存工作区，不同之处在于函数装载法读入的是数据文件（.mat），而 M 文件法读入的是内容仅为矩阵的.m 文件。

M 文件一般是程序文件，其内容通常为命令或程序设计语句，但也可存储矩阵，因为给一个矩阵赋值的代码本身就是一条语句。

在程序设计中，当矩阵的规模较大，而这些矩阵又要经常被引用时，若每次引用都采用直接输入法，则既容易出错又很笨拙。一个省时、省力而又保险的方法就是先用直接输入法将某个矩阵准确无误地赋值给一个程序中会被反复引用的矩阵，并用 M 文件保存，后续每次用到该矩阵时，只需在程序中引用该 M 文件即可。

对于大型矩阵，一般采用创建 M 文件的方式生成，以便于修改。

【例 3-28】 用 M 文件创建大矩阵，文件名为 test.m。

解 在 MATLAB 的 M 文件中输入以下代码，并保存为 test.m。

```
tes=[457   468   873     2   579   55
      21   687    54   488     8   13
      65  4567    88    98    21    5
```

```
        456      68    4589     654      5     987
       5488      10       9       6     33      77]
```

然后在命令行窗口中输入

```
>> test
tes=
        457     468     873       2     579      55
         21     687      54     488       8      13
         65    4567      88      98      21       5
        456      68    4589     654       5     987
       5488      10       9       6      33      77
>> size(tes)                                        %显示 tes 的大小
ans=
     5    6                                          %表示 tes 有 5 行 6 列
```

3.5.2 扩展和裁剪

在许多操作中需要对数组进行扩展或裁剪。数组扩展是指在超出数组现有尺寸的位置添加新元素；数组裁剪是指从现有数据中提取部分数据，产生一个新的小尺寸的数组。

1. 变量编辑器

变量编辑器是 MATLAB 提供的对数组进行编辑的交互式图形界面工具。双击 MATLAB 工作区中的任意变量，都能打开变量编辑器，在该编辑器中可以进行数组元素的编辑。

变量编辑器界面类似于电子表格界面，每个单元格就是一个数组元素。当单击超出数组当前尺寸位置的单元格并输入数据赋值时，实际上就是在该位置添加数组元素，即进行数组的扩展操作。

【例 3-29】 利用变量编辑器对数组进行拓展操作。

解 （1）在命令行窗口中依次输入以下语句，同时会输出相应的结果。

```
>> clear                          %清空工作区数据
>> rng(123)                       %控制随机数生成器，确保数据可复现
>> A=rand(5)                      %创建 5×5 的数组
A=
     0.6965    0.4231    0.3432    0.7380    0.6344
     0.2861    0.9808    0.7290    0.1825    0.8494
     0.2269    0.6848    0.4386    0.1755    0.7245
     0.5513    0.4809    0.0597    0.5316    0.6110
     0.7195    0.3921    0.3980    0.5318    0.7224
```

（2）在工作区出现的数组变量 A 上双击，即可打开数组 A 的编辑器窗口（停靠或浮动），并在第 6 行第 6 列的位置单击（或双击）单元格，输入数值 3.12。

（3）按 Enter 键或在其他位置单击，即可使当前扩展操作即刻生效，数组 A 被扩展为 6 行 6 列，原有元素不变，在第 6 行第 6 列的位置赋值为 3.12，其他扩展的位置上元素被默认赋值为 0，如图 3-1 所示。

（4）通过变量编辑器也可以裁剪数组，主要是对数组进行行、列的删除操作。在变量编辑器中某单元格上右击，即可弹出如图 3-2 所示的快捷菜单。

（5）选择"删除行"或"删除列"命令，就可以指定删除当前数组中选定位置元素所在的整行或整列；选择"在…插入…"命令，就可以在指定位置元素上、下或左、右插入整行或整列。

图 3-1 变量编辑器中扩展数组

图 3-2 变量编辑器快捷菜单

图形用户界面的变量编辑器使用简单,但对数组的扩展或裁剪操作实际比较复杂,通过变量编辑器实现就变得烦琐低效。本节后续内容将介绍通过 MATLAB 命令对数组进行扩展和裁剪。

2. 数组扩展函数

MATLAB 中可以通过 cat 系列函数将多个小尺寸数组按照指定的连接方式,组合成大尺寸的数组。这些函数包括 cat、horzcat 和 vertcat。其中,cat 函数可以按照指定的方向将多个数组连接成大尺寸数组,其调用格式如下。

```
C=cat(dim,A,B)              %沿维度 dim 将 B 串联到 A 的末尾
C=cat(dim,A1,A2,...,An)     %沿维度 dim 串联 A1,A2,...,An
```

其中,dim 用于指定连接方向,dim=1 表示沿行方向拼接,dim=2 表示沿列方向拼接,dim 可以是大于 2 的数字,此时拼接出的是多维数组;A1, A2, ..., An 表示各维度上的数组。

对于两个数组的连接,cat(1,A,B)实际上相当于[A;B],近似于把两个数组当作两个列元素连接。

另外,horzcat(A1, A2, ..., An)用于水平方向连接数组,相当于 cat(2, A1, A2, ..., An);vertcat(A1, A2, ..., An)用于垂直方向连接数组,相当于 cat(1, A1, A2, ..., An)。

不管哪个连接函数,都必须保证被操作的数组可以被连接,即在某个方向上尺寸一致,如 horzcat 函数要求被连接的所有数组都具有相同的行数,而 vertcat 函数要求被连接的所有数组都具有相同的列数。

【例 3-30】 通过 cat 函数扩展数组。

解 在命令行窗口中依次输入以下语句,同时会输出相应的结果。

```
>> A=ones(2,3)
A=
    1    1    1
    1    1    1
>> B=zeros(2,3)
B=
    0    0    0
    0    0    0
>> C=magic(3)
C=
    8    1    6
    3    5    7
```

```
        4     9     2
>> D1=cat(1,A,B)                                    %列数相同，可以垂直连接
D1=
        1     1     1
        1     1     1
        0     0     0
        0     0     0
>> D2=cat(2,A,B)                                    %行数相同，可以水平连接
D2=
        1     1     1     0     0     0
        1     1     1     0     0     0
>> D3=cat(3,A,2*A,3*A)                              %创建多维数组
D3(:,:,1)=
        1     1     1
        1     1     1
D3(:,:,2)=
        2     2     2
        2     2     2
D3(:,:,3)=
        3     3     3
        3     3     3
```

3. 数组块操作函数

MATLAB 中还提供了通过块操作实现数组扩展的函数。

1）数组块状赋值函数 repmat

在 MATLAB 中，repmat 函数用于复制并堆砌数组，其调用格式如下。

```
B=repmat(A,n)          %返回在其行维度和列维度包含 A 的 n 个副本的数组 B，大小为 size(A)*n
B=repmat(A,r1,...,rN)             %标量 r1，..，rN 用于描述 A 的副本在每个维度中的排列方
                                  %式当 A 具有 N 维时，B 的大小为 size(A).* [r1...rN]
B=repmat(A,r)                     %使用行向量 r 指定重复方案
```

当将 a 行 b 列的元素 A 当作"单个元素"，扩展出由 m 行 n 列"单个元素"组成的扩展数组时，实际上新产生的数组共有 $m \times a$ 行，$n \times b$ 列。

【例 3-31】 块状赋值 repmat 函数应用示例。

解 在命令行窗口中依次输入以下语句，同时会输出相应的结果。

```
>> A=eye(2)
A=
        1     0
        0     1
>> B1=repmat(A,2,2)
B1=
        1     0     1     0
        0     1     0     1
        1     0     1     0
        0     1     0     1
>> B2=repmat(A,1,3)
B2=
        1     0     1     0     1     0
        0     1     0     1     0     1
>> B3=repmat(A,[1 2 3])
B3(:,:,1)=
        1     0     1     0
```

```
          0    1    0    1
B3(:,:,2)=
          1    0    1    0
          0    1    0    1
B3(:,:,3)=
          1    0    1    0
          0    1    0    1
```

2）对角块生成函数 blkdiag

在 MATLAB 中，blkdiag 函数用于创建分块对角矩阵，其调用格式如下。

```
B=blkdiag(A1,...,AN)      %沿 B 的对角线对齐输入矩阵 A1,...,AN 创建的分块对角矩阵
```

将数组 A1, ..., AN 等当作"单个元素"，安排在新数组的主对角线位置，其他位置用零数组块填充。

【例 3-32】 使用对角块生成函数 blkdiag 创建数组。

解 在命令行窗口中依次输入以下语句，同时会输出相应的结果。

```
>> A=eye(2)
A=
     1    0
     0    1
>> B=ones(2,3)
B=
     1    1    1
     1    1    1
>> C=randi(5,3,2)
C=
     2    3
     3    4
     5    1
>> blkdiag(A,B,C)
ans=
     1    0    0    0    0    0    0
     0    1    0    0    0    0    0
     0    0    1    1    1    0    0
     0    0    1    1    1    0    0
     0    0    0    0    0    2    3
     0    0    0    0    0    3    4
     0    0    0    0    0    5    1
```

3）块操作函数 kron

在 MATLAB 中，kron 函数用于创建数组 A 和 B 的 Kronecker 张量积数组，其调用格式如下。

```
K=kron(A,B)               %返回数组 A 和 B 的 Kronecker 张量积
```

如果 A 是 $m \times n$ 数组，而 B 是 $p \times q$ 数组，则 A 和 B 的 Kronecker 张量积是通过将 B 乘以 A 的各元素形成的一个大型数组（$mp \times nq$）。

运算时，首先把数组 B 当作一个"元素块"，并通过复制扩展出 size(A)规模的元素块，然后将每个块元素与 A 的相应位置的元素值相乘，即

$$A \otimes B = \begin{bmatrix} a_{11}B & a_{12}B & \cdots & a_{1n}B \\ a_{21}B & a_{22}B & \cdots & a_{2n}B \\ \vdots & \vdots & & \vdots \\ a_{m1}B & a_{m2}B & \cdots & a_{mn}B \end{bmatrix}$$

【例 3-33】 使用块操作函数 kron 创建数组。

解 在命令行窗口中依次输入以下语句，同时会输出相应的结果。

```
>> A=[0 1 2;1 2 0]
A=
    0    1    2
    1    2    0
>> B=magic(2)
B=
    1    3
    4    2
>> C=kron(A,B)
C=
    0    0    1    3    2    6
    0    0    4    2    8    4
    1    3    2    6    0    0
    4    2    8    4    0    0
```

4. 索引扩展数组

索引扩展是对数组进行扩展最常用也最简单的方法。前面讲到索引寻址时，其中的数字索引有一定的范围限制。例如，对于 m 行 n 列的数组 A，通过单下标索引 $A(a)$ 访问一个已有元素时要求 $a \leq m \times n$；双下标索引 $A(a,b)$ 访问要求 $a \leq m$，$b \leq n$。

但索引扩展中使用的索引数字就没有这些限制，相反，必然要用超出上述限制的索引数字指定当前数组尺寸外的一个位置，并对其进行赋值，以完成扩展操作。

通过索引扩展，一条语句只能增加一个元素，并同时在未指定的新添位置上默认赋值为 0。因此，要扩展多个元素，就需要组合运用多条索引扩展语句，且经常要通过索引寻址修改特定位置上被默认赋值为 0 的元素。

【例 3-34】 索引扩展。

解 在命令行窗口中依次输入以下语句，同时会输出相应的结果。

```
>> A=eye(3)
A=
    1    0    0
    0    1    0
    0    0    1
>> A(4,6)=25                         %索引扩展
A=
    1    0    0    0    0    0
    0    1    0    0    0    0
    0    0    1    0    0    0
    0    0    0    0    0    25
>> A(2,3:5)=2                        %索引寻址重新赋值
A=
    1    0    0    0    0    0
    0    1    2    2    2    0
    0    0    1    0    0    0
    0    0    0    0    0    25
```

由此可见，组合应用索引扩展和索引寻址重新赋值语句，在数组的索引扩展中是经常会遇到的。

5. 冒号操作符裁剪数组

相对于数组扩展这种放大操作,数组的裁剪就是产生新的子数组的缩小操作,从已知的大数据集中挑选出一个子集合,作为新的操作对象,这在各种应用领域都是常见的。

在 MATLAB 中,最常用的就是通过冒号操作符裁剪数组。实际上,冒号操作符实现裁剪功能时,其意义和冒号用于创建一维数组的意义是一样的,都是实现递变效果。

例如,从 100 行 100 列的数组 A 中挑选偶数行偶数列的元素,相对位置不变地组成 50 行 50 列的新数组 B,只需要通过语句 B=A(2:2:100,2:2:100)就可以实现,实际上这是通过数组数字索引实现了部分数据的访问。

更一般的裁剪语法如下。

```
B=A([a1,a2,a3,...],[b1,b2,b3,...])    %表示提取数组 A 的 a1,a2,a3,...行
                                      %b1,b2,b3,...列的元素组成子数组 B
```

此外,冒号还有一个特别的用法。当通过数字索引访问数组元素时,如果某一索引位置不是用数字表示,而是用冒号代替,则表示这一索引位置可以取所有能取到的值。

例如,对 5 行 3 列的数组 A,A(3,:)表示取 A 的第 3 行所有元素(第 1~3 列),A(:,2)表示取 A 的第 2 列的所有元素(第 1~5 行)。

【例 3-35】　数组裁剪。

解　在命令行窗口中依次输入以下语句,同时会输出相应的结果。

```
>> A=magic(5)
A=
    17    24     1     8    15
    23     5     7    14    16
     4     6    13    20    22
    10    12    19    21     3
    11    18    25     2     9
>> A(1:3:5,2:4)          %提取数组 A 的第 1、3、5 行,第 2~4 列的所有元素
ans=
    24     1     8
    12    19    21
```

6. 删除数组元素

通过部分删除数组元素,也可以实现数组的裁剪。在 MATLAB 中,可以用方括号([ ],空数组)将数组中的单个元素、某行、某列、某数组子块及整个数组中的元素删除。配合冒号使用还可以删除数组的某些行、列元素。

注意: 进行删除行、列元素时,索引结果必须是完整的行或完整的列,而不能是数组内部的块或单元格,否则会变成一维数组(行向量)。

【例 3-36】　删除数组元素。

解　在命令行窗口中依次输入以下语句,同时会输出相应的结果。

```
>> clear                       %清空工作区数据
>> A(2:3, 2:3)=[1 1; 2 2]       %生成一个新数组 A
A=
     0     0     0
     0     1     1
     0     2     2
```

```
>> A(2,:)=[ ]                        %删除第 2 行
A=
    0     0     0
    0     2     2
>> A(1:2)=[ ]                        %删除第 1 个和第 2 个元素，其他元素顺序排列组成行向量
A=
    0     2     0     2
>> A=[ ]                             %删除整个数组中的所有元素
A=
    [ ]
>> B=magic(5)                        %创建 5 阶幻方数组（矩阵）
B=
   17    24     1     8    15
   23     5     7    14    16
    4     6    13    20    22
   10    12    19    21     3
   11    18    25     2     9
>> B(1:2:5,:)=[ ]                    %删除数组的第 1 和第 3 行
B=
   23     5     7    14    16
   10    12    19    21     3
```

由此可见，删除部分数组元素是直接在原始数组上进行的操作，在实际应用中，要考虑在数组元素删除前先保存一个原始数组的备份，避免不小心造成对原始数据的破坏。

另外，单独的一次删除操作只能删除某些行或某些列，因此一般需要通过两条语句才能实现行和列两个方向的数组元素删除。

3.5.3　形状改变

MATLAB 中有大量内部函数可以对数组进行改变形状的操作，包括数组转置、数组平移和旋转，以及数组尺寸的重新调整。

1. 数组转置

MATLAB 中进行数组转置最简单的方式是使用转置操作符（'）。对于有复数元素的数组，转置操作符（'）在变化数组形状的同时，也会将复数元素转换为其共轭复数（虚部求反）。

提示：如果要对复数数组进行非共轭转置，可以通过点转置操作符（.'）实现。

共轭和非共轭转置也可以通过 MATLAB 函数完成，transpose 函数实现非共轭转置，功能等同于点转置操作符（.'）；ctranspose 函数实现共轭转置，功能等同于转置操作符（'）。

【例 3-37】　数组转置。

解　在命令行窗口中依次输入以下语句，同时会输出相应的结果。

```
>> rng(123)                          %控制随机数生成器，确保数据可复现
>> A=randi(5,3,3)
A=
    4     3     5
    2     4     4
    2     3     3
>> B=A'
B=
```

```
          4      2      2
          3      4      3
          5      4      3
>> Z=A+i*B
Z=
   4.0000+4.0000i   3.0000+2.0000i   5.0000+2.0000i
   2.0000+3.0000i   4.0000+4.0000i   4.0000+3.0000i
   2.0000+5.0000i   3.0000+4.0000i   3.0000+3.0000i
>> Z'
ans=
   4.0000-4.0000i   2.0000-3.0000i   2.0000-5.0000i
   3.0000-2.0000i   4.0000-4.0000i   3.0000-4.0000i
   5.0000-2.0000i   4.0000-3.0000i   3.0000-3.0000i
>> Z.'
ans=
   4.0000+4.0000i   2.0000+3.0000i   2.0000+5.0000i
   3.0000+2.0000i   4.0000+4.0000i   3.0000+4.0000i
   5.0000+2.0000i   4.0000+3.0000i   3.0000+3.0000i
>> transpose(Z)
ans=
   4.0000+4.0000i   2.0000+3.0000i   2.0000+5.0000i
   3.0000+2.0000i   4.0000+4.0000i   3.0000+4.0000i
   5.0000+2.0000i   4.0000+3.0000i   3.0000+3.0000i
```

实际使用中，由于操作符的简便性，经常会使用操作符而不是转置函数实现转置。但是在复杂的嵌套运算中，转置函数可能是唯一的可用方法。所以，两类转置方式都要掌握。

2. 数组翻转与提取

数组的翻转与提取是针对数组（矩阵）的常见操作。在 MATLAB 中，这些操作都由函数实现，相关函数如表 3-7 所示。

表 3-7　数组翻转与提取函数

函　数	功　能	函　数	功　能
rot90(A,k)	把数组A逆时针旋转k×90°，k默认为1	triu(A)	提取数组A的右上三角元素，其余元素补零
fliplr(A)	沿垂直轴左右翻转数组A	tril(A)	提取数组A的左下三角元素，其余元素补零
flipud(A)	沿水平轴上下翻转数组A	diag(A)	提取数组A的对角线元素
flipdim(A,dim)	沿dim指定的轴翻转数组A。对于二维数组，k=1相当于flipud(A);k=2相当于fliplr(A)		

【例 3-38】　数组翻转与提取。

解　在命令行窗口中依次输入以下语句，同时会输出相应的结果。

```
>> rng(123)                     %控制随机数生成器，确保数据可复现
>> A=randi(20,3,4)
A=
    14    12    20     8
     6    15    14     7
     5     9    10    15
>> B1=rot90(A)
B1=
```

```
          8       7      15
         20      14      10
         12      15       9
         14       6       5
>> B2=rot90(A,2)
B2=
         15      10       9       5
          7      14      15       6
          8      20      12      14
>> C1=fliplr(A)
C1=
          8      20      12      14
          7      14      15       6
         15      10       9       5
>> C2=flipdim(A,2)
C2=
          8      20      12      14
          7      14      15       6
         15      10       9       5
>> C3=flipdim(A,1)
C3=
          5       9      10      15
          6      15      14       7
         14      12      20       8
>> D1=triu(A)
D1=
         14      12      20       8
          0      15      14       7
          0       0      10      15
>> D2=tril(A)
D2=
         14       0       0       0
          6      15       0       0
          5       9      10       0
>> D3=diag(A)
D3=
         14
         15
         10
```

3. 数组尺寸调整

在 MATLAB 中，还有一个常用的 reshape 函数用于改变数组的尺寸（重构数组），它可以把已知数组改变成指定行列尺寸的数组，其调用格式如下。

B=reshape(A,sz)	%使用大小向量 sz 重构 A 以定义 size(B)
B=reshape(A,sz1,...,szN)	%将 A 重构为一个 sz1×⋯×szN 数组

其中，prod(sz)必须与 numel(A)相同；sz1, ..., szN 指示每个维度的大小，某个维度指定为[ ]时自动计算维度大小，以使 B 中的元素数与 A 中的元素数相匹配。

在尺寸调整前后，两个数组的单下标索引不变，即 A(x)必然等于 B(x)，只要 x 是符合取值范围要求的单下标数字即可。也就是说，按照列优先原则把 A 和 B 的元素排列成一列，结果必然是一样的。

【例 3-39】　数组尺寸调整。

解　在命令行窗口中依次输入以下语句，同时会输出相应的结果。

```
>> rng(123)                          %控制随机数生成器，确保数据可复现
>> A=randi(20,3,6)
A=
    14    12    20     8     9    15
     6    15    14     7     2     4
     5     9    10    15     8     4
>> reshape(A,2,9)                    %注意新矩阵的排列方式，体会矩阵元素的存储次序
ans=
    14     5    15    20    10     7     9     8     4
     6    12     9    14     8    15     2    15     4
>> reshape(A,3,5)                    %元素数不匹配时会报错
错误使用 reshape
元素数不能更改。请使用 [ ] 作为大小输入之一，以自动计算该维度的适当大小。
>> reshape(A,2,3,[ ])               %将 A 的 100 个元素重构为一个 2×3×3 的三维数组
ans(:,:,1)=
    14     5    15
     6    12     9
ans(:,:,2)=
    20    10     7
    14     8    15
ans(:,:,3)=
     9     8     4
     2    15     4
```

3.5.4　数组查找

MATLAB 提供数组查找函数 find，用于查找数组中的非零元素，并返回其下标索引。find 函数配合各种关系运算和逻辑运算，能够实现很多查找功能，其调用格式如下。

```
k=find(X)                   %返回数组 X 中的非零元素的单下标索引（线性索引）
k=find(X,n)                 %返回与数组 X 中的非零元素对应的前 n 个索引
[row,col]=find(X)           %返回数组 X 中每个非零元素的双下标索引
```

对于 find(X)，若 X 为向量，返回方向与 X 相同的向量；若 X 为多维数组，则返回由结果的线性索引组成的列向量。

实际应用中，经常通过多重逻辑嵌套产生逻辑数组，判断数组元素是否符合某种比较关系，然后用 find 函数查找这个逻辑数组中的非零元素，返回符合比较关系的元素的索引，从而实现元素访问。find 函数用于产生索引数组，间接实现最终的索引访问，因此经常不需要直接指定 find 函数的返回值。

【例 3-40】　数组查找应用示例。

解　在命令行窗口中依次输入以下语句，同时会输出相应的结果。

```
>> rng(123)                  %控制随机数生成器，确保数据可复现
>> A=rand(3,5)               %创建了待操作的随机数组 A
A=
    0.6965    0.5513    0.9808    0.3921    0.4386
    0.2861    0.7195    0.6848    0.3432    0.0597
    0.2269    0.4231    0.4809    0.7290    0.3980
```

```
>> (A>0.45)&(A<0.7)              %逻辑嵌套产生符合多个比较关系的逻辑数组
ans=
  3×5 logical 数组
   1   1   0   0   0
   0   0   1   0   0
   0   0   1   0   0
>> find((A>0.45)&(A<0.7))        %逻辑数组中的非零元素，返回符合关系的元素索引
ans=
   1
   4
   8
   9
>> A(find((A>0.45)&(A<0.7)))     %实现元素访问
ans=
   0.6965
   0.5513
   0.6848
   0.4809
```

本例中通过逻辑运算（&）产生同时满足两个比较关系（A>0.45 和 A<0.7）的逻辑数组，然后通过 find 函数操作该逻辑数组，并返回数组中非零元素的下标索引（本例中返回单下标索引），实际上就是返回原数组中符合两个比较关系的元素的位置索引，最后利用 find 函数返回的下标索引就可以寻址访问原数组中符合比较关系的目标元素。

另外，MATLAB 中提供了查询数组中最大与最小元素的函数 max 与 min，其中 max 函数的调用格式如下。

```
M=max(A)               %返回数组的最大元素，A 为向量则返回 A 的最大值
                       %A 为矩阵则返回包含每列的最大值的行向量
M=max(A,[ ],dim)       %返回维度 dim 上的最大元素
```

min 函数与 max 函数的调用方式一样，这里不再赘述。

【例 3-41】 查询数组元素的最大、最小值示例。

解 在命令行窗口中依次输入以下语句，同时会输出相应的结果。

```
>> A=magic(4)
A=
   16    2    3   13
    5   11   10    8
    9    7    6   12
    4   14   15    1
>> max(A)               %求每列元素中的最大值组成的行向量
ans=
   16   14   15   13
>> max(A,[ ],1)         %求包含每列的最大值的行向量
ans=
   16   14   15   13
>> max(A(:))            %求矩阵中所有元素中的最大值
ans=
   16
>> min(A)               %求矩阵中每列元素中的最小值
ans=
    4    2    3    1
```

```
>> min(A(:))                    %求矩阵中所有元素中的最小值
ans=
    1
>> max(A,[ ],2)                 %求包含每行的最大值的列向量
ans=
    16
    11
    12
    15
```

3.5.5　数组排序

数组排序经常用于各种数据的分析和处理。在 MATLAB 中，利用 sort 函数可以实现对数组按照升序或降序进行排列，并返回排序后的元素在原始数组中的索引位置，其调用格式如下。

```
B=sort(A)              %按升序对 A 的元素进行排序，并返回排序后的数组
                       %A 是向量，则对向量元素进行排序；A 是矩阵，则对数组的每列进行排序
B=sort(A,dim)          %对数组按指定的方向进行升序排列，dim=1 为按列排序，dim=2 为按行排序
B=sort(___,direction)  %按 direction 指定的顺序显示的 A 的有序元素
                       %取'ascend'表示升序（默认值），'descend'表示降序
[B,I]=sort(___)        %额外为上述任意语法返回一个索引向量的集合 I
```

注意： sort 函数是对单独的一行或一列元素进行排序，因此返回的索引只是单下标形式，表征排序后的元素在原来的行或列中的位置。

【例 3-42】　数组排序。

解　在命令行窗口中依次输入以下语句，同时会输出相应的结果。

```
>> rng(123)                           %控制随机数生成器，确保数据可复现
>> A=randi(20,3,6)
A=
    14    12    20     8     9    15
     6    15    14     7     2     4
     5     9    10    15     8     4
>> sort(A)                            %按照默认的升序方式排列
ans=
     5     9    10     7     2     4
     6    12    14     8     8     4
    14    15    20    15     9    15
>> [B,I]=sort(A,'descend')           %降序排列并返回索引
B=
    14    15    20    15     9    15
     6    12    14     8     8     4
     5     9    10     7     2     4
I=
     1     2     1     3     1     1
     2     1     2     1     3     2
     3     3     3     2     2     3
```

通过例 3-37 可知，数组排序函数 sort 返回的索引表示在排序方向上排序后元素在原数组中的位置。对于一维数组，这就是其单下标索引；但对二维数组，这只是双下标索引中的一个分量，因此不能简单地通过这个返回的索引值寻址产生排序的二维数组。

当然，利用这个索引结果，通过复杂一点的方法也可以得到排序数组，这种索引访问一般只用于对部分数据的处理。

3.5.6 数组运算

MATLAB 中的数组的算术运算、关系运算、逻辑运算（参考 2.3 节基本运算部分内容）以及许多初等函数计算都是针对数组设计的。

当需要对两个尺寸相同的数组进行元素对元素的乘、除，或者对数组的元素逐个进行乘幂运算时，就需要通过数组算术运算（点运算）来实现。

在 MATLAB 中，语句 A.*B 就可以实现两个同样尺寸的数组 A 和数组 B 对于元素的乘法；语句 A./B 或 A.\B 可实现元素对元素的除法；语句 A.^n 可实现对逐个元素的乘幂（乘方）。

【例 3-43】 点运算应用示例。

解 在命令行窗口中依次输入以下语句，同时会输出相应的结果。

```
>> rng(123)                %控制随机数生成器，确保数据可复现
>> A=randi(8,4)
A=
     6     6     4     4
     3     4     4     1
     2     8     3     4
     5     6     6     6
>> B=ones(4)+2*eye(4)
B=
     3     1     1     1
     1     3     1     1
     1     1     3     1
     1     1     1     3
>> A.*B
ans=
    18     6     4     4
     3    12     4     1
     2     8     9     4
     5     6     6    18
>> B.*A                    %对应的元素的乘法，因此和 A.*B 结果一样
ans=
    18     6     4     4
     3    12     4     1
     2     8     9     4
     5     6     6    18
>> A.\B                    %以 A 的元素为分母，B 中对应的元素为分子，逐个元素作除法
ans=
    0.5000    0.1667    0.2500    0.2500
    0.3333    0.7500    0.2500    1.0000
    0.5000    0.1250    1.0000    0.2500
    0.2000    0.1667    0.1667    0.5000
>> A./B                    %以 B 的元素为分母，A 中对应的元素为分子，逐个元素作除法
ans=
    2.0000    6.0000    4.0000    4.0000
    3.0000    1.3333    4.0000    1.0000
    2.0000    8.0000    1.0000    4.0000
    5.0000    6.0000    6.0000    2.0000
>> A.^3                    %返回 A 中每个元素的立方
```

```
ans=
   216    216     64     64
    27     64     64      1
     8    512     27     64
   125    216    216    216
```

本章小结

　　数组是 MATLAB 中各种变量存储和运算的通用数据结构。本章从 MATLAB 中的数组入手，重点讲述了数组的创建、数组的属性和多种数组操作方法。对于多维数组，MATLAB 提供了类似于二维数组的操作方法，包括对数组形状、维度的重新调整，以及常用的数学计算。这些内容是学习 MATLAB 必须熟练掌握的。对这些基本函数的深入理解和熟练组合应用，会大大提高使用 MATLAB 的效率。限于篇幅，数组运算函数及多维数组的操作部分作为本书的附赠内容，读者可根据需要参考自学。

本章习题

1. 选择题

（1）语句 t=0:5 生成的是（　　）个元素的向量。

A．9　　　　　　B．8　　　　　　C．7　　　　　　D．6

（2）执行语句 A=[1, 2, 3; 4, 5, 6]后，A(4)的值是（　　）。

A．1　　　　　　B．2　　　　　　C．3　　　　　　D．4

（3）已知 A 为 3×3 矩阵，则 A(:,end)是指（　　）。

A．所有元素　　　B．第 1 行元素　　C．第 3 行元素　　　D．第 3 列元素

（4）已知 A 为 3×3 矩阵，则运行 A(1)=[ ]后 A 变为（　　）。

A．行向量　　　　B．2 行 2 列　　　C．2 行 3 列　　　　D．3 行 2 列

（5）表达式 fix(264/100)+mod(243,10)*5 的值是（　　）。

A．122　　　　　B．123　　　　　C．17　　　　　　D．18

（6）find(2:2:20>15)的结果是（　　）。

A．19　20　　　　B．8　9　10　　　C．9　10　　　　　D．16　18　20

（7）输入字符串时，要用（　　）将字符括起来。

A．[ ]　　　　　　B．{}　　　　　　C．"　　　　　　D．" "

（8）已知 s='显示"Ding"'，则 s 的元素个数是（　　）。

A．8　　　　　　B．10　　　　　　C．6　　　　　　D．9

（9）表达式 sqrt(9)+2 的值是（　　）。

A．sqrt(9)+2　　　B．5　　　　　　C．2　　　　　　D．3, 2

（10）若 A=[3 2 15 6; 13 4 7 8; 12 45 78 23]，则 A(4)的值是（　　）。

A．6　　　　　　B．2　　　　　　C．13　　　　　　D．12

（11）若 A=[3 2 15 6; 13 4 7 8; 12 45 78 23]，则 A(2,3)的值是（　　）。

A．6　　　　　　B．7　　　　　　C．45　　　　　　D．12

（12）有一个 3 行 3 列的矩阵 A，则 A(3)是指（　　　　）。

A．第 1 行第 3 列的元素　　　　　　　　B．第 3 行第 1 列的元素

C．第 3 行第 3 列的元素　　　　　　　　D．第 2 行第 3 列的元素

（13）创建对角线元素为指定值，其他元素都为 0 的对角数组，可以采用的函数是（　　　　）。

A．ones　　　　　　　B．eye　　　　　　　C．rand　　　　　　　D．diag

（14）若 A=[−2.68　−2.25　2.15　2.98]，则 fix(A)的值是（　　　　）。

A．−2　−2　2　2　　　　　　　　　　　B．−3　−3　2　2

C．−2　−2　3　3　　　　　　　　　　　D．−3　−2　2　3

（15）若 A=[−2.68　−2.25　2.15　2.98]，则 ceil(A)的值是（　　　　）。

A．−2　−2　2　2　　　　　　　　　　　B．−3　−3　2　2

C．−2　−2　3　3　　　　　　　　　　　D．−3　−2　2　3

（16）产生对角线上全为 1，其余全为 0 的 3 行 2 列矩阵的命令是（　　　　）。

A．ones(3,2)　　　　　B．ones(2,3)　　　　C．eye(2,3)　　　　　D．eye(3,2)

（17）创建 3 阶单位矩阵 A 的语句是（　　　　）。

A．A=eye(3)　　　　　　　　　　　　　B．A=eye(3,1)

C．A=eye(1,3)　　　　　　　　　　　　D．A=ones(3)

（18）产生和 A 同样大小的幺矩阵的语句是（　　　　）。

A．eye(size(A))　　　　　　　　　　　　B．ones(size(A))

C．size(eye(A))　　　　　　　　　　　　D．size(ones(A))

2．填空题

（1）从键盘直接输入数组元素来创建数组时，将数组的元素用＿＿＿＿＿＿括起来，按行的顺序输入各元素，同一行的各元素之间用＿＿＿＿＿＿分隔，不同行的元素之间用＿＿＿＿＿＿分隔。

（2）MATLAB 中利用线性等分函数＿＿＿＿＿＿及对数等分函数＿＿＿＿＿＿可以直接生成一维数组。

（3）语句 C=3:2:10 的输出结果是＿＿＿＿＿＿；语句 C=3:10 的输出结果是＿＿＿＿＿＿；语句 C=10:−2:3 的输出结果是＿＿＿＿＿＿。

（4）一维数组是所有元素排列在一行或一列中的数组，对应线性代数中的＿＿＿＿＿＿和＿＿＿＿＿＿。二维数组本质上就是以数组作为数组元素的数组，即"数组的数组"，对应线性代数中的＿＿＿＿＿＿。

（5）MATLAB 中可以通过＿＿＿＿＿＿、＿＿＿＿＿＿和＿＿＿＿＿＿函数将多个小尺寸数组按照指定的连接方式，组合成大尺寸的数组。

（6）设 A=[0, 2; 4, 6]，B=[5, 3; 1, 0]，则 A+B=＿＿＿＿＿＿、A−B=＿＿＿＿＿＿、A*B=＿＿＿＿＿＿、A\B=＿＿＿＿＿＿、A/B=＿＿＿＿＿＿、A.*B=＿＿＿＿＿＿。

（7）针对 3×3 的数组，求其第 4 个元素的下标的语句是＿＿＿＿＿＿；求其第 3 行、第 2 列元素的序号的语句是＿＿＿＿＿＿。

（8）设 A=[0, 2, 4, 6; 5, 3, 1, 0]，则 A(6)输出的值为＿＿＿＿＿＿，A(2,3)输出的值为＿＿＿＿＿＿，A(2,:)输出的值为＿＿＿＿＿＿，A(:,1)输出的值为＿＿＿＿＿＿。

（9）在 MATLAB 中，数组元素的索引包括全＿＿＿＿＿＿和＿＿＿＿＿＿两种索引方式。

（10）在 MATLAB 中，利用 ones 函数实现＿＿＿＿＿＿；利用 zeros 函数实现＿＿＿＿＿＿；利用

sort 函数实现＿＿＿＿＿；利用 reshape 函数实现＿＿＿＿＿；利用 magic 函数实现＿＿＿＿＿。

3. 计算与简答题

（1）语句 A=[ ]与 clear A 相同吗？若不同请说明差异。请上机验证结论。

（2）在 MATLAB 中，6+7i 和 6+7*i 有区别吗？如果有请简述区别。

（3）给定矩阵 A=[1 0 0 0 1 1 0]，B=[1 0 1 1 0 1 0]，试确定 A&B、A|B、～A、xor(A,B)的输出结果。

（4）请写出下列操作的语句。

① 将矩阵 A 第 2～5 行中第 1、3、5 列元素赋给矩阵 B。

② 删除矩阵 A 的第 5 号元素。

③ 求矩阵 A 的大小和维数。

④ 将向量 t 的 0 元素用机器零代替。

⑤ 将含有 12 个元素的向量 x 转换为 3×4 矩阵。

（5）通过直接赋值法及函数法创建以下复数或复数矩阵。

① 8.5+7.6i
② $\begin{bmatrix} 0.5+3.2i & -1.5+1.2i \\ -4.6+1.8i & -6.5+3.8i \end{bmatrix}$

（6）请对以下语句进行注释，并写出其输出结果。

```
>> A=[9 8; 7 6; 5 4];
>> B=[4 5 6;7 8 9];
>> C1=[A; B']
>> C2=[A B']
>> C3=[A B]
```

（7）利用 rand 函数创建一个元素服从 0～1 均匀分布的 5×5 随机数矩阵。基于该矩阵通过 MATLAB 语句完成以下操作。

① 通过两种索引方式获取矩阵中的第 3 行第 4 列的元素值。

② 获取第 2 行或第 3 列的所有元素值。

③ 将该矩阵与数值 3 执行加、减、乘、除、乘方操作。

④ 对该矩阵进行数组转置操作。

⑤ 查找数组中大于 0.5 的元素，以及大于 0.5 且小于 0.8 的元素。

（8）已知 $A = \begin{bmatrix} 3 & 1 & -0.7 & 0 \\ 4 & -5 & 6 & 5 \\ 2 & 5 & 0 & 3 \\ 6 & -9.5 & 5 & 2.4 \end{bmatrix}$，在 MATLAB 中完成以下操作。

① 求矩阵 A 的大小和维数。

② 通过两种索引方式获取矩阵 A 中的元素 5（共两处）。

③ 取出 A 的前 3 行构成矩阵 B，前两列构成矩阵 C，右下角 3×2 子矩阵构成矩阵 D，B 与 C 的乘积构成矩阵 E。

④ 分别求 E<D、E&D、E|D、~E|~D 和 find(A>=10&A<25)。

第 4 章

矩 阵 运 算

矩阵是高等代数中的常见工具，也常见于统计分析等应用数学中。矩阵的运算是数值分析领域的重要问题，是 MATLAB 特别引入的一种运算，既可用简单的方法解决原本复杂的矩阵运算问题，又可向下兼容处理标量运算。矩阵始终是 MATLAB 的核心内容，是 MATLAB 的基本运算单元，也是最重要的内建数据类型。在不涉及运算性质的场合，矩阵就是二维数组。因此，从元素的组织、存储到编址、寻访，矩阵和二维数组都完全一致。

4.1 向量运算

在线性代数中 n 维向量用 n 个元素的一维数据组表示，MATLAB 讨论的向量主要是线性代数的向量。在讲解矩阵前，先讨论向量在 MATLAB 中运算方法。

第 17 集
微课视频

4.1.1 加减和数乘

在 MATLAB 中，维数相同的行向量可以相加减，维数相同的列向量也可相加减，标量数值可以与向量直接相乘除。

【例 4-1】 向量的加减和数乘运算。

解 在命令行窗口中依次输入以下语句，同时会输出相应的结果。

```
>> A=[1 2 3 4 5];            %创建行向量，分号表示不输出
>> B=3:7
B=
    3    4    5    6    7
>> C=linspace(2,4,3);        %通过线性等分函数创建包含 3 个元素的行向量
C=
    2    3    4
>> AT=A'; BT=B';             %通过转置操作，创建列向量
>> E1=A+B                    %行向量的加法运算
E1=
    4    6    8    10    12
>> E2=A-B                    %行向量的减法运算
E2=
    -2   -2   -2   -2   -2
>> F=AT-BT                   %列向量的减法运算
F=
    -2
    -2
```

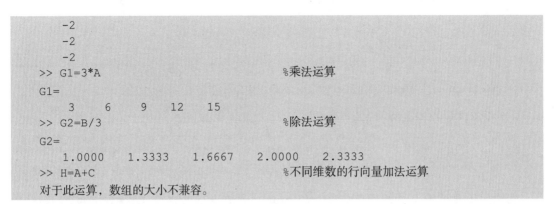

```
     -2
     -2
     -2
>> G1=3*A                          %乘法运算
G1=
     3    6    9   12   15
>> G2=B/3                          %除法运算
G2=
   1.0000   1.3333   1.6667   2.0000   2.3333
>> H=A+C                           %不同维数的行向量加法运算
对于此运算，数组的大小不兼容。
```

执行语句后，H=A+C 显示了出错信息，表明维数不同的向量之间的加减运算是非法的。

4.1.2　点积和叉积

向量的点积即数量积，叉积又称为向量积或矢量积。点积、叉积和二者的混合积是场论中的基本运算。MATLAB 是用函数实现向量点积、叉积运算的。

1. 点积运算

点积运算($A \cdot B$)的定义是参与运算的两个向量各对应位置上的元素相乘后，再将各乘积相加，所以向量点积的结果是一个标量而非向量。在 MATLAB 中，点积的运算函数为 dot，其调用格式如下。

```
C=dot(A,B)       %返回 A 和 B 的点积
                 %A 和 B 为向量时，长度必须相同；为矩阵或多维数组时，尺寸必须相同
C=dot(A,B,dim)   %计算 A 和 B 沿维度 dim 的点积，dim 是一个正整数标量
```

说明：

（1）长度为 n 的两个实数向量的标量点积等于

$$\boldsymbol{u} \cdot \boldsymbol{v} = \sum_{i=1}^{n} u_i v_i = u_1 v_1 + u_2 v_2 + \cdots + u_n v_n$$

（2）对于实数向量，dot($\boldsymbol{u},\boldsymbol{v}$)=dot($\boldsymbol{v},\boldsymbol{u}$)；对于复数向量，点积涉及复共轭，此时 dot($\boldsymbol{u},\boldsymbol{v}$)=conj(dot($\boldsymbol{v},\boldsymbol{u}$))。

【例 4-2】　向量点积运算。

解　在命令行窗口中依次输入以下语句，同时会输出相应的结果。

```
>> A=[4 -1 2 -6]; AT=A';
>> B=[2 -2 -1 3]; BT=B';
>> C=dot(A,B)
C=
     -10
>> D=dot(AT,BT)
D=
     -10
```

2. 叉积运算

在数学描述中，向量 $\boldsymbol{A}$、$\boldsymbol{B}$ 的叉积是一个新向量 $\boldsymbol{C}$，$\boldsymbol{C}$ 的方向垂直于 $\boldsymbol{A}$ 与 $\boldsymbol{B}$ 所决定的平面。用三维坐标表示为

$$A = A_x \boldsymbol{i} + A_y \boldsymbol{j} + A_z \boldsymbol{k}$$

$$B = B_x \boldsymbol{i} + B_y \boldsymbol{j} + B_z \boldsymbol{k}$$

$$C = A \times B = (A_y B_z - A_z B_y)\boldsymbol{i} + (A_z B_x - A_x B_z)\boldsymbol{j} + (A_x B_y - A_y B_x)\boldsymbol{k}$$

在 MATLAB 中，叉积的运算函数是 cross，其调用格式如下。

```
C=cross(A,B)        %返回 A 和 B 的叉积
                    %A、B 为向量时，长度必须为 3；A、B 为矩阵或多维数组时，尺寸必须相同
C=cross(A,B,dim)     %计算数组 A 和 B 沿维度 dim 的叉积，A 和 B 必须具有相同的尺寸
                    %size(A,dim) 和 size(B,dim) 必须为 3, dim 是一个正整数标量
```

说明：如果 A 和 B 为矩阵或多维数组，cross 函数将 A 和 B 视为三元素向量集合。该函数计算对应向量沿大小等于 3 的第 1 个数组维度的叉积。

【例 4-3】 向量叉积运算。

解 在命令行窗口中依次输入以下语句，同时会输出相应的结果。

```
>> A=[4 -1 2];  AT=A';
>> B=[2 -2 -1]; BT=B';
>> C=cross(A,B)                      %计算 A 和 B 的叉积，C 同时与 A 和 B 垂直
C=
    5    8   -6
>> dot(C,A)==0 & dot(C,B)==0          %使用点积验证 C 是否与 A 和 B 垂直
ans=
  logical
   1
>> C=cross(AT,BT)
C=
    5
    8
   -6
>> D=[1 2]; E=[3 4];
>> F=cross(D,E)                      %非法向量叉积运算
错误使用 cross
在获取交叉乘积的维度中，A 和 B 的长度必须为 3。
```

3. 混合积运算

综合运用点积运算函数和叉积运算函数就可实现点积和叉积的混合运算，该运算也只能发生在三维向量之间。

【例 4-4】 向量混合积示例。

解 在命令行窗口中依次输入以下语句，同时会输出相应的结果。

```
>> A=[1 2 3];
>> B=[3 3 4];
>> C=[3 2 1];
>> D=dot(C,cross(A,B))
D=
    4
```

4.2　矩阵基本运算

线性代数中矩阵定义为有 $m \times n$ 个数 $a_{ij}(i = 1, 2, \cdots, m; j = 1, 2, \cdots, n)$ 组成的数组，将其排成如下格式（用方括号括起来）。

$$A = \begin{bmatrix} a_{11} & \cdots & a_{1n} \\ \vdots & & \vdots \\ a_{m1} & \cdots & a_{mn} \end{bmatrix}$$

此表作为整体，当作一个抽象的量，称为矩阵，且是 m 行 n 列的矩阵。横向每行所有元素依次序排列则为行向量；纵向每列所有元素依次序排列则为列向量。

注意： 二维数组用方括号括起来后已作为一个抽象的特殊量——矩阵。在 MATLAB 中，矩阵本质上就是二维数组。

矩阵的代数运算包括线性代数中讨论的诸多方面，限于篇幅，本节仅就一些常用的代数运算在 MATLAB 中的实现进行描述。这些运算在 MATLAB 中有些是由运算符完成的，但更多是由函数实现的。

4.2.1　矩阵行列式的值

求矩阵行列式的值由 det 函数实现，其调用格式如下。

d=det(A)	%返回方阵 A 行列式的值

第 18 集
微课视频

【例 4-5】　求给定矩阵的行列式值。

解　在命令行窗口中依次输入以下语句，同时会输出相应的结果。

```
>> A=[3 2 4; 1 -1 5; 2 -1 3]
A=
    3    2    4
    1   -1    5
    2   -1    3
>> A1=det(A)
A1=
    24
>> B=pascal(4)
B=
    1    1    1    1
    1    2    3    4
    1    3    6   10
    1    4   10   20
>> B1=det(B)
B1=
    1
```

4.2.2　矩阵的秩

矩阵的秩是线性代数中一个重要的概念，它描述了矩阵的一个数值特征。在 MATLAB 中求秩运算由 rank 函数实现，其调用格式如下。

k=rank(A)	%求矩阵 A 的秩
k=rank(A,tol)	%指定在秩计算中使用容差

【例 4-6】 求矩阵的秩。

解 在命令行窗口中依次输入以下语句，同时会输出相应的结果。

```
>> rng(123)                           %控制随机数生成器，确保数据可复现
>> A=randi(5,3,4)                     %创建一个 3×4 的随机矩阵
A=
     4     3     5     2
     2     4     4     2
     2     3     3     4
>> rb=rank(A)
rb=
     3
```

4.2.3 矩阵的逆与伪逆

对于一个方阵 A，如果存在一个同阶的方阵 B，使 $AB = BA = I$，其中 I 为单位矩阵，则称 B 为 A 的逆矩阵，A 与 B 互逆。

当矩阵 A 不是一个方阵，或者 A 是一个非满秩的方阵时，矩阵 A 没有逆矩阵，但可以找到一个与 A 的转置矩阵 A^T 同型的矩阵 B，使

$$ABA = A$$
$$BAB = B$$

此时称矩阵 B 为矩阵 A 的伪逆，也称为广义逆矩阵。

在 MATLAB 中，求一个 n 阶方阵的逆矩阵远比线性代数中介绍的方法来得简单，只需调用 inv 函数即可实现，其调用格式如下。

```
Y=inv(X)                              %计算方阵 X 的逆矩阵；X^(-1)等效于 inv(X)
```

说明：X=A\B 的计算方式与 X=inv(A)*B 不同，建议采用 X=A\B 求解线性方程组，计算速度更快，精度更高。

当矩阵不存在逆矩阵时，Moore-Penrose 伪逆可作为逆矩阵的部分替代。此矩阵常被用于求解没有唯一解或有许多解的线性方程组。在 MATLAB 中，Moore-Penrose 伪逆由 pinv 函数实现，其调用格式如下。

```
B=pinv(A)                             %返回矩阵 A 的 Moore-Penrose 伪逆
B=pinv(A,tol)                         %指定容差的值，将 A 中小于容差的奇异值视为零
```

【例 4-7】 求矩阵的逆矩阵和伪逆矩阵。

解 在命令行窗口中依次输入以下语句，同时会输出相应的结果。

```
>> A=[1 0 1; 2 1 2; 0 4 6]
A=
     1     0     1
     2     1     2
     0     4     6
>> format rat
>> A1=inv(A)                          %求方阵的逆矩阵
A1=
    -1/3           2/3          -1/6
    -2             1             0
     4/3          -2/3           1/6
>> A2=pinv(A)                         %求方阵的伪逆矩阵
```

```
A2=
    -1/3              2/3              -1/6
    -2                1                *
    4/3               -2/3             1/6
>> format short
```

【例 4-8】 求线性方程组 $\begin{cases} 4x_1 + 3x_2 + 1x_3 = 2 \\ 3x_1 + 3x_2 + 7x_3 = -6 \\ -x_1 + 5x_2 - 3x_3 = 5 \end{cases}$ 的解。由题意可得

$$\begin{bmatrix} 4 & 3 & 1 \\ 3 & 3 & 7 \\ -1 & 5 & -3 \end{bmatrix} \begin{bmatrix} x_1 \\ x_2 \\ x_3 \end{bmatrix} = \begin{bmatrix} 2 \\ -6 \\ 5 \end{bmatrix} \Rightarrow \begin{bmatrix} x_1 \\ x_2 \\ x_3 \end{bmatrix} = \begin{bmatrix} 4 & 3 & 1 \\ 3 & 3 & 7 \\ -1 & 5 & -3 \end{bmatrix}^{-1} \begin{bmatrix} 2 \\ -6 \\ 5 \end{bmatrix}$$

解 在命令行窗口中依次输入以下语句，同时会输出相应的结果。

```
>> A=[4 3 1;3 3 7;-1 5 -3];          %系数矩阵
>> B=[2;-6;5];                        %常数列
>> x=inv(A)*B                         %用逆矩阵的方法求解
x=
    0.5395
    0.3618
   -1.2434
>> A\B                                %用左除方法求解
ans=
    0.5395
    0.3618
   -1.2434
```

4.2.4 矩阵算术运算

矩阵的算术运算由表 2-7 介绍的运算符实现。下面通过示例演示矩阵的算术运算。

因为矩阵加减运算的规则是对应元素相加减，所以参与加减运算的矩阵必须是同阶矩阵。数与矩阵的加减乘除的规则一目了然，但矩阵相乘有定义的前提是两矩阵内阶相等。

【例 4-9】 已知如下矩阵，求 $A+B$ 、 $2A$ 、 $2A-3B$ 、 AB 、 BA ，以及将 A、B 作为数组时二者的乘积。

$$A = \begin{bmatrix} 1 & 3 \\ 2 & -1 \end{bmatrix}, \quad B = \begin{bmatrix} 4 & 0 \\ -3 & 5 \end{bmatrix}$$

解 在命令行窗口中依次输入以下语句，同时会输出相应的结果。

```
>> A=[1 3; 2 -1];
>> B=[4 0; -3 5];
>> C1=A+B
C1=
    5       3
   -1       4
>> C2=2*A
C2=
    2       6
    4      -2
>> C3=2*A-3*B
C3=
  -10       6
```

```
              13    -17
>> C4=A*B                                    %矩阵乘法
C4=
      -5    15
      11    -5
>> C5=B*A                                    %矩阵乘法
C5=
       4    12
       7   -14
>> D1=A.*B                                   %数组乘法
D1=
       4     0
      -6    -5
>> D2=B.*A                                   %数组乘法
D2=
       4     0
      -6    -5
```

由上述运算结果可知 C4≠C5，交换律不适用于矩阵乘法；D1=D2，交换律适用于数组乘法。

矩阵除法实际上是乘法的逆运算，相当于参与运算的一个矩阵和另一个矩阵的逆（或伪逆）矩阵相乘。MATLAB 中矩阵除法有左除(/)和右除(\)两种。

（1）A/B 相当于 A*inv(B)或 A*pinv(B)。

（2）A\B 相当于 inv(A)*B 或 pinv(A)*B。

【例 4-10】 矩阵除法示例。

解 在命令行窗口中依次输入以下语句，同时会输出相应的结果。

```
>> A=[3 5 6; 2 1 4; 2 5 6]
A=
       3     5     6
       2     1     4
       2     5     6
>> rng(123)                         %控制随机数生成器，确保数据可复现
>> B=randi(4,3)                     %创建一个 3×3 的随机矩阵
B=
       3     3     4
       2     3     3
       1     2     2
>> A/B
ans=
    1.0000   -2.0000    4.0000
    3.0000   -6.0000    5.0000
    1.0000   -4.0000    7.0000
>> A*inv(B)
ans=
    1.0000   -2.0000    4.0000
    3.0000   -6.0000    5.0000
    1.0000   -4.0000    7.0000
>> A\B
ans=
    2.0000    1.0000    2.0000
   -0.0000   -0.4286   -0.1429
   -0.5000    0.3571   -0.2143
>> pinv(A)*B
```

```
ans=
   2.0000    1.0000    2.0000
   0.0000   -0.4286   -0.1429
  -0.5000    0.3571   -0.2143
```

【例 4-11】　求下列线性方程组的解。

$$\begin{cases} x_1 + 4x_2 - 7x_3 + 6x_4 = 0 \\ 2x_2 + x_3 + x_4 = -8 \\ x_2 + x_3 + 3x_4 = -2 \\ x_1 + x_3 - x_4 = 1 \end{cases}$$

解　此方程可列成两组不同的矩阵方程形式。

（1）方程形式可以简写为 $AX=B$，其中，

$$A = \begin{bmatrix} 1 & 4 & -7 & 6 \\ 0 & 2 & 1 & 1 \\ 0 & 1 & 1 & 3 \\ 1 & 0 & 1 & -1 \end{bmatrix}, \quad B = \begin{bmatrix} 0 \\ -8 \\ -2 \\ 1 \end{bmatrix}, \quad X = \begin{bmatrix} x_1 \\ x_2 \\ x_3 \\ x_4 \end{bmatrix}$$

在 MATLAB 中采用左除法进行求解，如下。

```
>> clear
>> A=[1 4 -7 6; 0 2 1 1; 0 1 1 3; 1 0 1 -1];
>> B=[0; -8; -2; 1];
>> X=A\B
X=
    3
   -4
   -1
    1
>> inv(A)*B
ans=
   3.0000
  -4.0000
  -1.0000
   1.0000
```

由此可见，A\B 的确与 inv(A)*B 相等。

（2）方程形式也可以简写为 $XA=B$，其中，

$$A = \begin{bmatrix} 1 & 0 & 0 & 1 \\ 4 & 2 & 1 & 0 \\ -7 & 1 & 1 & 1 \\ 6 & 1 & 3 & -1 \end{bmatrix}, \quad B = \begin{bmatrix} 0 & -8 & -2 & 1 \end{bmatrix}, \quad X = \begin{bmatrix} x_1 & x_2 & x_3 & x_4 \end{bmatrix}$$

在 MATLAB 中采用右除法进行求解，如下。

```
>> clear
>> A=[1 0 0 1; 4 2 1 0; -7 1 1 1; 6 1 3 -1];
>> B=[0 -8 -2 1];
>> X=B/A
X=
   3.0000   -4.0000   -1.0000   1.0000
>> B*inv(A)
ans=
   3.0000   -4.0000   -1.0000   1.0000
```

由此可见，A/B 的确与 B*inv(A)相等。

本例用左除和右除两种方案求解了同一线性方程组的解，计算结果证明两种除法都是准确可用的，区别只在于方程的书写形式不同而已。

说明： 本例所求的是一个恰定方程组的解，对超定方程和欠定方程，MATLAB 矩阵除法同样能给出其解，限于篇幅，在此不做讨论。

4.2.5　矩阵的乘幂

在 MATLAB 中，矩阵的乘幂运算与线性代数相比已经做了扩充。在线性代数中，一个矩阵 **A** 自乘数遍，就构成了矩阵的乘幂（乘方），如 A^3，但 3^A 这种形式在线性代数中没有明确定义，而 MATLAB 则承认其合法性并可进行运算。矩阵的乘幂有自己的运算符(^)。

同样地，矩阵的开方运算也是 MATLAB 自己定义的，它的依据在于开方所得的矩阵相乘正好等于被开方的矩阵，矩阵的开方运算由 sqrtm 函数实现，见后面的讲解。

提示： 矩阵的乘幂和开方运算是以矩阵作为一个整体的运算，而不是针对矩阵每个元素施行的。

【例 4-12】　矩阵的乘幂与开方运算。

解　在命令行窗口中依次输入以下语句，同时会输出相应的结果。

```
>> A=[1 -3 3; 3 -5 3; 6 -6 4];
>> B1=A^2
B1=
    10   -6    6
     6   -2    6
    12  -12   16
>> B2=A*A                                  %A^2 等于 A*A
B2=
    10   -6    6
     6   -2    6
    12  -12   16
>> B3=A^3
B3=
    28  -36   36
    36  -44   36
    72  -72   64
>> B4=A^1.5                                %矩阵的非整数次幂
B4=
   4.0000-1.4142i  -4.0000-1.4142i   4.0000+1.4142i
   4.0000+1.4142i  -4.0000-4.2426i   4.0000+1.4142i
   8.0000+2.8284i  -8.0000-2.8284i   8.0000+0.0000i
```

本例中，矩阵 A 的非整数次幂是依据其特征值和特征向量进行运算的，如果用 X 表示特征向量，Lamda 表示特征值，具体计算式则是 A^p=Lamda*X.^p/Lamda。

继续在命令行窗口中依次输入以下语句，同时会输出相应的结果。

```
>> C=sqrtm(B1)                            %矩阵的开方运算
C=
   3.0000  -1.0000   1.0000
   1.0000   1.0000   1.0000
```

```
        2.0000    -2.0000     4.0000
>> D=C*C
D=
       10.0000    -6.0000     6.0000
        6.0000    -2.0000     6.0000
       12.0000   -12.0000    16.0000
>> E=2^A                                          %矩阵作为标量的指数进行计算
E=
        8.1250    -7.8750     7.8750
        7.8750    -7.6250     7.8750
       15.7500   -15.7500    16.0000
```

【例 4-13】 矩阵作为标量的指数的幂计算。

在命令行窗口中依次输入以下语句，同时会输出相应的结果。

```
>> B=[0 1 2; 1 0 3; 2 3 0];
>> C1=2^B                                         %矩阵作为标量的指数进行计算
C1=
        4.1135     4.5447     5.2093
        4.5447     6.2691     6.7361
        5.2093     6.7361     7.5625
>> [V,D]=eig(B)
V=
       -0.2734    -0.8425    -0.4641
       -0.6108     0.5248    -0.5929
        0.7431     0.1214    -0.6581
D=
       -3.2019          0          0
             0    -0.9112          0
             0          0     4.1131
>> C2=V*2^D/V
C2=
        4.1135     4.5447     5.2093
        4.5447     6.2691     6.7361
        5.2093     6.7361     7.5625
```

可以发现，C1=C2。也就是说，矩阵 B 作为标量 a 的指数的幂（a^B）进行计算时，首先计算矩阵 B 的特征值 D 和特征向量 V，然后使用公式 V*a^D/V 计算 a^B。

4.2.6 矩阵运算函数

在微分方程的解算和动态分析中，经常需要用到矩阵指数、矩阵对数等的运算。MATLAB 中，针对矩阵的运算函数一般以 m 结尾（m 代表 matrix），如 sqrtm、expm、logm 等，它们均要求参与运算的矩阵是行数和列数相等的方阵。这些函数的功能如表 4-1 所示。

表 4-1 矩阵运算函数及运算规则

函 数	名 称	调 用 方 式	说 明
expm	矩阵指数运算函数	Y=expm(X)	$e^A = X \cdot \mathrm{diag}\left(e^{\lambda_1}, e^{\lambda_2}, \cdots, e^{\lambda_N}\right) \cdot X^{-1}$
logm	矩阵对数运算函数	L=logm(A)	$\ln A = X \cdot \mathrm{diag}\left(\ln\lambda_1, \ln\lambda_2, \cdots, \ln\lambda_N\right) \cdot X^{-1}$
sqrtm	矩阵开方运算函数	X=sqrtm(A)	$A^{1/2} = X \cdot \mathrm{diag}\left(\lambda_1^{1/2}, \lambda_2^{1/2}, \cdots, \lambda_N^{1/2}\right) \cdot X^{-1}$
funm	通用矩阵函数	F=funm(A,fun)	$f(A) = X \cdot \mathrm{diag}\left(f(\lambda_1), f(\lambda_2), \cdots, f(\lambda_N)\right) \cdot X^{-1}$

矩阵的指数与对数运算是以矩阵为整体，而非针对元素的运算。和标量运算一样，矩阵的指数与对数运算也是一对互逆的运算，也就是说，矩阵 A 的指数运算可以用对数验证，反之亦然。矩阵指数运算函数为 expm，而对数运算函数则是 logm。

另外，expm 函数计算的是矩阵指数，而 exp 函数则分别计算每个元素的指数。若输入矩阵是上三角矩阵或下三角矩阵，两个函数计算结果中主对角线位置的元素是相等的，其余元素则不相等。expm 函数的输入参数必须为方阵，而 exp 函数则可以接收任意维度的数组作为输入。

说明： F=funm(A,fun) 计算方阵参数为 A 时用户定义的 fun 函数。F=fun(x,k) 必须接受向量 x 和整数 k，返回与 x 尺寸相同的向量 f，其中 f(i) 是在 x(i) 条件下计算的 fun 函数的第 k 个导数。fun 表示的函数必须包含具有无限收敛半径的泰勒级数，被视为特殊情况的 fun=@log 除外。

【例 4-14】 矩阵运算函数应用示例。

解 在命令行窗口中依次输入以下语句，同时会输出相应的结果。

```
>> rng(123)                        %控制随机数生成器，确保数据可复现
>> A=randi(4,3)                    %创建一个 3×3 的随机矩阵
A=
    3     3     4
    2     3     3
    1     2     2

>> Bs1=sqrt(A)                     %数组开方运算（针对元素）
Bs1=
    1.7321    1.7321    2.0000
    1.4142    1.7321    1.7321
    1.0000    1.4142    1.4142
>> Bs2=sqrtm(A)                    %矩阵开方运算
Bs2=
    1.5188    0.6756    1.3394
    0.6310    1.3639    0.9078
    0.1994    0.7858    1.0097

>> Be1=exp(A)                      %数组指数运算（针对元素）
Be1=
   20.0855   20.0855   54.5982
    7.3891   20.0855   20.0855
    2.7183    7.3891    7.3891
>> Be2=expm(A)                     %矩阵指数运算
Be2=
  537.6626  749.9272  823.9022
  427.4806  599.7805  656.7504
  260.3287  365.3627  401.5697
>> A1=logm(Be2)                    %得到原矩阵
A1=
    3.0000    3.0000    4.0000
    2.0000    3.0000    3.0000
    1.0000    2.0000    2.0000

>> Bll=log(A)                      %数组对数运算（针对元素）
Bll=
    1.0986    1.0986    1.3863
```

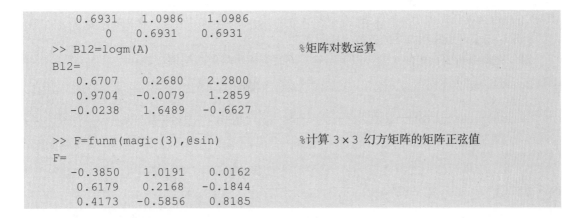

```
    0.6931    1.0986    1.0986
         0    0.6931    0.6931
>> B12=logm(A)                          %矩阵对数运算
B12=
    0.6707    0.2680    2.2800
    0.9704   -0.0079    1.2859
   -0.0238    1.6489   -0.6627

>> F=funm(magic(3),@sin)                %计算 3×3 幻方矩阵的矩阵正弦值
F=
   -0.3850    1.0191    0.0162
    0.6179    0.2168   -0.1844
    0.4173   -0.5856    0.8185
```

4.3　矩阵特征参数

在线性代数中，矩阵本身具有某些特征参数，如范数、条件数、特征值与特征向量等。下面介绍如何通过 MATLAB 获取这些特征参数。

4.3.1　范数

根据线性代数的知识，对于线性空间中某个向量 $\boldsymbol{x}=\{x_1,x_2,\cdots,x_n\}$，其对应的 p（$p=1,2,\cdots,n$）级范数的定义为

$$\|\boldsymbol{x}\|_p=\left(\sum_{i=1}^{n}|x_i|^p\right)^{1/p}$$

同时，为了保证整个定义的完整性，定义范数数值为

$$\|\boldsymbol{x}\|_{\infty}=\max_{1<i<n}|x_i|$$

$$\|\boldsymbol{x}\|_{-\infty}=\max_{1<i<n}|x_i|$$

矩阵范数是基于向量的范数定义的，具体的表达式为

$$\|\boldsymbol{A}\|=\max_{\forall x\neq 0}\frac{\|\boldsymbol{Ax}\|}{\|\boldsymbol{x}\|}$$

在实际应用中，比较常用的矩阵范数是一阶范数、二阶范数和∞阶范数，其对应的定义如下。

$$\|\boldsymbol{A}\|_1=\max_{1<j<n}\sum_{i=1}^{n}|a_{ij}|$$

$$\|\boldsymbol{A}\|_2=\sqrt{S_{\max}\{\boldsymbol{A}^{\mathrm{T}}\boldsymbol{A}\}}$$

$$\|\boldsymbol{A}\|_{\infty}=\max_{1<j<n}\sum_{i=1}^{n}|a_{ij}|$$

在 $\|\boldsymbol{A}\|_2$ 定义式中，$S_{\max}\{\boldsymbol{A}^{\mathrm{T}}\boldsymbol{A}\}$ 表示矩阵 $\boldsymbol{A}$ 的最大奇异值的平方。

1. norm函数

在 MATLAB 中，norm 函数用于求解向量和矩阵范数，其调用格式如下。

```
n=norm(A)                               %计算向量或矩阵的二阶范数
n=norm(A,p)                             %计算向量或矩阵的 p 阶范数
```

其中，p 可以选择任何大于 1 的实数，若需要求解的是无穷阶范数，则可以将 p 设置为 inf 或-inf。

【例 4-15】 矩阵和向量的范数应用示例。

解 在命令行窗口中依次输入以下语句，同时会输出相应的结果。

```
>> X=1:6;                         %输入向量
>> Y=X.^2;
>> N2=sqrt(sum(Y))               %利用定义求二阶范数
N2=
    9.5394
>> Ninf=max(abs(X))              %利用定义求无穷范数
Ninf=
    6
>> Nvinf=min(abs(X))             %利用定义求最小无穷范数
Nvinf=
    1

>> n2=norm(X)                    %利用 norm 函数求二阶范数
n2=
    9.5394
>> ninf=norm(X,inf)             %利用 norm 函数求无穷范数
ninf=
    6
>> nvinf=norm(X,-inf)           %利用 norm 函数求最小无穷范数
nvinf=
    1
```

从结果可以看出，根据范数定义得到的结果和 norm 函数返回的结果完全相同。通过上述代码可以更好地理解范数定义。

2. normest函数

当需要分析的矩阵较大时，求解矩阵范数的时间就会较长。在 MATLAB 中，可以使用 normest 函数求解矩阵的近似范数，其调用格式如下。

```
nrm=normest(S)                  %估计矩阵 S 的二阶范数，默认的允许误差为 1e-6
nrm=normest(S,tol)              %使用参数 tol 作为允许的相对误差
```

说明：在 MATLAB 的设计中，normest 函数主要用于处理稀疏矩阵，该函数也可以接收正常矩阵的输入，一般用于处理维数较大的矩阵。

【例 4-16】 分别使用 norm 和 normest 函数求解矩阵的范数。

解 在命令行窗口中依次输入以下语句，同时会输出相应的结果。

```
>> W=wilkinson(90);             %创建 wilkinson 特征值测试矩阵
>> W_norm=norm(W)               %求解矩阵的范数
W_norm=
    45.2462

>> W_normest=normest(W)         %求解矩阵的范数估值
W_normest=
    45.2459
```

可以看出，两种方法得到的计算结果几乎相等，但 normest 函数消耗的时间会远少于 norm 函数。

4.3.2　条件数

在线性代数中，描述线性方程 $Ax = b$ 的解对 b 中的误差或不确定性的敏感度的度量就是矩阵 A 的条件数，其对应的数学定义为

$$k = \left\| A^{-1} \right\| \cdot \left\| A \right\|$$

根据基础的数学知识，矩阵的条件数总是大于或等于 1。其中，正交矩阵的条件数为 1，奇异矩阵的条件数为 ∞，而病态矩阵的条件数则较大。

依据条件数，方程解的相对误差可以由以下不等式来估计。

$$\frac{1}{k}\left(\frac{\delta b}{b}\right) \leqslant \frac{|\delta x|}{|x|} \leqslant k\left(\frac{\delta b}{b}\right)$$

总之，条件数是反映方程 $Ax = b$ 中的解随 A 或 b 发生细微变化而变化的剧烈程度。如果条件数很大，则说明该方程是病态方程或不稳定方程。

在 MATLAB 中，cond 函数用于求矩阵的条件数，其调用格式如下。

```
C=cond(A)          %返回二阶范数逆运算的条件数，等于 A 的最大奇异值与最小奇异值之比
C=cond(A,p)        %返回 p 阶范数条件数，其中 p 可以是 1、2、Inf 或'fro'
```

利用 condest 函数可以计算方阵 A 的一阶范数条件数，其调用格式如下。

```
c=condest(A)                              %计算方阵 A 的一阶范数条件数
```

【例 4-17】　计算矩阵条件数示例。

解　在命令行窗口中依次输入以下语句，同时会输出相应的结果。

```
>> A=[4 3 1; 3 3 7; -1 5 -3];
>> con2=cond(A)                 %计算二阶范式条件数
con2=
    3.3597
>> con1=cond(A,1)               %计算一阶范式条件数
con2=
    4.6316
>> con1est=condest(A)           %计算一阶范式条件数
con1est=
    4.6316
```

【例 4-18】　以 MATLAB 产生的幻方矩阵和 Hilbert 矩阵为例，使用矩阵的条件数分析对应的线性方程解的精度。

解　进行数值求解。在命令行窗口中输入以下代码。

```
>> M=magic(3);
>> b=ones(3,1);
>> x=M\b;                        %利用左除 M 求解近似解
>> xinv=inv(M)*b;                %通过矩阵求逆求精确解

>> ndx=norm(x-xinv);             %norm 函数用于求矩阵范数，见后文介绍
>> ndb=norm(M*x-b);
>> nb=norm(b);
>> nx=norm(x);
```

```
>> k=cond(M)                          %也可按定义 k=norm(inv(M))*norm(M)求解
k=
    4.3301
>> er=ndx/nx                          %求根的实际相对误差
er=
    1.6997e-16
>> ermax1=k*eps                       %由浮点数精度决定的最大可能相对误差
ermax1=
    9.6148e-16
>> ermax2=k*ndb/nb                    %利用条件数确定的最大可能相对误差
ermax2=
    0
```

在上面的程序代码中，首先产生幻方矩阵，然后对近似解和准确解进行比较，得出计算误差。从结果可以看出，矩阵 M 的条件数为 4.3301，这种情况下引起的计算误差很小，其误差完全可以接受。

修改求解矩阵，重新计算求解的精度。在命令行窗口中输入以下代码。

```
>> M=hilb(12);
>> b=ones(12,1);
>> x=M\b;                             %利用左除求近似解
警告：矩阵接近奇异值，或者缩放错误。结果可能不准确。RCOND=2.684500e-17。
>> xinv=invhilb(12)*b;                %通过矩阵求逆求精确解

>> ndb=norm(M*x-b);
>> nb=norm(b);
>> ndx=norm(x-xinv);
>> nx=norm(x);

>> k=cond(M)                          %也可以按定义 k=norm(inv(M))*norm(M)
k=
  1.6212e+16
>> er=ndx/nx                          %求根的实际相对误差
er=
    0.1041
>> ermax1=k*eps                       %由浮点数精度决定的最大可能相对误差
ermax1=
    3.5997
>> ermax2=k*ndb/nb                    %利用条件数确定的最大可能相对误差
ermax2=
    3.4957e+07
```

从结果可以看出，该矩阵的条件数为 1.6212e +16，故该矩阵在数学理论中是高度病态的，会造成较大的计算误差。

4.3.3　特征值与特征向量

矩阵的特征值与特征向量是在最优控制、经济管理等许多领域都会用到的重要数学概念。矩阵的特征值与特征向量可以揭示线性变换的深层特性。

在 MATLAB 中，求解矩阵特征值和特征向量的数值运算方法为对矩阵进行一系列的 House-Holder 变换，产生一个准上三角矩阵，然后使用 OR 法迭代进行对角化。

1. eig函数

在 MATLAB 中，eig 函数用于求矩阵的特征值和特征向量，其调用格式如下。

```
e=eig(A)              %返回一个列向量，其中包含矩阵 A 的特征值
[V,D]=eig(A)          %返回 A 的特征向量矩阵 V 和特征值对角阵 D，满足 A*V=V*D
[V,D,W]=eig(A)        %额外返回满矩阵 W，其列对应左特征向量，满足 W'*A=D*W'

e=eig(A,B)            %返回一个列向量，其中包含方阵 A 和 B 的广义特征值
[V,D]=eig(A,B)        %返回 A 的广义特征向量矩阵 V 和广义特征值对角阵 D，满足 A*V=B*V*D
[V,D,W]=eig(A,B)      %额外返回满矩阵 W，其列对应左特征向量，满足 W'*A=D*W'*B
```

【例 4-19】　求矩阵的特征值和特征向量。

解　在命令行窗口中依次输入以下语句，同时会输出相应的结果。

```
>> A=[1 -3 3; 3 -5 3; 6 -6 4];
>> D=eig(A)                      %计算特征值
D=
    4.0000
   -2.0000
   -2.0000
>> [V,D]=eig(A)                  %计算特征值组成的对角矩阵 D 和特征向量组成的矩阵 V
V=
   -0.4082   -0.8103    0.1933
   -0.4082   -0.3185   -0.5904
   -0.8165    0.4918   -0.7836
D=
    4.0000         0         0
         0   -2.0000         0
         0         0   -2.0000
```

其中，D 用矩阵对角线方式给出了矩阵 A 的特征值为 $\lambda_1=4$，$\lambda_2=\lambda_3=-2$。而与这些特征值相应的特征向量则由 V 的各列代表，V 的第 1 列是 λ_1 的特征向量，第 2 列是 λ_2 的特征向量，以此类推。

说明：矩阵 A 的某个特征值对应的特征向量不是有限的，更不是唯一的，而是无穷的。所以，示例中的结果只是一个代表向量而已。相关知识请参阅线性代数相关教材。

【例 4-20】　对基础矩阵求解特征值和特征向量，并进行特征值分析。

解　在命令行窗口中输入以下语句，同时会输出相应的结果。

```
>> A=pascal(3);
>> [V D]=eig(A)
V=
   -0.5438   -0.8165    0.1938
    0.7812   -0.4082    0.4722
   -0.3065    0.4082    0.8599
D=
    0.1270         0         0
         0    1.0000         0
         0         0    7.8730
```

检测特征值分析结果。继续在命令行窗口中输入以下语句，同时会输出相应的结果。

```
>> dV=det(V)
dV=
    1.0000
```

```
>> B=A*V-V*D
B=
   1.0e-14 *
    0.0347    0.0222         0
    0.0902   -0.0278   -0.0444
    0.1076   -0.1221    0.0888
```

可以看出，矩阵 V 的行列式为 1，是可逆矩阵，求解得到结果满足 A*V=V*D。

2. eigs函数

在 MATLAB 中，eigs 函数也用于求矩阵 A 的特征值和特征向量，在规模上该函数默认最多只给出 6 个特征值和特征向量，其调用格式如下。

```
d=eigs(A)            %返回一个向量，其中包含矩阵 A 的 6 个模最大的特征值
d=eigs(A,k)          %返回 k 个模最大的特征值
d=eigs(A,B)          %求解广义特征值问题 A*V=B*V*D
[V,D]=eigs(___)      %对角矩阵 D 包含主对角线上的特征值，矩阵 V 各列中包含对应的特征向量
```

【例 4-21】 求稀疏矩阵的特征值和特征向量。

解 在命令行窗口中输入以下语句，同时会输出相应的结果。

```
>> A=delsq(numgrid('C',10));    %生成一个稀疏矩阵存储的对称正定矩阵
>> e=eig(full(A));              %求所有特征值，输出略
>> dlm=eigs(A,3)                %返回 3 个模最大的特征值
dlm=
    7.0333
    6.1358
    5.6284
>> dsm=eigs(A,3,'sm')           %返回 3 个模最小的特征值
dsm=
    0.9667
    1.8642
    2.3716
```

3. condeig函数

如果在 MATLAB 中求解代数方程的条件数，这个命令不能用来求解矩阵的特征值对扰动的灵敏度。矩阵特征值条件数定义是对矩阵的每个特征值进行的，定义如下。

$$C_i = \frac{1}{\cos\theta(v_i, v_j)}$$

其中，v_i 和 v_j 分别为特征值 λ 所对应的左特征行向量和右特征列向量；$\theta(\cdot,\cdot)$ 表示两个向量的夹角。

在 MATLAB 中，condeig 函数可以计算特征值条件数，其调用格式如下。

```
C=condeig(A)              %向量 C 中包含了矩阵 A 中关于各特征值的条件数
[V,D,s]=condeig(A)        %等效于[V,D]=eig(A)和 C=condeig(A)的组合
```

【例 4-22】 求 5 阶幻方矩阵的条件数和特征值。

解 在命令行窗口中依次输入以下语句，同时会输出相应的结果。

```
>> A=magic(5);
>> c=cond(A)              %计算矩阵的条件数
c=
    5.4618
>> cg=condeig(A)          %求矩阵的特征值
```

```
cg=
    1.0000
    1.0575
    1.0593
    1.0575
    1.0593
```

可以看出，幻方矩阵的条件数很大，而矩阵特征值的条件数则比较小，这就表明了幻方矩阵的条件数和对应矩阵特征值条件数是不等的。

4.4 稀疏矩阵

如果矩阵中非零元素的个数远远小于矩阵元素的总数，且非零元素的分布没有规律，则称该矩阵为稀疏矩阵；与之相区别的是，如果非零元素的分布存在规律（如上三角矩阵、下三角矩阵、对称矩阵），则称该矩阵为特殊矩阵。

MATLAB 内置的算术运算、逻辑运算和索引运算等均可应用于稀疏矩阵，对稀疏矩阵执行的运算返回稀疏矩阵，对满矩阵执行的运算返回满矩阵。

4.4.1 稀疏矩阵存储方式

满矩阵（或稠密矩阵）会将每个元素都存储在内存中（不管值如何），而稀疏矩阵仅存储非零元素及其行索引。因此，使用稀疏矩阵可极大地减少存储数据所需的内存量。稀疏矩阵的稀疏程度通常用矩阵的密度来表征，稀疏程度是指非零元素数目除以矩阵元素总数，即

```
nnz(M)/prod(size(M))
```

或

```
nnz(M)/numel(M)
```

第 20 集
微课视频

在 MATLAB 中，矩阵有完全存储方式和稀疏存储方式两种存储方式。

1. 完全存储方式

完全存储方式是将矩阵的全部元素按列存储。前文讲到的数组的存储方式都是按该方式存储的，此存储方式对稀疏矩阵也适用。不论是 $m \times n$ 普通矩阵还是稀疏矩阵，均需要 $m \times n$ 个存储单元，而复矩阵还要翻倍。该方式下，矩阵中的全部零元素也必须输入。

2. 稀疏存储方式

稀疏存储方式仅存储矩阵中非零元素的值及其位置（行号和列号），这对于具有大量零元素的稀疏矩阵来说十分有效。在 MATLAB 中，稀疏存储方式也是按列存储的。设

$$A = \begin{bmatrix} 3 & 0 & 4 & 0 & 0 \\ 0 & 0 & 0 & 0 & 2 \\ 0 & 0 & 1 & 0 & 5 \end{bmatrix}$$

则 A 是具有稀疏特征的矩阵，其完全存储方式是按列存储全部 15 个元素，而稀疏存储方式如下。

```
(1,1), 3
(1,3), 4
(3,3), 1
(5,2), 2
(5,3), 5
```

括号内为元素的行列位置，其后为元素值。该矩阵 A 的稀疏存储方式也是占用 15 个元素

空间，而当原矩阵更加"稀疏"时，会有效地节省存储空间。

说明： 在讲解稀疏矩阵时，有两个不同的概念，一是指矩阵的零元素较多，该矩阵是一个具有稀疏特征的矩阵；二是指采用稀疏方式存储的矩阵。

4.4.2 基本稀疏矩阵

MATLAB 不会自动创建稀疏矩阵，当确定矩阵中包含足够多的零元素，即非零元素密度非常低时，适合使用稀疏格式。常用的创建稀疏矩阵的函数如表 4-2 所示。

表 4-2 稀疏矩阵创建函数

函　数	功　　能	函　数	功　　能
sparse	创建稀疏矩阵	sprand	创建均匀分布随机稀疏矩阵
spdiags	提取非零对角线并创建带状对角稀疏矩阵	sprandn	创建正态分布随机稀疏矩阵
speye	创建单位稀疏矩阵	sprandsym	创建对称随机稀疏矩阵
spalloc	为稀疏矩阵分配空间	spconvert	从稀疏矩阵外部格式导入

1. 稀疏矩阵的创建

在 MATLAB 中，利用 sparse 函数可以创建稀疏矩阵，其调用格式如下。

```
S=sparse(A)          %将矩阵 A 转换为稀疏矩阵形式，即由 A 的非零元素和下标构成稀疏矩阵 S
S=sparse(m,n)        %创建 m×n 的全零稀疏矩阵
S=sparse(i,j,v)      %根据向量 i、j、v 三元组生成稀疏矩阵 S，使得 S(i(k),j(k))=v(k)
S=sparse(i,j,v,m,n)      %生成一个 m×n 的稀疏矩阵
S=sparse(i,j,v,m,n,nz)   %生成含有 nz（nz≥向量 i、j 的长度）个非零元素的稀疏矩阵 S
```

【例 4-23】 创建稀疏矩阵示例。

解　在命令行窗口中依次输入以下语句，同时会输出相应的结果。

```
>> A=eye(4,6);
>> S=sparse(A)                      %将矩阵 A 转换为稀疏矩阵形式
S=
   (1,1)        1
   (2,2)        1
   (3,3)        1
   (4,4)        1

>> S=sparse(1:5,1:5,6:2:14)
S=
   (1,1)         6
   (2,2)         8
   (3,3)        10
   (4,4)        12
   (5,5)        14

>> i=[90 100 6];
>> j=[90 145 20];
>> v=[10 100 50];
>> S=sparse(i,j,v,100,150)          %根据 i、j 和 v 三元组生成 100×150 的稀疏矩阵
S=
    (6,20)         50
```

```
    (90,90)      10
    (100,145)     100
>> i=[6 6 6 5 10 10 9 9]';
>> j=[1 1 1 2 3 3 10 10]';
>> v=[100 202 173 305 410 550 323 121]';
>> S=sparse(i,j,v)                  %将具有相同下标的值累加到单一稀疏矩阵中
S=
    (6,1)       475
    (5,2)       305
    (10,3)      960
    (9,10)      444
```

2. 带状对角稀疏矩阵

在 MATLAB 中,利用 spdiags 函数可以生成带状对角稀疏矩阵,其调用格式如下。

B=spdiags(A)	%从 m×n 矩阵 A 中提取非零对角线,并将其作为 min(m,n)×p 矩阵 %B 中的列返回,其中 p 是非零对角线的数目
[B,d]=spdiags(A)	%从矩阵 A 中提取所有非零对角元素,这些元素存储在矩阵 B 中 %向量 d 表示非零元素的对角线位置
B=spdiags(A,d)	%从 A 中提取由 d 指定的对角线元素,并存储在 B 中
A=spdiags(B,d,A)	%用 B 中的列替换 A 中由 d 指定的对角线元素,输出新的稀疏矩阵 A
A=spdiags(B,d,m,n)	%产生 m×n 稀疏矩阵 A,其元素是 B 中的列放在由 d 指定的对角线位置上

【例 4-24】　带状对角稀疏矩阵示例。

解　在命令行窗口中依次输入以下语句,同时会输出相应的结果。

```
>> A=[11 0 13 0; 0 22 0 24; 0 0 55 0; 61 0 0 77]
A=
    11     0    13     0
     0    22     0    24
     0     0    55     0
    61     0     0    77
>> [B,d]=spdiags(A)
B=
    61    11     0
     0    22     0
     0    55    13
     0    77    24
d=
    -3                  %表示 B 的第 1 列元素在 A 中主对角线下方第 3 条对角线上
     0                  %表示 B 的第 2 列元素在 A 的主对角线上
     2                  %表示 B 的第 3 列元素在 A 的主对角线上方第 2 条对角线上
```

3. 单位稀疏矩阵

在 MATLAB 中,利用 speye 函数可以生成单位稀疏矩阵,其调用格式如下。

S=speye(n)	%生成 n×n 的单位稀疏矩阵,主对角线元素为 1 且其他位置元素为 0
S=speye(m,n)	%生成 m×n 的单位稀疏矩阵

【例 4-25】　创建单位稀疏矩阵示例。

解　在命令行窗口中依次输入以下语句,同时会输出相应的结果。

```
>> I=speye(3,4)
I=
```

```
    (1,1)          1
    (2,2)          1
    (3,3)          1
```

4. 均匀分布/正态分布随机稀疏矩阵

在 MATLAB 中，利用 sprand 函数可以生成均匀分布随机稀疏矩阵，其调用格式如下。

```
R=sprand(S)                        %生成与 S 具有相同稀疏结构的均匀分布随机矩阵
R=sprand(m,n,density)              %生成一个服从均匀分布的 m×n 随机稀疏矩阵
R=sprand(m,n,density,rc)           %生成一个大小为 m×n 的均匀分布的随机稀疏矩阵
```

其中，density 为非零元素的分布密度，rc 为近似的条件数的倒数。

另外，sprandn 函数可以生成正态分布随机稀疏矩阵，其调用格式与 sprand 函数相同。

【例 4-26】 创建均匀分布及正态分布随机稀疏矩阵示例。

解 在命令行窗口中依次输入以下语句，同时会输出相应的结果。

```
>> X=eye(4);
>> rng(123)                %控制随机数生成器，确保数据可复现
>> Y1=sprand(X)            %观察将 sprand 替换为 sprandn 的输出结果
Y1=
    (1,1)          0.6965
    (2,2)          0.2861
    (3,3)          0.2269
    (4,4)          0.5513
>> Y2=sprand(6,8,0.1)      %观察将 sprand 替换为 sprandn 的输出结果
Y2=
    (3,1)          0.3980
    (3,3)          0.7380
    (5,4)          0.1825
    (6,6)          0.1755

>> S=bucky;               %创建 Buckminster Fuller 多面穹顶的 60×60 稀疏邻接矩阵
>> spy(S)                 %可视化矩阵的稀疏模式

>> R=sprandn(S);          %生成与 S 具有相同稀疏结构的均匀分布随机矩阵 R
>> spy(R)                 %可视化矩阵的稀疏模式
```

可视化矩阵 R 和 S 的稀疏模式如图 4-1 所示，可以看出，R 与 S 具有相同的稀疏结构。

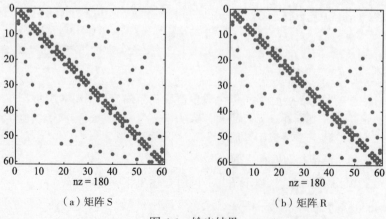

(a) 矩阵 S   (b) 矩阵 R

图 4-1 输出结果

5. 对称随机稀疏矩阵

在 MATLAB 中，利用 sprandsym 函数可以生成对称随机稀疏矩阵，其调用格式如下。

```
R=sprandsym(S)                %生成对称随机稀疏矩阵 R,其下三角和对角线与 S 具有相同的结构
                              %其元素服从均值为 0,方差为 1 的标准正态分布
R=sprandsym(n,density)        %生成 n×n 的对称随机稀疏矩阵,矩阵元素服从正态分布
R=sprandsym(n,density,rc)     %生成所有项均在[-1,1]区间内的对称随机稀疏矩阵
                              %各项的分布是不均匀的,大致围绕 0 对称
R=sprandsym(n,density,rc,kind) %生成的对称随机稀疏矩阵是正定矩阵
```

其中，density 为非零元素的分布密度；rc 为近似的条件数的倒数；参数 kind 取 1 表示矩阵由一个正定对角矩阵经随机 Jacobi 旋转得到，取 2 表示矩阵为外积的移位和，取 3 表示生成一个与矩阵 S 结构相同的随机稀疏矩阵（忽略 density）。

【例 4-27】 创建稀疏对称随机矩阵函数（续例 4-26）。

解 在命令行窗口中依次输入以下语句，同时会输出相应的结果。

```
>> X=eye(4);
>> rng(123)                   %控制随机数生成器,确保数据可复现
>> Y1=sprandsym(X)
Y1=
   (1,1)      0.7643
   (2,2)     -0.6050
   (3,3)     -1.0350
   (4,4)      0.2014
>> Y2=sprandsym(8,0.1)
Y2=
   (4,1)      1.3343
   (4,3)      0.6214
   (1,4)      1.3343
   (3,4)      0.6214
   (4,4)      0.6680
   (6,6)     -0.3235
```

6. 外部数据转换为稀疏矩阵

前文介绍的 sparse 函数可以将一个完全存储方式的稀疏矩阵转换为稀疏存储方式矩阵。也就是说，要创建一个大矩阵的稀疏存储方式矩阵，使用该函数必须先建立该矩阵的完全存储方式矩阵，然后进行转换，这在多数情况下并不可取。

当要建立的稀疏矩阵的非零元素及其所在行和列的位置已由外部数据表示出来时，可以利用 MATLAB 提供的 spconvert 函数将其转换为一个稀疏存储矩阵，其调用格式如下。

```
S=spconvert(D)               %根据 D 的列构造稀疏矩阵 S, D 是只有 3 列或 4 列的矩阵
```

如果 D 的大小为 $n \times 3$，则使用 D 的列[i, j, re]构造 S，以使 S(i(k), j(k))=re(k)；如果 D 的大小为 $n \times 4$，则使用 D 的列[i, j, re, im]构造 S，以使 S(i(k), j(k))=re(k)+1i*im(k)。

注意：先运用 load 函数把外部数据（.mat 文件或.dat 文件）装载于 MATLAB 内存空间中的变量 T；T 数组的行维为 nnz 或 nnz+1，列维为 3（对实数而言）或 4（对复数而言）；T 数组的每行（以[i, j, re, im]形式表示）指定一个稀疏矩阵元素。

【例 4-28】 外部数据转换为稀疏矩阵示例（本例中假设已将外部数据导入 D 中）。

解 在命令行窗口中依次输入以下语句，同时会输出相应的结果。

```
>> D=[2  2  3; 2  5  4; 3  4  6; 3  6  7]
D=
    2      2      3
    2      5      4
    3      4      6
    3      6      7
>> S=spconvert(D)
S=
   (2,2)         3
   (3,4)         6
   (2,5)         4
   (3,6)         7
>> D=[2  2  3  4; 2  5  4  0; 3  4  6  9; 3  6  7  4]
D=
    2      2      3      4
    2      5      4      0
    3      4      6      9
    3      6      7      4
>> S=spconvert(D)
S=
   (2,2)      3.0000+4.0000i
   (3,4)      6.0000+9.0000i
   (2,5)      4.0000+0.0000i
   (3,6)      7.0000+4.0000i
```

4.4.3 稀疏矩阵函数

MATLAB 提供了针对稀疏矩阵的操作函数，如表 4-3 所示。

表 4-3　稀疏矩阵函数

函　　数	功　　能	函　　数	功　　能
find	查找非零元素的索引和值	nzmax	为非零矩阵元素分配的存储量
full	将稀疏矩阵转换为满矩阵	spfun	将函数应用于非零稀疏矩阵元素
issparse	确定输入是否为稀疏矩阵	spones	将非零稀疏矩阵元素替换为1
nnz	求非零矩阵元素的个数	spparms	为稀疏矩阵例程设置参数
nonzeros	获取非零矩阵元素	spy	可视化矩阵的稀疏模式

1. 将稀疏矩阵转换为满矩阵

在 MATLAB 中，利用 full 函数可以将稀疏矩阵转换为满矩阵，其调用格式如下。

```
A=full(S)                                    %将稀疏矩阵 S 转换为满存储结构矩阵 A
```

【例 4-29】　稀疏矩阵转换为满矩阵示例。

解　在命令行窗口中依次输入以下语句，同时会输出相应的结果。

```
>> S=sparse(1:3, 1:3, 2:4)
S=
   (1,1)         2
   (2,2)         3
   (3,3)         4
>> A=full(S)
A=
    2      0      0
```

```
       0      3      0
       0      0      4
```

2. 查找稀疏矩阵非零元素的索引

在 MATLAB 中，利用 find 函数可以查找稀疏矩阵中非零元素的索引和对应的值，其调用格式如下。

```
k=find(X)              %按行检索 X 中非零元素，若没有非零元素，则返回空矩阵
k=find(X,n)            %返回与 X 中的非零元素对应的前 n 个索引
[i,j]=find(X)          %检索 X 中非零元素的行标 i 和列标 j
[i,j,v]=find(X)        %检索 X 中非零元素的行标 i 和列标 j 以及对应的元素值 v
```

【例 4-30】　查找稀疏矩阵非零元素的索引示例。

解　在命令行窗口中依次输入以下语句，同时会输出相应的结果。

```
>> X=sparse(1:3,2:4,3:5)
X=
   (1,2)          3
   (2,3)          4
   (3,4)          5
>> [i,j,v]=find(X)
i=
     1
     2
     3
j=
     2
     3
     4
v=
     3
     4
     5
```

3. 求稀疏矩阵非零元素的个数

在 MATLAB 中，利用 nnz 函数可以求稀疏矩阵非零元素的数目，其调用格式如下。

```
n=nnz(X)                                    %返回矩阵 X 中非零元素的个数
```

【例 4-31】　求稀疏矩阵非零元素的个数示例。

解　在命令行窗口中依次输入以下语句，同时会输出相应的结果。

```
>> X=wilkinson(5)                %创建 wilkinson 的特征值测试矩阵
X=
     2      1      0      0      0
     1      1      1      0      0
     0      1      0      1      0
     0      0      1      1      1
     0      0      0      1      2
>> n=nnz(X)
n=
    12
```

4. 获取稀疏矩阵的非零元素

在 MATLAB 中，利用 nonzeros 函数可以获取稀疏矩阵的非零元素，其调用格式如下。

```
v=nonzeros(A)          %返回矩阵 A 中非零元素按列顺序构成的列向量
```

【例 4-32】 获取稀疏矩阵的非零元素示例。

解 在命令行窗口中依次输入以下语句，同时会输出相应的结果。

```
>> X=[0 0 13 0; 0 21 0 24; 0 0 0 0; 61 0 0 0]
X=
     0     0    13     0
     0    21     0    24
     0     0     0     0
    61     0     0     0
>> v=nonzeros(X)
n=
    61
    21
    13
    24
```

4.5 矩阵分解

矩阵分解是把一个矩阵分解成几个"较简单"的矩阵连乘积的形式。无论在理论还是在工程应用方面，矩阵分解都十分重要。表 4-4 列出了 MATLAB 提供的矩阵分解函数。

表 4-4 矩阵分解函数

第 21 集
微课视频

函 数	功 能	函 数	功 能
chol	Cholesky分解	qr	正交三角分解
ichol	稀疏矩阵的不完全Cholesky分解	svd	奇异值分解
lu	矩阵LU分解	gsvd	广义奇异值分解
ilu	稀疏矩阵的不完全LU分解	schur	舒尔分解

在 MATLAB 中，线性方程组的求解主要基于 3 种基本的矩阵分解，即对称正定矩阵的 Cholesky 分解、一般方阵的高斯消元法（LU 分解）和矩形矩阵的正交分解（QR 分解）。除此之外，本节还将介绍奇异值分解。

4.5.1 Cholesky 分解

Cholesky 分解是把一个对称的正定矩阵 A 分解为一个上三角矩阵 R 和其转置矩阵的乘积，其对应的表达式为 $A = R^T R$。理论中，Cholesky 分解的矩阵必须是正定的，即矩阵的所有对角元素必须都是正的，同时矩阵的非对角元素不会太大。

在 MATLAB 中，利用 chol 函数可以实现矩阵的 Cholesky 分解，其调用格式如下。

```
R=chol(A)          %返回将对称正定矩阵 A 分解成满足 A=R'*R 的上三角阵 R
                   %若 A 是非对称矩阵，则将矩阵视为对称矩阵，并且只使用 A 的对角线和上三角
R=chol(A,triangle) %指定在计算分解时使用 A 的哪个三角因子，默认为'upper'
[R,flag]=chol(___) %额外返回输出 flag，指示 A 是否为对称正定矩阵
```

说明：

（1）当 triangle 为'lower'时，仅使用 A 的对角线和下三角部分生成满足 A=R*R'的下三角矩阵 R。

（2）A 为正定矩阵时，返回的矩阵 R 是上三角矩阵，满足 A=R'*R，flag 返回 0；A 为非正定矩阵时，flag 返回正整数，R 为三角矩阵，且阶数为 n-1，满足 X(1:n-1, 1:n-1)=R'*R。

对称正定矩阵分解在矩阵理论中是十分重要的，可以首先对对称正定矩阵进行 Cholesky 分解，然后经过处理即可得到线性方程的解。这些内容将在后面的步骤中通过实例介绍。

【例 4-33】 对对称正定矩阵进行 Cholesky 分解示例。

解 在命令行窗口中依次输入以下语句，同时会输出相应的结果。

```
>> A=pascal(5)
A=
    1    1    1    1    1
    1    2    3    4    5
    1    3    6   10   15
    1    4   10   20   35
    1    5   15   35   70
>> R=chol(A)
R=
    1    1    1    1    1
    0    1    2    3    4
    0    0    1    3    6
    0    0    0    1    4
    0    0    0    0    1
>> B=transpose(R)*R          %transpose 为非共轭转置函数，即元素的行和列索引互换
B=
    1    1    1    1    1
    1    2    3    4    5
    1    3    6   10   15
    1    4   10   20   35
    1    5   15   35   70
```

由结果可知，**R** 是上三角矩阵，同时满足等式 **B=R^{T}R=A**，表明上面的 Cholesky 分解过程成功。

继续在命令行窗口中依次输入以下语句，同时会输出相应的结果。

```
>> A=gallery('lehmer',5);    %创建 6×6 的对称正定（'lehmer'）测试矩阵
>> R=chol(A)                 %使用 A 的上三角计算 Cholesky 因子
R=
    1.0000    0.5000    0.3333    0.2500    0.2000
         0    0.8660    0.5774    0.4330    0.3464
         0         0    0.7454    0.5590    0.4472
         0         0         0    0.6614    0.5292
         0         0         0         0    0.6000
>> norm(R'*R-A)              %验证上三角因子满足 R'*R-A=0（在舍入误差内）
ans=
   2.0006e-16

>> L=chol(A,'lower')         %指定'lower'以使用 A 的下三角计算 Cholesky 因子
L=
    1.0000         0         0         0         0
    0.5000    0.8660         0         0         0
    0.3333    0.5774    0.7454         0         0
    0.2500    0.4330    0.5590    0.6614         0
    0.2000    0.3464    0.4472    0.5292    0.6000
>> norm(L*L'-A)             %验证下三角因子满足 L*L'-A=0（在舍入误差内）
```

```
ans=
   2.0006e-16
```

【例 4-34】 通过 Cholesky 分解求解线性方程组 **Ax=b**。

解 在命令行窗口输入以下语句，同时会输出相应的结果。

```
>> A=pascal(4);
>> b=[2; 5; 13; 9];
>> x=A\b
x=
   21
  -58
   56
  -17

>> R=chol(A);
>> Rt=transpose(R);        %返回 A 的非共轭转置，即执行 A.'，每个元素的行和列索引互换
>> xr=R\(Rt\b)
xr=
   21
  -58
   56
  -17
```

由结果可知，使用 Cholesky 分解求解得到的线性方程组的数值解与使用左除得到的结果完全相同。其对应的数学原理如下。

对应线性方程组 **Ax=b**，其中 **A** 是对称的正定矩阵，$A=R^{\mathrm{T}}R$，则根据上面的定义，线性方程组可以转换为 $R^{\mathrm{T}}Rx=b$，该方程的数值为 $x=R\backslash(R^{\mathrm{T}}\backslash b)$。

4.5.2 不完全 Cholesky 分解

对于稀疏矩阵，MATLAB 提供 ichol 函数实现不完全 Cholesky 分解，其调用格式如下。

```
L=ichol(A)                 %使用零填充对 A 执行不完全 Cholesky 分解
L=ichol(A,options)         %使用结构体 options 指定的选项对 A 执行不完全 Cholesky 分解
```

说明：默认情况下，ichol 引用 A 的下三角并生成下三角因子。

【例 4-35】 对稀疏矩阵进行不完全 Cholesky 分解示例。

解 在命令行窗口中依次输入以下语句，同时会输出相应的结果。

```
>> S=sparse(1:4,1:4,2:5)
S=
   (1,1)        2
   (2,2)        3
   (3,3)        4
   (4,4)        5
>> L=ichol(S)
L=
   (1,1)        1.4142
   (2,2)        1.7321
   (3,3)        2.0000
   (4,4)        2.2361
>> S1=L*L'
S1=
   (1,1)        2.0000
```

```
    (2,2)        3.0000
    (3,3)        4.0000
    (4,4)        5.0000
```

4.5.3　LU 分解

LU 分解（又称为高斯消去法）可以将任意一个方阵 A 分解为一个"心理"下三角矩阵 L 和一个上三角矩阵 U 的乘积，也就是 $A=LU$。其中，"心理"下三角矩阵的定义为下三角矩阵和置换矩阵的乘积。

在 MATLAB 中，利用 lu 函数可以实现 LU 分解，其调用格式如下。

[L,U]=lu(A)	%将矩阵 A 分解为上三角矩阵 U 和"心理"下三角矩阵 L，使得 A=L*U
Y=lu(A)	%将任意方阵 A 分解为上三角矩阵 L 和下三角矩阵 U，满足 Y=L+U-I
[L,U,P]=lu(A)	%额外返回一个置换矩阵 P，满足 A=P'*L*U 或 P*A=L*U
[L,U,P,Q]=lu(S)	%将稀疏矩阵 S 分解为一个单位下三角矩阵 L、一个上三角矩阵 U
	%一个行置换矩阵 P 以及一个列置换矩阵 Q，满足 P*S*Q=L*U
[L,U,P,Q,D]=lu(S)	%额外返回一个对角缩放矩阵 D，满足 P* (D\S) *Q=L*U

【例 4-36】　对矩阵进行 LU 分解示例。

解　在命令行窗口中依次输入以下语句，同时会输出相应的结果。

```
>> A=[10 -7 0; -3  2  6; 5 -1 5];
>> [L1,U1]=lu(A)
L1=
    1.0000         0         0
   -0.3000   -0.0400    1.0000
    0.5000    1.0000         0
U1=
   10.0000   -7.0000         0
        0    2.5000    5.0000
        0         0    6.2000
>> A1=L1*U1                       %将因子相乘可以重新创建 A，即结果可知满足 A=L*U
A1=
   10.0000   -7.0000         0
   -3.0000    2.0000    6.0000
    5.0000   -1.0000    5.0000
```

说明：在[L,U]=lu(A)中，lu 函数将置换矩阵 P 直接合并到 L 因子中，使得返回的 L 实际上等于 P'*L，因此 A=L*U。

继续在命令行窗口中依次输入以下语句，同时会输出相应的结果。

```
>> X=inv(A)
X=
   -0.1032   -0.2258    0.2710
   -0.2903   -0.3226    0.3871
    0.0452    0.1613    0.0065
>> X1=inv(U1) *inv(L1)            %由结果可知满足 inv(U1) *inv(L1)=inv(A)
X1=
   -0.1032   -0.2258    0.2710
   -0.2903   -0.3226    0.3871
    0.0452    0.1613    0.0065
>> d=det(A)
d=
```

```
   -155.0000
>> d1=det(L1)*det(U1)                    %由结果可知满足 det(A)=det(L)*det(U)
d1=
   -155.0000
```

继续在命令行窗口中依次输入以下语句，同时会输出相应的结果。

```
>> [L2,U2,P]=lu(A)                       %指定 3 个输出以将置换矩阵与 L 中的乘数分开
L2=
   1.0000          0          0
   0.5000     1.0000          0
  -0.3000    -0.0400     1.0000
U2=
  10.0000    -7.0000          0
        0     2.5000     5.0000
        0          0     6.2000
P=
   1     0     0
   0     0     1
   0     1     0
>> A2=P'*L2*U2
A2=
  10.0000    -7.0000          0
  -3.0000     2.0000     6.0000
   5.0000    -1.0000     5.0000
```

4.5.4 不完全 LU 分解

对于稀疏矩阵，MATLAB 提供 ilu 函数实现不完全 LU 分解。ilu 函数会生成一个单位下三角矩阵、一个上三角矩阵和一个置换矩阵，其调用格式如下。

```
[L,U]=ilu(A)        %矩阵 A 的不完全 LU 分解，返回单位下三角矩阵 L 和上三角矩阵 U
[L,U,P]=ilu(A)      %返回单位下三角矩阵 L、上三角矩阵 U 和置换矩阵 P
ilu(A)              %返回 L+U-speye(size(A))
```

【例 4-37】　稀疏矩阵不完全 LU 分解示例。

解　在命令行窗口中依次输入以下语句，同时会输出相应的结果。

```
>> S=sparse(1:4,1:4,2:5)              %矩阵必须为方阵
S=
   (1,1)       2
   (2,2)       3
   (3,3)       4
   (4,4)       5
>> [L,U]=ilu(S)
L=
   (1,1)       1
   (2,2)       1
   (3,3)       1
   (4,4)       1
U=
   (1,1)       2
   (2,2)       3
   (3,3)       4
   (4,4)       5
>> S1=L*U                             %验证 S=L*U
```

```
S1=
   (1,1)        2
   (2,2)        3
   (3,3)        4
   (4,4)        5
>> ilu(S)                                %返回 L+U-speye(size(A))
ans=
   (1,1)        2
   (2,2)        3
   (3,3)        4
   (4,4)        5
```

4.5.5 QR 分解

矩阵的正交分解又称为 QR 分解，也就是将一个 $m \times n$ 的矩阵 A 分解为一个正交矩阵 Q 和一个上三角矩阵 R 的乘积，即 $A=QR$。

在 MATLAB 中，利用 qr 函数可以实现 QR 分解，其调用格式如下。

X=qr(A)	%返回 QR 分解 A=Q*R 的上三角 R 因子
[Q,R]=qr(A)	%对 m×n 矩阵 A 执行 QR 分解，满足 A=Q*R，矩阵 R 和矩阵 A 大小相同
[Q,R]=qr(A,0)	%对 m×n 矩阵 A 执行经济类型 QR 分解，若 m≤n，与 [Q,R]=qr(A) 等价
	%若 m>n，只计算前 n 列的元素，返回的矩阵 R 是 n×n 矩阵
[Q,R,P]=qr(A)	%额外返回置换矩阵 P，满足 A*P=Q*R，适用于满矩阵

【例 4-38】 矩阵 QR 分解示例。

解 在命令行窗口中依次输入以下语句，同时会输出相应的结果。

```
>> A=magic(4)
A=
    16     2     3    13
     5    11    10     8
     9     7     6    12
     4    14    15     1
>> X=qr(A)                        %指定一个输出参数，只返回上三角因子
X=
   -19.4422   -10.5955   -10.9041   -18.5164
         0    -16.0541   -15.7259    -0.9848
         0          0     1.9486    -5.8458
         0          0          0     0.0000
>> [Q,R]=qr(A)
Q=
   -0.8230     0.4186     0.3123    -0.2236
   -0.2572    -0.5155    -0.4671    -0.6708
   -0.4629    -0.1305    -0.5645     0.6708
   -0.2057    -0.7363     0.6046     0.2236
R=
   -19.4422   -10.5955   -10.9041   -18.5164
         0    -16.0541   -15.7259    -0.9848
         0          0     1.9486    -5.8458
         0          0          0     0.0000
>> A1=Q*R
A1=
    16.0000     2.0000     3.0000    13.0000
     5.0000    11.0000    10.0000     8.0000
     9.0000     7.0000     6.0000    12.0000
```

```
       4.0000      14.0000      15.0000       1.0000
>> norm(A-A1)                              %计算机精度范围内验证 A=Q*R
ans=
   6.5925e-15
```

由结果可知，矩阵 R 是上三角矩阵，同时满足 A=Q*R。

4.5.6　操作 QR 分解结果

在 MATLAB 中，除 qr 函数外，还可以利用 qrdelete 和 qrinsert 函数处理矩阵的 QR 分解。其中，qrdelete 函数用于删除 QR 分解得到矩阵的行或列，其调用格式如下。

```
[Q1,R1]=qrdelete(Q,R,j)           %返回矩阵 A1 的 QR 分解结果
                                  %A1 是矩阵 A（A=Q*R）删除第 j 列得到的矩阵
[Q1,R1]=qrdelete(Q,R,j,'col')     %与[Q1,R1]=qrdelete(Q,R,j)相同
[Q1,R1]=qrdelete(Q,R,j,'row')     %返回矩阵 A1 的 QR 分解结果
                                  %A1 是矩阵 A（A=Q*R）删除第 j 行后的矩阵
```

qrinsert 函数用于插入 QR 分解得到矩阵的行或列，其调用格式如下。

```
[Q1,R1]=qrinsert(Q,R,j,x)         %返回矩阵 A1 的 QR 分解
                                  %A1 是额外具有列 x 的 A=Q*R，该列插在 A(:,j)之前
[Q1,R1]=qrinsert(Q,R,j,x,'col')   %与 qrinsert(Q,R,j,x)相同
[Q1,R1]=qrinsert(Q,R,j,x,'row')   %返回矩阵 A1 的 QR 分解
                                  %A1 是额外具有行 x 的 A=Q*R，该行插在 A(:,j)之前
```

说明： 如果 A 具有 n 列/行，j=n+1 时，则 x 插在 A 的最后一列/行之后。

【例 4-39】 操作矩阵 QR 分解结果示例。

解　在命令行窗口中依次输入以下语句，同时会输出相应的结果。

```
>> A=magic(4);
>> [Q,R]=qr(A)                             %执行 QR 分解
Q=
  -0.8230    0.4186    0.3123   -0.2236
  -0.2572   -0.5155   -0.4671   -0.6708
  -0.4629   -0.1305   -0.5645    0.6708
  -0.2057   -0.7363    0.6046    0.2236
R=
 -19.4422  -10.5955  -10.9041  -18.5164
        0  -16.0541  -15.7259   -0.9848
        0         0    1.9486   -5.8458
        0         0         0    0.0000
>> [Q1,R1]=qrdelete(Q,R,3,'row')     %矩阵 A（=Q*R）删除第 3 行后进行 QR 分解
Q1=
   0.9284   -0.3592   -0.0950
   0.2901    0.5411    0.7893
   0.2321    0.7604   -0.6066
R1=
  17.2337    8.2977    9.1681   14.6225
        0   15.8792   15.7392    0.4198
        0         0   -1.4909    4.4728
>> [Q2,R2]=qrinsert(Q,R,3,1:4,'row')  %矩阵 A（=Q*R）添加第 3 行后进行 QR 分解
Q2=
```

```
        0.8219    -0.4207     0.2754     0.1474    -0.2236
        0.2568     0.5122    -0.4422    -0.1617    -0.6708
        0.0514     0.0900     0.4571    -0.8833    -0.0000
        0.4623     0.1278    -0.5177    -0.2280     0.6708
        0.2055     0.7323     0.5016     0.3462     0.2236
    R2=
       19.4679    10.6842    11.0438    18.6974
             0    16.1198    15.8814     1.2551
             0          0     2.1941    -3.8394
             0          0          0    -5.3000
             0          0          0          0
    >> A(3,:)=[ ]                              %将矩阵 A 的第 3 行删除
    A=
        16     2     3    13
         5    11    10     8
         4    14    15     1
    >> [Q3,R3]=qr(A)                           %对新矩阵 A 执行 QR 分解
    Q3=
       -0.9284     0.3592     0.0950
       -0.2901    -0.5411    -0.7893
       -0.2321    -0.7604     0.6066
    R3=
      -17.2337    -8.2977    -9.1681   -14.6225
             0   -15.8792   -15.7392    -0.4198
             0          0     1.4909    -4.4728
```

由结果可知，Q1=Q3，R1=R3，也就是利用 qrdelete 函数实现了删除 A（=Q*R）的行后的 QR 分解。

4.5.7　奇异值分解

奇异值分解在矩阵分析中有着重要的地位，对于任意矩阵 $A \in \mathbf{C}^{m \times n}$，存在酉矩阵 $U=[u^1,u^2,\cdots,u^n]$，$V=[v^1,v^2,\cdots,v^n]$，使得

$$U^{\mathrm{T}}AV = \mathrm{diag}(\sigma_1,\sigma_2,\cdots,\sigma_p)$$

其中，参数 $\sigma_1 \geqslant \sigma_2 \geqslant \cdots \geqslant \sigma_p$，$p=\min\{m,n\}$。

$\{\sigma_i,u_i,v_i\}$ 分别是矩阵 A 的第 i 个奇异值、左奇异值和右奇异值，它们的组合就称为奇异值分解三对组。

在 MATLAB 中，利用 svd 函数可以进行奇异值分解，其调用格式如下。

S=svd(A)	%以降序顺序返回矩阵 A 的奇异值
[U,S,V]=svd(A)	%执行矩阵 A 的奇异值分解，A=U*S*V'
[U,S,V]=svd(A,0)	%执行经济类型奇异值分解

当使用 svd 函数计算所有奇异值的计算量很大时（如大型稀疏矩阵的分解），可以使用 svds 函数进行奇异值分解，结果给出其向量的子集。其调用格式如下。

s=svds(A)	%返回一个向量，其中包含矩阵 A 的 6 个最大的奇异值
s=svds(A,k)	%返回 k 个最大奇异值
s=svds(A,k,sigma)	%基于奇异值类型 sigma 的值返回 k 个奇异值
[U,S,V]=svds(___)	%返回左奇异向量 U、奇异值的对角矩阵 S 以及右奇异向量 V

说明：sigma 的默认值为'largest'，表示返回最大奇异值；取'smallest'时，返回最小奇异值；取'smallestnz'时，返回最小非零奇异值；取标量时，返回最接近标量的奇异值。

【例 4-40】 对矩阵进行奇异值分解。

解 在命令行窗口中依次输入以下语句，同时会输出相应的结果。

```
>> A=magic(4);
>> [U,S,V]=svd(A)                    %执行矩阵 A 的奇异值分解，A=U*S*V'
U=
   -0.5000    0.6708    0.5000   -0.2236
   -0.5000   -0.2236   -0.5000   -0.6708
   -0.5000    0.2236   -0.5000    0.6708
   -0.5000   -0.6708    0.5000    0.2236
S=
   34.0000         0         0         0
         0   17.8885         0         0
         0         0    4.4721         0
         0         0         0    0.0000
V=
   -0.5000    0.5000    0.6708   -0.2236
   -0.5000   -0.5000   -0.2236   -0.6708
   -0.5000   -0.5000    0.2236    0.6708
   -0.5000    0.5000   -0.6708    0.2236

>> s=svds(A)                         %使用更经济的方法进行分解
s=
   34.0000
   17.8885
    4.4721
    0.0000
>> A=delsq(numgrid('C',10));         %生成一个稀疏矩阵存储的对称正定矩阵
>> s=svds(A,4)                       %返回 4 个最大奇异值
s=
    7.6691
    7.3548
    7.1575
    6.8817
```

本章小结

在不涉及运算性质的场合，MATLAB 中的矩阵等同于二维数组。MATLAB 中的数据都以数组的形式存储，因此其基本运算单元就是数组。矩阵分析是线性代数的重要内容，也是几乎所有 MATLAB 函数的分析基础。本章介绍了向量运算、矩阵基本运算、矩阵特征参数、稀疏矩阵、矩阵分解等内容，这些内容都是 MATLAB 进行数值运算的重要基础。

本章习题

1. 选择题

（1）求解线性方程组 $AX=B$ 的解，相应的 MATLAB 语句是（   ）。

A. X=A*B   B. X=A/B   C. X=A\B   D. X=B*inv(A)

（2）建立一个 3×3 的随机矩阵 A，语句 B=sqrtm(A)的功能是（   ）。

A. 对矩阵 A 中每个元素进行开方运算   B. 以矩阵 A 为一个整体进行开方运算

C．矩阵 A 无法进行该运算　　　　　　　　D．以矩阵 A 为一个整体进行乘方运算

（3）将普通矩阵 A 转换为稀疏矩阵 S 的语句是（　　　）。

A．S=spares(A)　　　　B．S=full(A)　　　　C．S=nnz(A)　　　　D．S=find(A)

（4）执行语句 A=sparse([0,1,0; 0,0,1; 1,0,1])后，输出结果的最后一行是（　　　）。

A．(3,1)　　　1　　　B．(1,2)　　　1　　　C．(2,3)　　　1　　　D．(3,3)　　　1

（5）对稀疏矩阵 A 进行不完全 LU 分解[L,U]=ilu(A)，得到的 L 是（　　　）。

A．单位上三角矩阵　　　B．单位下三角矩阵　　　C．单位矩阵　　　D．实对称矩阵

（6）对于一个大型稀疏矩阵 A，执行 S=svds(A,k)语句后，得到的 k 个返回值是（　　　）。

A．最大奇异值　　　B．最小奇异值　　　C．最小非零奇异值　　　D．任意奇异值

（7）执行下列语句后，输出结果第 3 行为（　　　）。

```
D=[1:3; 4:6; 3:5;2:4];
S=spconvert(D)
```

A．(1,2)　　　3　　　B．(3,4)　　　5　　　C．(2,3)　　　4　　　D．(4,5)　　　6

（8）对于四阶单位矩阵 A，命令 n=nnz(A)返回的值是（　　　）。

A．16　　　　　　　B．4　　　　　　　C．12　　　　　　　D．8

（9）在命令行窗口中分别输入以下语句，对应的输出结果正确的是（　　　）。

A．n=nnz(ones(3,2))的结果 n=3　　　　　B．n=rank(eye(3,1))的结果 n=1

C．n=det(ones(3))的结果 n=1　　　　　D．n=trace(pascal(3))的结果 n=6

（10）求矩阵 A 的条件数的命令是（　　　）。

A．y=trace(A)　　　B．y=cond(A)　　　C．y=rank(A)　　　D．y=norm(A)

（11）求矩阵 A 的范数的语句是（　　　）。

A．y=rank(A)　　　B．y=cond(A)　　　C．y=trace(A)　　　D．y=norm(A)

（12）从矩阵 A 提取主对角线元素，并以这些元素构成对角阵 B，相应的语句是（　　　）。

A．B=diag(A)　　　B．B=diag(diag(A))　　　C．B=diag(triu(A))　　　D．B=diag(tril(A))

2．填空题

（1）求解矩阵 A 特征值和特征向量的语句是_____。

（2）设 A 为 3×3 的满秩矩阵，则求解其逆矩阵 B 的语句是_____，若 A 行列式的值为 0，求 A 广义逆矩阵 C 的语句是_____。

（3）当矩阵 A 维数较大，为了在计算 A 的范数时减少计算时间，使用的语句是_____。

（4）使用语句 n=norm(A,p)求解矩阵 A 的范数，其中 p 的取值范围是_____。

（5）_____可以用来描述线性方程 $Ax=b$ 的解对 b 中的误差或不确定性的敏感度的度量，它越接近于_____，解的精度越高。

（6）一个稀疏矩阵和一个完全存储普通矩阵相乘，结果为_____。

（7）将一个对称的正定矩阵 A 进行 Cholesky 分解，若想得到下三角矩阵 R，语句是_____。

（8）3×3 全 1 矩阵 A 进行 QR 分解后得到的上三角 R 因子为_____。

（9）下面的语句输出的结果为_____。

```
A=sparse([0,1,6;0,2,1]);
n=nonzeros(A)
```

（10）任意矩阵 A，返回 3 个最小奇异值的语句是_____。

3. 计算与简答题

（1）建立一个 4 阶 Pascal 矩阵 A，试通过 MATLAB 求 A 的逆矩阵和 A 的行列式的值。

（2）用矩阵求逆法求以下线性方程组的解。

$$\begin{cases} 3x_1 + 4x_2 - 2x_3 = 5 \\ x_1 - 2x_2 + 4x_3 = 1 \\ 2x_1 + x_2 = 2 \end{cases}$$

（3）已知 $A = \begin{bmatrix} 2 & 1 & 1 \\ 0 & 3 & 2 \\ 4 & 1 & 0 \end{bmatrix}$，$B = \begin{bmatrix} 2 & 1 \\ 0 & 4 \\ 1 & 1 \end{bmatrix}$，求 A^T、$2A$、A^{-1}、AB。

（4）求矩阵 $A = \begin{bmatrix} 3 & -2 & -4 \\ -2 & 6 & -2 \\ -4 & -2 & 3 \end{bmatrix}$ 的特征值和相应的特征向量。

（5）使用特征值法求解方程 $x^3 - 2x^2 + 4x - 12 = 0$。

（6）生成一个 100×100 的完全存储单位矩阵，将其转换为稀疏矩阵，比较两种矩阵占用存储空间的大小。

（7）画出稀疏矩阵 A=sparse(1：3；2：4；3：5)的可视化稀疏矩阵结构图。

（8）求以下对角线性方程组的解。

① $\begin{bmatrix} 2 & 2 & & & \\ 1 & 2 & 4 & & \\ & 1 & 2 & 1 & \\ & & 2 & 6 & 2 \\ & & & 1 & 3 \end{bmatrix} \begin{bmatrix} x_1 \\ x_2 \\ x_3 \\ x_4 \\ x_5 \end{bmatrix} = \begin{bmatrix} 2 \\ 0 \\ 2 \\ 1 \\ 4 \end{bmatrix}$ ② $\begin{bmatrix} 2 & 3 & & & \\ 1 & 4 & 1 & & \\ & 1 & 6 & 4 & \\ & & 2 & 6 & 2 \\ & & & 1 & 1 \end{bmatrix} \begin{bmatrix} x_1 \\ x_2 \\ x_3 \\ x_4 \\ x_5 \end{bmatrix} = \begin{bmatrix} 0 \\ 3 \\ 2 \\ 1 \\ 5 \end{bmatrix}$

（9）对矩阵 $A = \begin{bmatrix} 3 & 2 & 1 \\ 2 & 6 & 2 \\ 1 & 2 & 3 \end{bmatrix}$ 进行 Cholesky 分解、LU 分解、QR 分解及奇异值分解。

（10）使用 QR 分解求解线性方程组 $Ax = b$，其中，

$$A = \begin{bmatrix} 3 & 2 & 1 \\ 2 & 6 & 2 \\ 1 & 2 & 3 \end{bmatrix}, \quad b = \begin{bmatrix} 1 \\ 2 \\ 4 \end{bmatrix}$$

（11）求解线性方程组。

① $\begin{cases} 2x + 3y - z = 2 \\ 8x + 2y + 3z = 4 \\ 45x + 3y + 9z = 23 \end{cases}$ ② $\begin{cases} x + 2y + 3z = 5 \\ x + 4y + 9z = -2 \\ x + 8y + 27z = 6 \end{cases}$

（12）根据表示稀疏矩阵的矩阵 A，产生一个稀疏存储矩阵 B。

$$A = \begin{bmatrix} 2 & 2 & 1 \\ 3 & 1 & -1 \\ 4 & 3 & 3 \\ 5 & 3 & 8 \\ 6 & 6 & 12 \end{bmatrix}$$

第 5 章

符 号 运 算

MATLAB 除了能够处理数值运算外，还可以对符号对象进行运算，即在运算时无须事先对变量进行赋值，而将运算结果以标准的符号形式表示。在 MATLAB 中，符号运算实质上属于数值运算的补充，通过 MATLAB 的符号运算功能，可以求解科学计算中符号数学问题的符号解析表达精确解，这在自然科学与工程计算的理论分析中有着极其重要的作用与实用价值。

5.1 符号对象

符号运算与数值运算一样，都是科学计算研究的重要内容。MATLAB 数值运算的操作对象是数值，而符号运算的操作对象则是非数值的符号对象。符号对象就是代表非数值的符号字符串。

第 22 集
微课视频

5.1.1 符号对象声明函数

符号对象是 MATLAB 中的一种数据类型（sym 类型），用来存储代表非数值的字符符号（通常是大写或小写的英文字母及其字符串）。

符号对象可以是符号常量（符号形式的数）、符号变量、符号表达式、符号方程、符号函数等。在 MATLAB 中，可利用 sym、syms 函数建立符号对象，利用 class 函数测试建立的操作对象为何种操作对象类型、是否为符号对象类型（即 sym 类型）。

1. sym函数

在 MATLAB 中，利用 sym 函数创建符号变量、符号表达式（函数、矩阵），其调用格式如下。

```
S=sym(A)        %将数值对象 A（不带单引号，数值、数值矩阵或数值表达式）转换为符号对象 S
S=sym(A,flag)      %同 S=sym(A)，转换后的符号对象应符合 flag 格式
```

说明：flag 取'd'表示用最接近的十进制浮点数精确表示；取'e'表示用带估计误差的有理数表示；取'f'表示用十六进制浮点数表示；'r'为默认设置，是最接近有理数表示的形式，该形式为用两个正整数 p、q 构成的 p/q、p*pi/q、sqrt(p)、2^p、10^q 表示的形式之一。

```
S=sym('A')                  %将字符串 A（带单引号）转换为符号对象 S
S=sym('A',flag)             %同 S=sym('A')，转换后的符号对象应满足 flag 指定的要求
A=sym('a',[n1 ... nM])      %创建一个 n1×...×nM 的符号数组，并填充自动生成的元素
A=sym('a',n)                %创建一个 n×n 的符号矩阵，并填充自动生成的元素
```

说明：flag 取'positive'表示限定 A 为正的实型符号变量；取'real'表示限定 A 为实型符号变量；取'unreal'表示限定 A 为非实型符号变量。

【例 5-1】 创建符号对象示例。

解 在命令行窗口中依次输入以下语句，同时会输出相应的结果。

```
>> x=sym(5)                    %将数字 5 转换为符号常量，并赋给符号变量 x
x=
    5
>> x=sym(5,'d')
x=
    5.0
>> y=sym('y')                  %创建符号变量 y
y=
    y
>> a=sym('a',[1 4])            %使用自动编号的元素创建符号向量
a=
    [a1, a2, a3, a4]
>>
>> b=sym('x_%d',[1 4])         %使用格式化字符向量作为第 1 个参数格式化元素名称
b=
    [x_1, x_2, x_3, x_4]
>> A=sym('A',[3 4])            %使用自动生成的元素创建一个 3×4 的符号矩阵
A=
    [A1_1, A1_2, A1_3, A1_4]
    [A2_1, A2_2, A2_3, A2_4]
    [A3_1, A3_2, A3_3, A3_4]
>> B=sym('x_%d_%d',4)          %使用格式字符向量作为第 1 个参数
B=
[x_1_1, x_1_2, x_1_3, x_1_4]
[x_2_1, x_2_2, x_2_3, x_2_4]
[x_3_1, x_3_2, x_3_3, x_3_4]
[x_4_1, x_4_2, x_4_3, x_4_4]
>> C=sym('a',[2 2 2])          %使用自动生成的元素创建一个 2×2×2 的符号数组
C(:,:,1)=
    [a1_1_1, a1_2_1]
    [a2_1_1, a2_2_1]
C(:,:,2)=
    [a1_1_2, a1_2_2]
    [a2_1_2, a2_2_2]
```

2. syms函数

在 MATLAB 中，利用 syms 函数创建符号标量（或符号矩阵）的变量和函数，其调用格式如下。

```
syms v1 ... vN                %创建多个符号变量 v1...vN
syms v1 ... vN [n1 ... nM]    %符号变量为 n1×...×nM 的符号数组
syms v1 ... vN n              %符号变量为 n×n 的符号数组
syms ____ set                 %设置符号标量变量的集合类型 set
              %实数（real）、正数（positive）、整数（integer）或有理数（rational）

syms f(v1,...,vN)             %创建符号函数，其变量为 v1,...,vN
```

```
syms f(v1,...,vN) [n1...nM]         %符号函数的变量为 n1×...×nM 的符号数组
syms f(v1,...,vN) n                 %符号函数的变量为 n×n 的符号数组


syms v1 ... vN [nrow ncol] matrix        %创建符号矩阵形式的变量
syms v1 ... vN n matrix

syms f(v1,...,vN) [nrow ncol] matrix     %创建符号矩阵形式的函数
syms f(v1,...,vN) n matrix
```

【例 5-2】　创建符号标量（或符号矩阵）的变量和函数示例。

解　在命令行窗口中依次输入以下语句，同时会输出相应的结果。

```
>> syms x y z                      %创建符号对象：符号变量 x、y、z
>> syms a [1 4]                    %使用自动生成元素创建符号向量
>> a
a=
    [a1, a2, a3, a4]
>> syms 'p_a%d' 'p_b%d' [1 4]      %创建符号向量
>> p_a
p_a=
    [p_a1, p_a2, p_a3, p_a4]
>> p_b
p_b=
    [p_b1, p_b2, p_b3, p_b4]

>> syms A [3 4]                    %创建符号矩阵
>> A
A=
    [A1_1, A1_2, A1_3, A1_4]
    [A2_1, A2_2, A2_3, A2_4]
    [A3_1, A3_2, A3_3, A3_4]

>> syms s(t) f(x,y)               %创建符号函数 s(t)，f(x,y)
>> f(x,y)=x+2*y                    %定义符号函数
f(x,y)=
    x+2*y
>> f(1,2)
ans=
    5

>> syms x
>> M=[x x^3; x^2 x^4];             %创建符号矩阵
>> f(x)=M                          %创建符号矩阵形式的函数
f(x)=
    [  x, x^3]
    [x^2, x^4]
>> f(4)                           %用矩阵作为公式创建和计算符号函数
ans=
    [ 4,  64]
    [16, 256]
```

3. class函数

在 MATLAB 中，利用 class 函数可以检测对象数据的类型，其调用格式如下。

```
className=class(obj)                    %返回 obj 对象的数据类型
```

1）符号常量的创建与检测

符号常量是一种符号对象。数值常量如果作为 sym 函数的输入参数，就建立了一个符号对象——符号常量，即看上去是一个数值量，但它已是一个符号对象了。利用 class 函数可以对创建的数据类型进行检测。

【例 5-3】 对数值 6 创建符号常量，并检测其相应的数据类型。

解 在命令行窗口中依次输入以下语句，同时会输出相应的结果。

```
>> a=6; b='6';
>> c=sym(6); d=sym('6');
>> ca=class(a)
ca=
    'double'
>> cb=class(b)
cb=
    'char'
>> cc=class(c)
cc=
    'sym'
>> cd=class(d)
cd=
    'sym'
```

由结果可知，a 是双精度浮点数值类型；b 是字符类型；c 与 d 都是符号对象类型。

【例 5-4】 符号常量形成中的差异。

解 在命令行窗口中依次输入以下语句，同时会输出相应的结果。

```
>> a1=[1/4, pi/7, sqrt(4), 2+sqrt(4)]
a1=
    0.2500    0.4488    2.0000    4.0000

>> a2=sym([1/4, pi/7, sqrt(4), 2+sqrt(4)])
a2=
    [1/4, pi/7, 2, 4]

>> a3=sym([1/4, pi/7, sqrt(4), 2+sqrt(4)], 'e')
a3=
    [1/4, pi/7-(13*eps)/165, 2, 4]
```

2）符号变量的创建与检测

变量是程序设计语言的基本元素之一。MATLAB 数值运算中，变量是内容可变的数据。而在符号运算中，变量是内容可变的符号对象。符号变量通常是指一个或几个特定的字符，不是指符号表达式，虽然可以将一个符号表达式赋值给一个符号变量。

符号变量有时也叫作自由变量。符号变量与 MATLAB 数值运算的数值变量名称的命名规则相同。在 MATLAB 中，可以用 sym 或 syms 函数建立符号变量。

【例 5-5】 利用 sym 和 syms 函数建立符号变量。

解 在命令行窗口中依次输入以下语句，同时会输出相应的结果。

```
>> a=sym('alpha');                      %使用 sym 函数创建符号对象
>> ca=class(a)                          %检测数据的类型
```

```
ca=
    'sym'
>> syms alpha;                      %使用 syms 函数创建符号对象
>> ca=class(alpha)                  %检测数据的类型
ca=
    'sym'
```

从上面的两种实现方法可以看出，sym 和 syms 函数是等价的。当符号变量比较多时，建议使用 syms 函数，以减少命令行数。

5.1.2　符号表达式与符号方程

相较于理论数学中的表达式、方程，MATLAB 符号运算也引入了符号表达式、符号方程的概念。

（1）符号表达式是由符号常量、符号变量、符号函数用运算符、括号或内置函数等基本要素连接而成的符号对象，且具有合理数学含义。

（2）符号方程是由关系运算符所联结的两个符号表达式组合而成，表达某种约束关系。包含等号、不等号等关系运算符是符号方程显著特点。

在 MATLAB 中，创建符号表达式和符号方程时首先利用 sym 或 syms 函数定义基本符号变量，然后按上面提到的元素创建符号表达式或符号方程。

多数情况下，创建的符号表达式或符号方程被赋值给某变量加以保存，方便后续使用；也可以直接在命令行窗口或符号函数中直接输入符号表达式。

【例 5-6】　符号表达式与符号方程的创建示例。

解　在命令行窗口中依次输入以下语句，同时会输出相应的结果。

```
>> clear
>> syms n p a x y                   %声明符号变量
>> f1=n*x^n/x                       %创建符号表达式
f1=
    (n*x^n)/x
>> f2=sym(log(x)^2*x+p)             %创建符号表达式
f2=
    x*log(x)^2+p
>> f3=sym(y+sin(a*x))               %创建符号表达式
f3=
    y+sin(a*x)

>> clear
>> syms a b c x t p                 %声明符号变量
>> e1=a*x^2+b*x+c==0                %创建符号方程
e1=
    a*x^2+b*x+c==0
>> e2=sym(log(t)^2*t==p)            %创建符号方程
e2=
    t*log(t)^2==p
>> e3=sym(sin(x)^2+cos(x)==0)       %创建符号方程
e3=
    sin(x)^2+cos(x)==0
```

5.1.3 符号函数

符号函数由函数名、自变量名、函数体和赋值符号组成，一般分为抽象符号函数与具体符号函数。其中，抽象符号函数无具体表达式描述的函数体，而只有函数名与自变量名。

在 MATLAB 中，符号函数由符号变量直接创建，也可以利用 symfun 函数创建，其调用格式如下。

```
f(inputs)=formula          %创建符号函数 f，输入自变量为 inputs，函数主体为 formula
f=symfun(formula,inputs)    %创建符号函数的标准形式
```

【例 5-7】 创建符号函数示例。

解 在命令行窗口中依次输入以下语句，同时会输出相应的结果。

```
>> clear
>> syms f(x,y)                    %创建抽象符号函数与符号自变量
>> who
您的变量为：
f  x  y

>> syms x y a b                  %创建符号函数，首先声明符号变量
>> f(x,y)=a*x+b*sin(y)           %利用 syms 声明的符号变量直接创建符号函数
f(x, y)=
    a*x+b*sin(y)

>> syms x y a b                  %创建符号函数，首先声明符号变量
>> f=symfun(a*x+b*sin(y),[x y])  %利用 symfun 函数创建符号函数
f(x, y)=
    a*x+b*sin(y)

>> f(5,1/2*pi)                   %符号函数求值
ans=
    5*a+b
```

5.1.4 符号矩阵

符号变量与符号形式的数（符号常量）构成的矩阵叫作符号矩阵。符号矩阵既可以构成符号矩阵函数，也可以构成符号矩阵方程，它们也是符号表达式的一种表现形式。

在 MATLAB 中输入符号向量或矩阵的方法和输入数值类型的向量或矩阵形式上相似。只不过符号矩阵的创建需要用到符号矩阵定义函数 sym；或者先用符号定义函数 syms 定义一些必要的符号变量，再像定义普通矩阵一样输入符号矩阵。

在 MATLAB 中，符号矩阵的表达式必须用一对方括号括起来，行之间用分号分隔，一行的元素之间用逗号或空格分隔。

1. 利用sym函数定义符号矩阵

【例 5-8】 用 sym 函数建立符号矩阵。

解 在命令行窗口中依次输入以下语句，同时会输出相应的结果。

```
>> clear
>> A=sym('A',[3 4])                        %创建 3×4 的符号矩阵
A=
```

```
    [A1_1, A1_2, A1_3, A1_4]
    [A2_1, A2_2, A2_3, A2_4]
    [A3_1, A3_2, A3_3, A3_4]
>> B=sym('x_%d_%d',4)                    %创建 4×4 的符号矩阵
B=
    [x_1_1, x_1_2, x_1_3, x_1_4]
    [x_2_1, x_2_2, x_2_3, x_2_4]
    [x_3_1, x_3_2, x_3_3, x_3_4]
    [x_4_1, x_4_2, x_4_3, x_4_4]
>> A=sym('a',[2 3 2])                    %创建 2 行 3 列 2 页的符号数组
A(:,:,1)=
    [a1_1_1, a1_2_1, a1_3_1]
    [a2_1_1, a2_2_1, a2_3_1]
A(:,:,2)=
    [a1_1_2, a1_2_2, a1_3_2]
    [a2_1_2, a2_2_2, a2_3_2]
>> M=sym([1 12; 23 34])                  %创建符号矩阵
M=
    [ 1, 12]
    [23, 34]
```

2. 利用syms函数定义符号矩阵

利用 syms 函数定义符号矩阵时，首先定义矩阵中的每个元素为一个符号变量，然后像普通矩阵一样输入符号矩阵。

【例 5-9】 利用 syms 函数定义符号矩阵。

解 在命令行窗口中依次输入以下语句，同时会输出相应的结果。

```
>> clear
>> syms a b c d e f g h i x
>> M1=[a b c; d e f; g h i]             %创建符号矩阵
M1=
    [a, b, c]
    [d, e, f]
    [g, h, i]
>> M2=[a b; c d]*x==0                    %创建符号方程矩阵
M2=
    [a*x==0, b*x==0]
    [c*x==0, d*x==0]
```

注意：无论矩阵是用分数形式还是浮点形式表示的，将矩阵转换为符号矩阵后，都将以最接近原值的有理数形式或函数形式表示。

3. 用子矩阵创建大矩阵

在 MATLAB 的符号运算中，利用方括号（[ ]）可将小矩阵连接为一个大矩阵。

【例 5-10】 将小矩阵连接成大矩阵示例。

解 在命令行窗口中依次输入以下语句，同时会输出相应的结果。

```
>> syms a b c d p q x y;
>> A=[a b; c d]                          %创建符号矩阵
A=
    [a, b]
    [c, d]
```

```
>> A1=A+p                              %符号矩阵加法
A1=
    [a+p, b+p]
    [c+p, d+p]
>> A2=A-q                              %符号矩阵减法
A2=
    [a-q, b-q]
    [c-q, d-q]
>> A3=A*x                              %符号矩阵乘法
A3=
    [a*x, b*x]
    [c*x, d*x]
>> A4=A/y                              %符号矩阵左除
A4=
    [a/y, b/y]
    [c/y, d/y]
>> G1=[A A3; A1 A4]                    %将小矩阵连接为一个大矩阵
G1=
    [    a,      b, a*x, b*x]
    [    c,      d, c*x, d*x]
    [a+p, b+p, a/y, b/y]
    [c+p, d+p, c/y, d/y]
>> G2=[A1 A2; A3 A4]                   %将小矩阵连接为一个大矩阵
G2=
    [a+p, b+p, a-q, b-q]
    [c+p, d+p, c-q, d-q]
    [  a*x,   b*x,    a/y,   b/y]
    [  c*x,   d*x,    c/y,   d/y]
```

由结果可见，4 个 2×2 的子矩阵可以构成一个 4×4 的大矩阵。

5.1.5 自变量函数

自变量的确定在微积分运算、表达式化简、方程求解中是必不可少的。在 MATLAB 中，利用 symvar 函数可以按照数学习惯确定一个符号表达式中的自变量，其调用格式如下。

```
symvar(s)            %按数学习惯返回 s（符号函数或符号方程）中的所有符号变量（自变量）
symvar(s,n)          %按数学习惯返回 s 中最接近自变量 x 的 n 个符号变量
```

说明： 当 n=1 时，从 s 中找出在字母表中与 x 最近的字母；如果有两个字母与 x 的距离相等，则取较后的一个。

【例 5-11】 确定符号表达式、符号方程中的自变量。

解 在命令行窗口中依次输入以下语句，同时会输出相应的结果。

```
>> clear
>> syms k m n w y z
>> f1=n*y^n+m*y+w
f1=
    w+n*y^n+m*y
>> vf1=symvar(f1,1)                   %确定符号表达式中的 1 个符号变量
vf1=
    y
>> f2=m*y+n*log(z)+exp(k*y*z)
```

```
f2=
    exp(k*y*z)+m*y+n*log(z)
>> vf2=symvar(f2,2)                          %确定符号表达式中的 2 个符号变量
vf2=
    [y, z]

>> syms a b c x y
>> e=sym(a*x^2+b*x+c*y+a^2==0)
e=
    a^2+a*x^2+b*x+c*y==0
>> ve=symvar(e)                              %确定符号表达式中的所有符号变量
ve=
    [a, b, c, x, y]
```

5.2　符号运算函数

在 MATLAB 中，运算符会根据参与运算的对象（数值或符号）自动调用数值计算或符号运算的程序代码。符号运算与数值计算的运算符相同，这里不再介绍。本节重点介绍几个在符号运算中非常重要的函数。

5.2.1　符号变量代换

在 MATLAB 中，利用 subs 函数可以实现符号变量代换，其调用格式如下。

```
Snew=subs(S,old,new)                         %将符号表达式 S 中的 old 变量替换为 new
Snew=subs(S,new)                             %用 new 置换符号表达式 S 中的自变量
```

第 23 集
微课视频

说明：参数 old 一定是符号表达式 S 中的符号变量，而 new 可以是符号变量、符号常量、双精度数值与数值数组等。

【例 5-12】　符号变量代换应用示例。

解　在命令行窗口中依次输入以下语句，同时会输出相应的结果。

```
>> syms a b c d k n x y w t
>> f=a*x^n+b*y+k                             %创建符号表达式
f=
    k+a*x^n+b*y
>> f1=subs(f,[a b],[sin(t) log(w)])          %符号变量代换
f1=
    k+x^n*sin(t)+y*log(w)
>> f2=subs(f,[n k],[5 pi])                   %符号常量代换
F2=
    a*x^5+pi*b*y
>> f3=subs(f1,k,1:4)                         %数值数组代换，将 k 替换为 1、2、3、4
F3=
    [x^n*sin(t)+y*log(w)+1, x^n*sin(t)+y*log(w)+2, x^n*sin(t)+y*log(w)+3,
x^n*sin(t)+y*log(w)+4]
```

说明：当需要对符号表达式进行两个变量的数值数组代换时，也可以用循环程序实现，而并非只能使用 subs 函数。

5.2.2 符号对象转换为数值对象

大多数 MATLAB 符号运算的目的是计算表达式的数值解，故需要将符号表达式的解析解转换为数值解。

当要得到双精度数值解时，可使用 double 函数；当要得到指定精度的精确数值解时，可联合使用 digits 与 vpa 两个函数实现解析解的数值转换。它们的调用格式如下。

```
double(s)          %将符号常量 s 转换为双精度数值
digits(d)          %指定数值解的精度，d 为有效数字个数（近似解精度）
R=vpa(x)           %求符号表达式 x 的设定精度的数值解，必须与 digits(d) 连用
R=vpa(x,d)         %求符号表达式 x 的 d 位精度的数值解，返回的数值解是符号对象类型
```

说明：vpa 函数返回的数值解为符号对象类型。

【例 5-13】 计算符号常量 $c_1 = \sqrt{2}\ln 7$ ， $c_2 = \pi\sin\dfrac{\pi}{5}e^{1.3}$ ， $c_3 = e^{\sqrt{8}\pi}$ 的值，并将 c_1、c_2、c_3 的结果转换为双精度型数值，将 c_3 的结果转换为 8 位与 18 位指定精度的精确数值解。

解 在命令行窗口中依次输入以下语句，同时会输出相应的结果。

```
>> c1=sym(sqrt(2)*log(7))
c1=
    6196801144712809/2251799813685248
>> Ans1=double(c1)
Ans1=
    2.7519
>> Ac1=class(Ans1)
Ac1=
    'double'
>> c2=sym(pi*sin(pi/5)*exp(1.3))
c2=
    1907177771610499/281474976710656
>> Ans2=double(c2)
Ans2=
    6.7757
>> c3=sym(exp(pi*sqrt(8)))
c3=
    7947653308761913/1099511627776
>> Ans3=double(c3)
Ans3=
    7.2283e+03
```

即 $c_1 = \sqrt{2}\ln 7 = 2.7519$ ， $c_2 = \pi\sin\dfrac{\pi}{5}e^{1.3} = 6.7757$ ， $c_3 = e^{\sqrt{8}\pi} = 7228.3$ ，且它们都是双精度型数值。

继续在命令行窗口中依次输入以下语句，同时会输出相应的结果。

```
>> d1=double(c3)
d1=
    7.2283e+03
>> Ans4=class(d1)
Ans4=
    'double'
>> d2=vpa(d1,8)
d2=
```

```
      7228.3486
>> Ans5=class(d2)
Ans5=
    'sym'
>> digits 18
>> d3=vpa(d1)
d3=
    7228.34857584704241
>> Ans6=class(d3)
Ans6=
    'sym'
```

5.2.3　符号表达式化简

在科学研究与工程技术的计算中，通常都要对数值表达式与符号表达式进行化简，如分解因式、表达式展开、合并同类项、通分以及表达式的化简等，它们都是表达式的恒等变换。MATLAB 提供了进行这些操作的函数。

说明：当化简的符号矩阵的元素如果只有一行一列时，那就是对单个数值或符号表达式进行化简。

1. 因式分解

在 MATLAB 中，利用 factor 函数可以对符号表达式进行因式分解，其调用格式如下。

```
F=factor(x)    %对符号表达式 x 进行因式分解，返回向量 F 中包含 x 的所有不可约因子
               %x 为整数，计算其最佳因式分解式；x 为符号表达式，返回作为 x 因子的子表达式
F=factor(x,vars)    %对指定变量 vars 进行因式分解
                    %不包含变量 vars 的所有因子都被分离到 F(1) 中；其他为 x 的不可约因子
```

【例 5-14】　对符号表达式进行因式分解示例。

解　在命令行窗口中依次输入以下语句，同时会输出相应的结果。

```
>> factor(1025)
ans=
     5     5     41
>> F=factor(sym(-765))          %对负整数进行因式分解时，需要将其转换为符号对象
F=
    [-1, 3, 3, 5, 17]

>> F=factor(sym(112/81))        %对分数进行因式分解时，需要将其转换为符号对象
F=
    [2, 2, 2, 2, 7, 1/3, 1/3, 1/3, 1/3]

>> syms a x y
>> f1=x^4-5*x^3+5*x^2+5*x-6;     %对符号表达式进行因式分解
>> F1=factor(f1)
F1=
    [x-1, x-2, x-3, x+1]

>> f2=x^2-a^2;                   %对含有参数的表达式进行因式分解
>> F2=factor(f2)
F2=
    [-1, a-x, a+x]
```

```
>> F3=factor(y^2*x^2)
F3=
    [x, x, y, y]
>> F4=factor(y^2*x^2, x)              %对指定变量 x 进行因式分解
F4=
    [y^2, x, x]
```

2. 展开

在 MATLAB 中，利用 expand 函数可以对符号表达式进行展开，其调用格式如下。

```
expand(S)              %将符号表达式 S 展开。若 S 为矩阵，则对矩阵的各个元素进行展开
```

说明： 这种恒等变换多用在多项式表示式的展开中，尤其是对含有三角函数、指数函数与对数函数的表示式的展开中。

【例 5-15】 符号表达式与符号矩阵的展开示例。

解 在命令行窗口中依次输入以下语句，同时会输出相应的结果。

```
>> syms x y
>> f=(x+y)^3;
>> f1=expand(f)
f1=
    x^3+3*x^2*y+3*x*y^2+y^3
```

即 $f(x) = (x+y)^3 = x^3 + 3x^2y + 3xy^2 + y^3$。

继续在命令行窗口中依次输入以下语句，同时会输出相应的结果。

```
>> syms x y a b c d
>> A=[(a+b)^3  sin(x+y); (a+b)*(c+d)  exp(x+y)]
A=
            (a+b)^3, sin(x+y)]
    [(a+b)*(c+d), exp(x+y)]
>> B=expand(A)
B=
    [a^3+3*a^2*b+3*a*b^2+b^3, cos(x)*sin(y)+cos(y)*sin(x)]
    [          a*c+a*d+b*c+b*d,                    exp(x)*exp(y)]
```

由运算结果可知，矩阵 B 各个元素是矩阵 A 各个元素展开的结果。

3. 合并同类项

在 MATLAB 中，利用 collect 函数可以对符号表达式合并同类项，其调用格式如下。

```
collect(P)              %对符号表达式 P 中的默认变量（由 symvar 函数确定）合并同类项
collect(P,expr)         %对符号表达式 P 中的指定表达式（由 expr 指定）合并同类项
```

说明： 当 P 为符号矩阵时，对符号矩阵中的每个元素分别合并同类项。当 expr 指定为向量时，表示指定多个表达式。

【例 5-16】 对符号表达式与符号矩阵进行合并同类项示例。

解 在命令行窗口中依次输入以下语句，同时会输出相应的结果。

```
>> syms a b c x
>> f=-a*x*exp(-c*x)+b*exp(-c*x);
>> f1=collect(f,exp(-c*x))
f1=
    (b-a*x)*exp(-c*x)
```

即 $f(x) = -axe^{-cx} + be^{-cx} = (b-ax)e^{-cx}$。

继续在命令行窗口中依次输入以下语句，同时会输出相应的结果。

```
>> syms x t
>> p=(x^2+x*exp(-t)+1)*(x+exp(-t))
p=
    (x+exp(-t))*(x^2+exp(-t)*x+1)
>> p1=collect(p)
p1=
    x^3+2*exp(-t)*x^2+(exp(-2*t)+1)*x+exp(-t)
>> p2=collect(p,exp(-t))          %指定表达式或函数确定表达式和函数的系数
p2=
    x*exp(-2*t)+(2*x^2+1)*exp(-t)+x*(x^2+1)


>> syms x y
>> A=[(x+1)*(y+1), x^2+x*(x-y); 2*x*y-x, x*y+x/y];
>> collect(A)                     %注意与后续 3 个语句输出的差异
ans=
    [(y+1)*x+y+1, 2*x^2-y*x]
    [     (2*y-1)*x, (y+1/y)*x]
>> collect(A,x)
ans=
    [(y+1)*x+y+1, 2*x^2-y*x]
    [     (2*y-1)*x, (y+1/y)*x]
>> collect(A,y)
ans=
    [(x+1)*y+x+1,   2*x^2-y*x]
    [     2*x*y-x, (x*y^2+x)/y]
>> collect(A,[x,y])
ans=
    [x*y+x+y+1,   2*x^2-y*x]
    [     2*x*y-x, (x*y^2+x)/y]


>> syms x y a b
>> A=[x^3*y-x^3  exp(a)+b*exp(a); 8*sin(a)+sin(a)*b  a*log(b)-a]
A=
    [        x^3*y-x^3, exp(a)+b*exp(a)]
    [8*sin(a)+b*sin(a),       a*log(b)-a]
>> B11=collect(A(1,1),x^3);
>> B12=collect(A(1,2),exp(a));
>> B21=collect(A(2,1),sin(a));
>> B22=collect(A(2,2),a);
>> B=[B11 B12; B21 B22]
B=
[   (y-1)*x^3, (b+1)*exp(a)]
[(b+8)*sin(a), (log(b)-1)*a]
```

由运算结果可知，矩阵 B 各个元素是矩阵 A 各个元素合并同类项的结果。

4. 化简

在 MATLAB 中，利用 simplify 函数可以对符号表达式化简，其调用格式如下。

```
S=simplify(expr)          %将符号表达式 expr 运用多种恒等式变换进行综合化简
```

说明: 当 expr 为符号矩阵时，则对符号矩阵中的每个元素分别进行化简，以求得矩阵的最短形。

【例 5-17】 对符号表达式与符号矩阵进行化简示例。

解 在命令行窗口中依次输入以下语句，同时会输出相应的结果。

```
>> syms x n c alph beta
>> e1=sin(x)^2+cos(x)^2;
>> Ans1=simplify(e1)
Ans1=
    1
>> e2=exp(c*log(alph+beta));
>> Ans2=simplify(e2)
Ans2=
    (alph+beta)^c
>> e3=2*sin(x)*cos(x);
>> Ans3=simplify(e3)
Ans3=
    sin(2*x)

>> syms fai1 fai2
>> e4=sin(alph)*cos(beta)-cos(alph)*sin(beta)
>> Ans4=simplify(e4)
Ans4=
    sin(alph-beta)
```

即 $\sin^2 x + \cos^2 x = 1$，$e^{c \cdot \ln(\alpha+\beta)} = (\alpha+\beta)^c$，$2\sin x \cos x = \sin(2x)$，$\sin\alpha\cos\beta - \cos\alpha\sin\beta = \sin(\alpha-\beta)$。
继续在命令行窗口中依次输入以下语句，同时会输出相应的结果。

```
>> syms x
>> M=[(x^2+5*x+6)/(x+2), sin(x)*sin(2*x)+cos(x)*cos(2*x);
    (exp(-x*1i)*1i)/2-(exp(x*1i)*1i)/2, sqrt(16)];
>> S=simplify(M)
S=
    [ x+3, cos(x)]
    [sin(x),      4]
```

继续在命令行窗口中依次输入以下语句，同时会输出相应的结果。

```
>> syms x
>> f=(1/x^3+6/x^2+12/x+8)^(1/3);
>> sf=simplify(f)
sf=
    ((2*x+1)^3/x^3)^(1/3)
```

即 $f(x) = \sqrt[3]{\dfrac{1}{x^3} + \dfrac{6}{x^2} + \dfrac{12}{x} + 8} = \sqrt[3]{\dfrac{(2x+1)^3}{x^3}}$。

注意: 自 MATLAB 2008b 始，符号运算内核由 maple 改为 mupad，因此得到的上述结果并非最简结果，这里不讲解两种运算内核的差异。

5. 通分

在 MATLAB 中，利用 numden 函数可以对符号表达式进行通分，其调用格式如下。

```
[N,D]=numden(A)              %对符号表达式 A 进行通分，分别返回通分后的分子 N 与分母 D
                             %转换后的分子与分母都是整系数的最佳多项式形式
```

说明： 计算 N/D 即可求得符号表达式 E 通分的结果。当无输出参数时仅返回通分后的分子 N。

【例 5-18】　通过通分对符号表达式与符号矩阵进行化简。

解　在命令行窗口中依次输入以下语句，同时会输出相应的结果。

```
>> syms k p x y
>> f=x/(k*y)+y/(p*x);
>> [n,d]=numden(f)                    %对符号表达式进行通分
n=
    p*x^2+k*y^2
d=
    k*p*x*y
>> f1=n/d                             %求得符号表达式通分的结果
f1=
    (p*x^2+k*y^2)/(k*p*x*y)
>> numden(f)                          %无输出参数时仅返回通分后的分子
ans=
    p*x^2+k*y^2
```

即 $f(x)=\dfrac{x}{ky}+\dfrac{y}{px}=\dfrac{px^2+ky^2}{kpxy}$。

继续在命令行窗口中依次输入以下语句，同时会输出相应的结果。

```
>> syms x
>> A=[3/2, (x^2+3)/(2*x-1)+3*x/(x-1); 4/x^2, 3*x+4]
A=
    [  3/2, (3*x)/(x-1)+(x^2+3)/(2*x-1)]
    [4/x^2,                      3*x+4]
>> [N,D]=numden(A)
N=
    [3, x^3+5*x^2-3]
    [4,       3*x+4]
D=
    [  2, (2*x-1)*(x-1)]
    [x^2,            1]
>> N./D
ans=
    [  3/2, (x^3+5*x^2-3)/((2*x-1)*(x-1))]
    [4/x^2,                        3*x+4]
>> simplify(A)
ans=
    [  3/2, (3*x)/(x-1)+(x^2+3)/(2*x-1)]
    [4/x^2,                      3*x+4]
```

即 矩 阵 $\begin{bmatrix} \dfrac{3}{2} & \dfrac{x^2+3}{2x-1}+\dfrac{3x}{x-1} \\ \dfrac{4}{x^2} & 3x+4 \end{bmatrix}$ 各 元 素 的 分 子、分 母 表 达 式 矩 阵 分 别 为 $\begin{bmatrix} 3 & x^3+5x^2-3 \\ 4 & 3x+4 \end{bmatrix}$、

$\begin{bmatrix} 2 & (2x-1)(x-1) \\ x^2 & 1 \end{bmatrix}$。

继续在命令行窗口中依次输入以下语句，同时会输出相应的结果。

```
>> syms x
>> A=[sin(x)*sin(2*x)/cos(x)*cos(2*x), (x^2+5*x+6)/(x+2);
    (exp(-x*1i)*1i)/(exp(x*1i)*1i),          sqrt(16)];
>> [N,D]=numden(A)
N=
    [cos(2*x)*sin(2*x)*sin(x), x+3]
    [             exp(-x*2i),      4]
D=
    [cos(x), 1]
    [     1, 1]
```

6. 嵌套型分解

在 MATLAB 中，利用 horner 函数可以对符号表达式进行嵌套型分解，其调用格式如下。

```
horner(p)                    %将符号表达式 p 转换为嵌套形式的表达式
horner(p,var)                %针对 var 指定的变量将符号表达式 p 转换为嵌套形式的表达式
```

【例 5-19】 对多项式进行嵌套型分解。

解 在命令行窗口中依次输入以下语句，同时会输出相应的结果。

```
>> syms x
>> p=x^4-5*x^3+5*x^2+5*x-6;
>> horner(p)
ans=
    x*(x*(x*(x-5)+5)+5)-6
```

即 $x^4-5x^3+5x^2+5x-6=x(x(x(x-5)+5)+5)-6$。

继续在命令行窗口中依次输入以下语句，同时会输出相应的结果。

```
>> syms a b c d x
>> fx=-a*x^4+b*x^3-c*x^2+x+d;
>> horner(fx)
ans=
    d-x*(x*(c-x*(b-a*x))-1)
```

即 $f(x)=-ax^4+bx^3-cx^2+x+d=d-x(x(c-x(b-ax))-1)$。

7. 习惯方式显示符号表达式

在 MATLAB 中，利用 pretty 函数可以以习惯的方式显示符号表达式，其调用格式如下。

```
pretty(X)                    %以习惯的"书写"方式显示符号表达式 X（包括符号矩阵）
```

说明：实际中建议采用 Live Scripts（实时脚本）方式显示符号表达式，Live Scripts 提供了完整的数学渲染，而 pretty 函数使用的是纯文本格式。

【例 5-20】 以习惯的方式显示符号表达式。

解 在命令行窗口中依次输入以下语句，同时会输出相应的结果。

```
>> syms a b c d x y
>> f1=a*x/b+c/(d*y);
>> pretty(f1)
     c    a x
    ---+---
     d y    b
```

```
>> f2=sqrt(b^2-4*a*c)
f2=
    (b^2-4*a*c)^(1/2)
>> pretty(f2)
          2
   sqrt(b -4 a c)
```

即 $f(x)=\dfrac{ax}{b}+\dfrac{c}{dy}$ 与 $f_1(x)=\sqrt{b^2-4ac}$ 。

5.2.4　特定符号运算

本节涉及 MATLAB 中的两种特定符号函数运算——复合函数运算与反函数运算，下面分别介绍。

1. 复合函数运算

设 z 是 y（自变量）的函数 $z=f(y)$，而 y 又是 x（自变量）的函数 $y=g(x)$，则 z 对 x 的函数 $z=f(g(x))$ 叫作 z 对 x 的复合函数。求 z 对 x 的复合函数 $z=f(g(x))$ 的过程叫作复合函数运算。

在 MATLAB 中，利用 compose 函数可以求复合函数，其调用格式如下。

```
compose(f,g)          %返回复合函数 f(g(y))，其中 f=f(x), g=g(y)
                      %即用 g(y)代入 f(x)中的 x，其中 x 为 f 的自变量，y 为 g 的自变量
compose(f,g,z)        %返回复合函数 f(g(z))，并以 z 为自变量，其中 f=f(x), g=g(y)
                      %即用 g(y)代入 f(x)中的 x，并将 g(y)中的自变量 y 改换为 z
compose(f,g,x,z)      %同 compose(f,g,z)
compose(f,g,t,z)      %返回复合函数 f(g(z))，并以 z 为自变量，其中 f=f(t), g=g(y)
                      %即用 g=g(y)代入 f(t)中的 t，并将 g(y)中的自变量 y 改换为 z
compose(f,g,x,y,z)    %返回复合函数 f(g(z))，使 x 为 f 的自变量，y 为 g 的自变量
compose(f,g,t,u,z)    %返回复合函数 f(g(z))，并以 z 为自变量，其中 f=f(t), g=g(u)
                      %即用 g=g(u)代入 f(t)中的 t，并将 g(u)中的自变量 u 改换为 z
```

例如，若 f=cos(x/t)，则 compose(f,g,x,z)返回 cos(g(z)/t)，而 compose(f,g,t,z)返回 cos(x/g(z))；若 f=cos(x/t),g=sin(y/u)，则 compose(f,g,x,y,z)返回 cos(sin(z/u)/t)，而 compose(f,g,x,u,z)返回 cos(sin(y/z)/t)。

【例 5-21】　已知 $f(x)=\ln(x/t)$ 与 $g=u\cos y$，求其复合函数 $f(\varphi(x))$ 与 $f(g(z))$。

解　在命令行窗口中依次输入以下语句，同时会输出相应的结果。

```
>> syms f g t u x y z
>> f=log(x/t);
>> g=u*cos(y);
>> cfg=compose(f,g)
cfg=
    log((u*cos(y))/t)
>> cfgt=compose(f,g,z)
cfgt=
    log((u*cos(z))/t)
>> cfgxz=compose(f,g,x,z)
cfgxz=
    log((u*cos(z))/t)
>> cfgtz=compose(f,g,t,z)
cfgtz=
    log(x/(u*cos(z)))
>> cfgxyz=compose(f,g,x,y,z)
cfgxyz=
```

```
    log((u*cos(z))/t)
>> cfgtuz=compose(f,g,t,u,z)
cfgtuz=
    log(x/(z*cos(y)))
```

2．反函数运算

设 y 是 x(自变量)的函数 $y=f(x)$，若将 y 当作自变量，x 当作函数，则函数 $x=g(y)$ 叫作函数 $f(x)$ 的反函数，而 $f(x)$ 叫作直接函数。

在同一坐标系中，直接函数 $y=f(x)$ 与反函数 $x=g(y)$ 表示同一图形。通常把 x 当作自变量，而把 y 当作函数，故反函数 $x=g(y)$ 写为 $y=g(x)$。

在 MATLAB 中，利用 finverse 函数可以求反函数，其调用格式如下。

```
g=finverse(f)          %求符号函数 f 的反函数 g，且 f(g(x))=x，其中 f 的变量为单变量 x
g=finverse(f,v)        %求符号函数 f 的自变量为 v 的反函数 g，且 f(g(v))=v
```

【例 5-22】 利用 MATLAB 求函数 $y=ax+b$ 、 $f(x)=x^2$ 的反函数。

解 在命令行窗口中依次输入以下语句，同时会输出相应的结果。

```
>> syms a b x y
>> y=a*x+b
y=
    b+a*x
>> g=finverse(y)
g=
    -(b-x)/a
>> compose(y,g)
ans=
    x
```

即 $y=f(x)=ax+b$ 的反函数为 $g(x)=\dfrac{-(b-x)}{a}$ ，且 $g(f(x))=x$ 。

继续在命令行窗口中依次输入以下语句，同时会输出相应的结果。

```
>> syms x
>> f=x^2
f=
    x^2
>> g=finverse(f)
g=
    x^(1/2)
>> fg=simplify(compose(g,f))                    %验算 g(f(x))是否等于 x
fg=
    (x^2)^(1/2)
>> fg=simplify(compose(f,g))                    %验算 f(g(x))是否等于 x
fg=
    x
```

即 $f(x)=x^2$ 的反函数为 $g(x)=\sqrt{x}$ ，且 $g(f(x))=x$ 。

5.2.5 其他符号运算

在 MATLAB 的符号运算中，同样可以通过 det、inv、pinv、eig 函数求解矩阵行列式的值、矩阵的逆、伪逆、特征值等，具体函数的调用方法可参考前面的章节，下面仅通过示例展示这些函数的应用。

【例 5-23】　求矩阵 $A = \begin{bmatrix} a_{11} & a_{12} \\ a_{21} & a_{22} \end{bmatrix}$ 的行列式值、逆和特征根。

解　在命令行窗口中依次输入以下语句，同时会输出相应的结果。

```
>> syms a11 a12 a21 a22
>> A=[a11, a12; a21, a22];
>> DA=det(A)
DA=
    a11*a22-a12*a21
>> IA=inv(A)
IA=
    [a22/(a11*a22-a12*a21), -a12/(a11*a22-a12*a21)]
    [-a21/(a11*a22-a12*a21),  a11/(a11*a22-a12*a21)]
>> EA=eig(A)
EA=
    a11/2+a22/2-(a11^2-2*a11*a22+a22^2+4*a12*a21)^(1/2)/2
    a11/2+a22/2+(a11^2-2*a11*a22+a22^2+4*a12*a21)^(1/2)/2
```

5.3　符号矩阵

矩阵是线性代数范畴内特有的。第 4 章已经讲过 MATLAB 中的数值矩阵运算规则及其运算符。本节介绍的符号矩阵及其运算与数值矩阵的运算相同，只是符号矩阵采用的是符号表达式表示。

5.3.1　元素访问

第 24 集
微课视频

符号矩阵的访问是针对矩阵的行或列与矩阵元素进行的。矩阵元素的标识或定位地址的通用双下标格式如下。

A(r,c)	%r 为行号；c 为列号

根据元素的标识方法，矩阵元素的访问与赋值常用的相关指令格式如表 5-1 所示，这些内容在前文已经详细介绍过，这里不再赘述。

表 5-1　常用矩阵元素访问与赋值指令格式

指 令 格 式	指 令 功 能
A(r,c)	由矩阵A中r指定行、c指定列的元素组成的子数组
A(r,:)	由矩阵A中r指定行对应的所有列的元素组成的子数组
A(:,c)	由矩阵A中c指定列对应的所有行的元素组成的子数组
A(:)	由矩阵A的各列按从左到右的次序首尾相接的"一维长列"子数组
A(i)	"一维长列"子数组的第i个元素
A(r,c)=Sa	对矩阵A赋值，Sa也必须为Sa(r,c)
A(:)=B(:)	矩阵全元素赋值，保持A的行宽、列长不变，A、B矩阵元素总数应相同，但行宽、列长可不同

【例 5-24】　矩阵元素的标识与访问。

解　在命令行窗口中依次输入以下语句，同时会输出相应的结果。

```
>> syms a11 a12 a13 a21 a22 a23 a31 a32 a33
>> A=[a11 a12 a13; a21 a22 a23; a31 a32 a33]            %定义符号数组
A=
    [a11, a12, a13]
    [a21, a22, a23]
    [a31, a32, a33]
>> A(2,3)                              %查询数组 A 行号为 2, 列号为 3 的元素
ans=
    a23
>> A(3,:)                             %查询数组 A 第 3 行所有元素
ans=
    [a31, a32, a33]
>> (A(:,2))                          %查询数组 A 第 2 列所有元素
ans=
    a12
    a22
    a32
>> (A(:,2))'                         %查询数组 A 第 2 列转置后的元素
ans=
    [conj(a12), conj(a22), conj(a32)]
>> A(6)                              %查询"一维长列"数组的第 6 个元素
ans=
    a32
>> A                                 %查询原矩阵 A 所有元素
A=
    [a11, a12, a13]
    [a21, a22, a23]
    [a31, a32, a33]
>> B=(A(:))'                         %查询矩阵 A 按列拉长转置（采用'运算符）后所有元素
B=
    [conj(a11), conj(a21), conj(a31), conj(a12), conj(a22), conj(a32),
conj(a13), conj(a23), conj(a33)]
>> C=(A(:)).'                        %查询数组 A 按列拉长转置（采用.'运算符）后所有元素
C=
    [a11, a21, a31, a12, a22, a32, a13, a23, a33]
```

提示：在 MATLAB 中，数组转置与矩阵转置是不同的。'运算符定义的矩阵转置，是其元素的共轭转置；.'运算符定义的数组转置则是其元素的非共轭转置。

5.3.2 加减运算

符号矩阵基本运算的规则是把矩阵当作一个整体，按照线性代数的规则进行运算。

矩阵加减运算的条件是两个矩阵的行数与列数分别相同，即为同型矩阵，运算规则是矩阵相应元素分别进行加减运算。

提示：标量与矩阵间进行加减运算的规则是标量与矩阵的每个元素进行加减运算。

【**例 5-25**】 符号矩阵的加减运算。

解 在命令行窗口中依次输入以下语句，同时会输出相应的结果。

```
>> syms a11 a12 a13 a21 a22 a23 a31 a32 a33
>> syms b11 b12 b13 b21 b22 b23 b31 b32 b33
```

```
>> syms x y
>> A=[a11 a12 a13; a21 a22 a23; a31 a32 a33]
A=
    [a11, a12, a13]
    [a21, a22, a23]
    [a31, a32, a33]
>> B=[b11 b12 b13; b21 b22 b23; b31 b32 b33]
B=
    [b11, b12, b13]
    [b21, b22, b23]
    [b31, b32, b33]
>> P=A+(5+8j)
P=
    [a11+5+8i, a12+5+8i, a13+5+8i]
    [a21+5+8i, a22+5+8i, a23+5+8i]
    [a31+5+8i, a32+5+8i, a33+5+8i]
>> Q=A-(x+y*j)
Q=
    [a11-x-y*1i, a12-x-y*1i, a13-x-y*1i]
    [a21-x-y*1i, a22-x-y*1i, a23-x-y*1i]
    [a31-x-y*1i, a32-x-y*1i, a33-x-y*1i]
>> S=A+B
S=
    [a11+b11, a12+b12, a13+b13]
    [a21+b21, a22+b22, a23+b23]
    [a31+b31, a32+b32, a33+b33]
```

在 MATLAB 里，维数为 1×1 的数组叫作标量。而 MATLAB 里的数值元素是复数，所以一个标量就是有一个复数。

5.3.3　乘法运算

矩阵与标量间可以进行乘法运算，而两个矩阵相乘必须服从数学中矩阵叉乘的条件与规则。

1. 符号矩阵与标量的乘法运算

矩阵与一个标量之间的乘法运算都是指该矩阵的每个元素与这个标量分别进行乘法运算。矩阵与一个标量相乘符合交换律。

【例 5-26】　矩阵与标量之间的乘法运算。

解　续例 5-25，在命令行窗口中依次输入以下语句，同时会输出相应的结果。

```
>> s=5;
>> P=A;
>> sP=s*P
sP=
    [5*a11, 5*a12, 5*a13]
    [5*a21, 5*a22, 5*a23]
    [5*a31, 5*a32, 5*a33]
>> Ps=P*s
Ps=
    [5*a11, 5*a12, 5*a13]
    [5*a21, 5*a22, 5*a23]
    [5*a31, 5*a32, 5*a33]

>> syms k
```

```
>> kP=k*P
kP=
    [a11*k, a12*k, a13*k]
    [a21*k, a22*k, a23*k]
    [a31*k, a32*k, a33*k]
>> Pk=P*k
Pk=
    [a11*k, a12*k, a13*k]
    [a21*k, a22*k, a23*k]
    [a31*k, a32*k, a33*k]
```

运算结果表明：①与矩阵相乘的标量既可以是数值对象也可以是符号对象；②由 s×P=P× s 与 k×P=P×k 可知，矩阵与一个标量相乘符合交换律。

2. 两个符号矩阵的乘法运算

两个矩阵相乘的条件是左矩阵的列数必须等于右矩阵的行数，两个矩阵相乘必须服从线性代数中矩阵叉乘的规则。

【例 5-27】　两个符号矩阵的乘法运算。

解　在命令行窗口中依次输入以下语句，同时会输出相应的结果。

```
>> syms a11 a12 a21 a22 b11 b12 b21 b22
>> A=[a11 a12; a21 a22];
>> B=[b11 b12; b21 b22];
>> AB=A*B
AB=
    [a11*b11+a12*b21, a11*b12+a12*b22]
    [a21*b11+a22*b21, a21*b12+a22*b22]
>> BA=B*A
BA=
    [a11*b11+a21*b12, a12*b11+a22*b12]
    [a11*b21+a21*b22, a12*b21+a22*b22]
```

运算结果表明：①矩阵的乘法的规则是左行元素依次乘右列元素之和作为不同行元素，行元素依次乘不同列元素之和作为不同列元素；②由 A×B≠B×A 可知，矩阵乘法不满足交换律。

5.3.4　除法运算

两个矩阵相除的条件是均为方阵，且方阵的阶数相等。矩阵除法运算有左除与右除之分，分别由运算符\和/表示。其运算规则为：A\B=inv(A)*B，A/B=A*inv(B)。

【例 5-28】　符号矩阵除法运算示例。

解　在命令行窗口中依次输入以下语句，同时会输出相应的结果。

```
>> syms a b c d e f g h
>> A=[a b; c d];
>> B=[e f; g h];
>> C1=A\B
C1=
    [-(b*g-d*e)/(a*d-b*c), -(b*h-d*f)/(a*d-b*c)]
    [ (a*g-c*e)/(a*d-b*c),  (a*h-c*f)/(a*d-b*c)]
>> C2=simplify(inv(A)*B)
C2=
    [-(b*g-d*e)/(a*d-b*c), -(b*h-d*f)/(a*d-b*c)]
    [ (a*g-c*e)/(a*d-b*c),  (a*h-c*f)/(a*d-b*c)]
```

```
>> D1=A/B
D1=
    [(a*h-b*g)/(e*h-f*g), -(a*f-b*e)/(e*h-f*g)]
    [(c*h-d*g)/(e*h-f*g), -(c*f-d*e)/(e*h-f*g)]
>> D2=simplify(A*inv(B))
D2=
    [(a*h-b*g)/(e*h-f*g), -(a*f-b*e)/(e*h-f*g)]
    [(c*h-d*g)/(e*h-f*g), -(c*f-d*e)/(e*h-f*g)]
```

由结果可知，C1=C2，D1=D2，即验证运算规则 A\B=inv(A)*B，A/B=A*inv(B)。

5.3.5　乘方运算

在 MATLAB 的符号运算中定义了矩阵的整数乘方运算，其运算规则是矩阵 A 的 b 次方是矩阵 A 自乘 b 次。

【例 5-29】　符号矩阵的乘方运算示例。

解　在命令行窗口中依次输入以下语句，同时会输出相应的结果。

```
>> syms a11 a12 a21 a22
>> A=[a11 a12; a21 a22];
>> b=2;
>> C1=A^b
C1=
    [ a11^2+a12*a21, a11*a12+a12*a22]
    [a11*a21+a21*a22,  a22^2+a12*a21]
>> C2=A*A
C2=
    [ a11^2+a12*a21, a11*a12+a12*a22]
    [a11*a21+a21*a22,  a22^2+a12*a21]
```

第 25 集
微课视频

由运算结果可知，C1=C2，即验证了以上运算规则。

5.3.6　指数运算

在 MATLAB 的符号运算中定义了符号矩阵的指数运算，运算由 exp 函数实现。

【例 5-30】　符号矩阵的指数运算示例。

解　续例 5-29，在命令行窗口中依次输入以下语句，同时会输出相应的结果。

```
>> B=exp(A)
B=
    [exp(a11), exp(a12)]
    [exp(a21), exp(a22)]
```

由运算结果可知，符号矩阵的指数运算的规则是得到一个与原矩阵行列数相同的矩阵，而以 e 为底、以矩阵的每个元素作指数进行运算的结果作为新矩阵的对应元素。

5.4　符号方程求解

在初等数学中主要有代数方程与超越方程。能够通过有限次的代数运算（加、减、乘、除、乘方、开方）求解的方程叫作代数方程；不能通过有限次的代数运算求解的方程叫作超越方程。超越方程有指数方程、对数方程与三角方程，在高等数学中主要有微分方程。

5.4.1　代数方程求解

方程的种类繁多，但用 MATLAB 符号方程解算的函数求解方程，函数的调用格式简明而精练，求解过程很简单，使用也很方便。

众所周知，MATLAB 的函数是已经设计好的子程序。需要特别强调的是，函数的执行过程是看不到的，也就是方程如何变形、变形中是否有引起增根或遗根的可能，无法通过原方程进行校验。

在 MATLAB 中，利用 solve 函数可以实现符号代数方程的求解，其调用格式如下。

```
S=solve(eqn,var)      %求解变量为 var 的方程 eqn，不指定 var 时，由 symvar 函数确定
S=solve(eqn,var,Name,Value)      %使用一个或多个 Name-Value 对参数指定附加选项
Y=solve(eqns,vars)     %求解变量 vars 的方程组 eqns，并返回包含解的结构体
                       %未指定 vars 时，由 symvar 函数确定，且变量数量等于 eqns 的数量
Y=solve(eqns,vars,Name,Value)     %使用一个或多个 Name-Value 对参数指定附加选项
[y1,...,yN]=solve(eqns,vars)      %求解方程组，并将解分配给变量 y1,...,yN
                       %未指定 vars 时，由 symvar 函数确定，且变量数量等于 N 的数量
[y1,...,yN]=solve(eqns,vars,Name,Value)
[y1,...,yN,param,cond]=solve(eqns,vars,'ReturnConditions',true)
                       %返回其他参数 param 和条件 cond
```

说明： 输入参数 eqn 或 eqns 是用字符串表达的方程（eqn1==0,eqn2==0,…,eqnN==0 等）或字符串表达式（即将等式右侧的非零项移至左侧后得到的没有等号的表达式）。

另外，vpasolve 函数可以实现符号方程的数值求解，限于篇幅，本书不再介绍。

【例 5-31】 对以下联立方程组，求 $a=1$，$b=2$，$c=3$ 时的 x，y，z。

$$\begin{cases} y^2-z^2=x^2 \\ y+z=a \\ x^2-bx=c \end{cases}$$

解 在命令行窗口中依次输入以下语句，同时会输出相应的结果。

```
>> clear
>> syms x y z a b c
>>                        %①处
>> eq1=y^2-z^2-x^2==0;    %也可用字符串表达式 eq1=y^2-z^2-x^2 表示
>> eq2=y+z-a==0;          %也可用字符串表达式 eq2=y+z-a 表示
>> eq3=x^2-b*x-c==0;      %也可用字符串表达式 eq3=x^2-b*x-c 表示
>> [x,y,z]=solve(eq1, eq2, eq3, x, y, z)
x=
   (b*(b^2/4 + c)^(1/2) + b^2/2)/b
  -(b*(b^2/4 + c)^(1/2) - b^2/2)/b
y=
   a + (2*c + 2*b*(b^2/4 + c)^(1/2) - 2*a^2 + b^2)/(4*a)
   a + (2*c - 2*b*(b^2/4 + c)^(1/2) - 2*a^2 + b^2)/(4*a)
z=
  -(2*c + 2*b*(b^2/4 + c)^(1/2) - 2*a^2 + b^2)/(4*a)
  -(2*c - 2*b*(b^2/4 + c)^(1/2) - 2*a^2 + b^2)/(4*a)
```

在①处输入以下赋值语句。

```
>> a=1; b=2; c=3;
```

其余语句不变，可得到对应的输出结果如下。

```
x=
    -1
     3
y=
     1
     5
z=
     0
    -4
```

即 $a=1$，$b=2$，$c=3$ 时，方程组有两组解：$x=-1$，$y=1$，$z=0$；$x=3$，$y=5$，$z=-4$。

【例 5-32】　求以下线性方程组的解。

$$\begin{cases} d+\dfrac{n}{2}+\dfrac{p}{2}=q \\ n+d+q-p=10 \\ q+d-\dfrac{n}{4}=p \\ q+p-n-8d=1 \end{cases}$$

解　在命令行窗口中依次输入以下语句，同时会输出相应的结果。

```
>> clear
>> syms d n p q
>> eq1=d+n/2+p/2-q;
>> eq2=d+n+q-p-10;
>> eq3=d-n/4-p+q;
>> eq4=-8*d-n+p+q-1;
>> [d,n,p,q]=solve(eq1,eq2,eq3,eq4,d,n,p,q)
d=
    1
n=
    8
p=
    8
q=
    9
```

另外，该方程组可以简记为 $AX=b$ 的矩阵形式，如下。

$$\begin{bmatrix} 1 & \dfrac{1}{2} & \dfrac{1}{2} & -1 \\ 1 & 1 & -1 & 1 \\ 1 & -\dfrac{1}{4} & -1 & 1 \\ -8 & -1 & 1 & 1 \end{bmatrix} \cdot \begin{bmatrix} d \\ n \\ p \\ q \end{bmatrix} = \begin{bmatrix} 0 \\ 10 \\ 0 \\ 1 \end{bmatrix}$$

因此，也可以采用下面的语句求符号解。

```
>> clear
>> A=sym([1 1/2 1/2 -1; 1 1 -1 1; 1 -1/4 -1 1; -8 -1 1 1]);
>> b=sym([0; 10; 0; 1]);
>> X1=A\b
X1=
```

```
        1
        8
        8
        9
```

【例 5-33】 求方程组 $\begin{cases} uy^2 + vz + w = 0 \\ y + z + w = 0 \end{cases}$ 关于 y, z 的解。

解 在命令行窗口中依次输入以下语句，同时会输出相应的结果。

```
>> syms y z u v w
>> S=solve(u*y^2+v*z+w,y+z+w,y,z)
S=
   包含以下字段的 struct:
     y: [2×1 sym]
     z: [2×1 sym]
>> disp('S.y'),disp(S.y)
S.y
    (v+2*u*w+(v^2+4*u*w*v-4*u*w)^(1/2))/(2*u)-w
    (v+2*u*w-(v^2+4*u*w*v-4*u*w)^(1/2))/(2*u)-w
>> disp('S.z'),disp(S.z)
S.z
    -(v+2*u*w+(v^2+4*u*w*v-4*u*w)^(1/2))/(2*u)
    -(v+2*u*w-(v^2+4*u*w*v-4*u*w)^(1/2))/(2*u)
```

【例 5-34】 求方程 $(x+2)^x = 2$ 的解。

解 在命令行窗口中依次输入以下语句，同时会输出相应的结果。

```
>> syms x
>> eqn=(x+2)^x-2;
>> y=solve(eqn,x)
警告: Unable to solve symbolically. Returning a numeric solution using
vpasolve.
y=
    0.6982994217702410428
>> s=vpasolve(eqn,x)                    %利用 vpasolve() 函数求解
s=
    0.6982994217702410428
```

5.4.2 微分方程求解

表示未知函数与未知函数的导数及自变量之间的关系的方程叫作微分方程。如果在一个微分方程中出现的未知函数只含一个自变量，则这个方程叫作常微分方程；如果在一个微分方程中出现有多元函数的偏导数，则这个方程叫作偏微分方程。

微分方程中所出现的未知函数的最高阶导数的阶数，叫作微分方程的阶。找出这样的函数，把该函数代入微分方程能使该方程成为恒等式，则这个函数叫作该微分方程的解。如果微分方程的解中含有相互独立的任意常数，且任意常数的个数与微分方程的阶数相同，则这样的解叫作微分方程的通解。

由于通解中含有任意常数，所以它还不能完全确定地反映某一客观事物的规律性。要完全确定地反映某一客观事物的规律性，必须确定这些常数的值。为此，要根据实际情况，提出确定这些常数的条件，即初始条件。

设微分方程的未知函数为 $y = y(x)$，一阶微分方程的初始条件通常是 $y\big|_{x=x_0} = y_0$，二阶微分

方程的初始条件通常是 $y\big|_{x=x_0}=y_0, y'\big|_{x=x_0}=y_0'$。

由初始条件确定了通解的任意常数后的解叫作微分方程的特解。求微分方程 $y'=f(x,y)$ 满足初始条件 $y\big|_{x=x_0}=y_0$ 的特解的问题叫作一阶微分方程的初值问题，记作

$$\begin{cases} y'=f(x,y) \\ y\big|_{x=x_0}=y_0 \end{cases}$$

微分方程的一个解的图形是一条曲线，叫作微分方程的积分曲线。一阶微分方程的特解的几何意义就是求微分方程的通过已知点 (x_0,y_0) 的积分曲线；二阶微分方程的特解的几何意义就是求微分方程的通过已知点 (x_0,y_0) 且在该点处的切线斜率为 y_0 的积分曲线，即二阶微分方程的初始问题，记作

$$y''=f(x,y,y'),\ y\big|_{x=x_0}=y_0,\ y'\big|_{x=x_0}=y_0'$$

在 MATLAB 中，利用 dsolve 函数可以求常微分方程的符号解（解析解），其调用格式如下。

```
S=dsolve(eqn)                    %求解微分方程 eqn，其中 eqn 是一个符号方程
S=dsolve(eqn,cond)               %利用初始值或边界条件 cond 求解 eqn
S=dsolve(___,Name,Value)         %使用由一个或多个 Name-Value 对参数指定其他选项
[y1,...,yN]=dsolve(___)          %将解输出到变量 y1,...,yN
```

说明：微分方程 eqn 使用 diff 和 == 表示，如 diff(y,x)==y 表示方程 dy/dx=y。将 eqn 指定为方程的向量可以求解微分方程组。

科学研究与实际工程中会遇到由几个微分方程联立起来共同确定几个具有同一自变量的函数的情形，这些联立的微分方程叫作微分方程组。

高等数学中，按微分方程的不同结构形式，可以有多种解法。在此将着重复习科学研究与实际工程中 6 类最常用的微分方程，并都用 MATLAB 的求解符号微分方程的函数求解。

【例 5-35】　求下列微分方程的符号解（解析解）。

（1）$y'=ay+b$

（2）$y''=\sin(2x)-y, y(0)=0, y'(0)=1$

（3）$f'=f+g, g'=g-f, f'(0)=1, g'(0)=1$

解　在命令行窗口中依次输入以下语句，同时会输出相应的结果。

```
>> clear
>> syms a b y(t)
>> eqns=diff(y,t)==a*y+b;
>> S=dsolve(eqns)                           %求解微分方程（1）
S=
    -(b - C1*exp(a*t))/a

>> syms y(x)
>> eqns=diff(y,x,2)==sin(2*x)-y;
>> Dy=diff(y,x);
>> cond=[y(0)==0, Dy(0)==1];
>> S=dsolve(eqns,cond)                       %求解微分方程（2）
S=
    (5*sin(x))/3 - sin(2*x)/3

>> syms f(t) g(t)
```

```
>> eqns=[diff(f,t)==f+g, diff(g,t)==g-f];
>> Df=diff(f,t);
>> Dg=diff(g,t);
>> cond=[Df(0)==1, Dg(0)==1];
>> S=dsolve(eqns,cond)                            %求解微分方程（3）
S=
   包含以下字段的 struct:
     g: exp(t)*cos(t)
     f: exp(t)*sin(t)
```

【例 5-36】 求微分方程组 $\begin{cases} \dfrac{\mathrm{d}x}{\mathrm{d}t}=y \\ \dfrac{\mathrm{d}y}{\mathrm{d}t}=-x \end{cases}$ 的符号解（解析解）。

解 在命令行窗口中依次输入以下语句，同时会输出相应的结果。

```
>> clear
>> syms x(t) y(t)
>> eqns=[diff(x,t)==y, diff(y,t)==-x];
>> S=dsolve(eqns)
S=
   包含以下字段的 struct:
     y: C2*cos(t)-C1*sin(t)
     x: C1*cos(t)+C2*sin(t)
>> [xSol(t),ySol(t)]=dsolve(eqns)
xSol(t)=
   C1*cos(t)+C2*sin(t)
ySol(t)=
   C2*cos(t)-C1*sin(t)
```

【例 5-37】 求以下微分方程组的通解。

$$\begin{cases} \dfrac{\mathrm{d}x}{\mathrm{d}t}+2x+\dfrac{\mathrm{d}y}{\mathrm{d}t}+y=t \\ \dfrac{\mathrm{d}y}{\mathrm{d}t}+5x+3y=t^2 \end{cases}$$

解 在命令行窗口中依次输入以下语句，同时会输出相应的结果。

（1）求微分方程组的通解。

```
>> clear
>> syms x(t) y(t)
>> eqns=[diff(x,t)+2*x+diff(y,t)+y==t, diff(y,t)+5*x+3*y==t^2];
>> S=dsolve(eqns)
S=
  包含以下字段的 struct:
     y: cos(t)*(C2 - 4*cos(t) + 3*sin(t) + 2*t^2*cos(t) + t^2*s...
     x: (cos(t)/5 + (3*sin(t))/5)*(C1 + 3*cos(t) + 4*sin(t) + t...
>> x=collect(collect(collect(S.x,t),sin(t)),cos(t))          %合并同类项
x=
   (-t^2+t+3)*cos(t)^2+(C1/5-(3*C2)/5)*cos(t)+(-t^2+t+3)*sin(t)^2+
((3*C1)/5+C2/5)*sin(t)
>> y=collect(collect(collect(S.y,t),sin(t)),cos(t))
y=
   (2*t^2-3*t-4)*cos(t)^2+C2*cos(t)+(2*t^2-3*t-4)*sin(t)^2+(-C1)*sin(t)
```

（2）验算微分方程的解。

```
>> L1=diff(x,t)+2*x+diff(y,t)+y-t;
>> L1=simplify(collect(collect(L1,sin(t)),cos(t)))
L1=
    0
>> L2=diff(y,t)+5*x+3*y-t^2;
>> L2=simplify(collect(collect(L2,sin(t)),cos(t)))
L2=
    0
```

本章小结

科学与工程技术中的数值运算固然重要，但自然科学理论分析中各种各样的公式、关系式及其推导就是符号运算要解决的问题。MATLAB 的科学运算包含数值运算与符号运算，符号运算工具也是 MATLAB 的重要组成部分。通过本章的介绍，可以帮助读者了解、熟悉并掌握符号运算的基本概念、MATLAB 符号运算函数的功能及其调用格式，为符号运算的应用打下基础。

本章习题

1. 选择题

（1）符号对象对应 MATLAB 中的数据类型是（　　　）。

A．int16　　　　　　B．char　　　　　　C．single　　　　　　D．sym

（2）使用 sym 函数建一个 n 阶矩阵，下列语句正确的是（　　　）。

A．A=sym(A)　　　　　　　　　　B．A=sym('A')

C．A=sym('a', n)　　　　　　　　D．A=sym('a', [1 n])

（3）在 MATLAB 中运行语句 A=sym('a', [1　4])，其结果是（　　　）。

A．A=[a1, a2, a3, a4]　　　　　　B．A=[a1, a2, a3, a4]'

C．A=[a_1, a_2, a_3, a_4]　　　　D．A=[a_1, a_2, a_3, a_4]'

（4）MATLAB 可以用来检测对象数据的类型的函数是（　　　）。

A．sym　　　　　　B．class　　　　　　C．plot　　　　　　D．syms

（5）在 MATLAB 中运行语句 c=class(sym('6'))，返回的结果是（　　　）。

A．c='double'　　　B．c='int'　　　C．c='syms'　　　D．c='sym'

（6）当运行下面的程序时，返回的结果是（　　　）。

```
clear;
sym k m n u y z
f1=m*y*u + k*y + n;
vf=symvar(f1,1)
```

A．vf=m　　　　　　B．vf=y　　　　　　C．c=k　　　　　　D．c=n

（7）下列可以对符号表达式进行化简的函数是（　　　）。

A．simplify　　　　　B．numden　　　　　C．horner　　　　　D．compose

（8）下列可以计算矩阵的行列式值的函数是（　　　　）。

A．inv( )　　　　　　　B．pinv( )　　　　　　　C．det( )　　　　　　　D．eig( )

（9）对于只含有一个未知数的符号方程 $x^2+3x=4$，语句 x=solve(eq1,x)可以求解其中的 x，下列 eq1 表达式中正确的是（　　　　）。

A．eq1=x^2+3*x　　　　　　　　　　　B．eq1=x^2+3*x−4

C．eq1=x^2+3*x−4=0　　　　　　　　　D．eq1=x^2+3*x=0

（10）对于微分方程 $y'=y+1$，若使用 S=dsolve(eq)进行求解，则其中的 eq 等于（　　　　）。

A．diff(y,x)==y+1　　　　　　　　　　B．y'−y−1=0

C．y'−y−1==0　　　　　　　　　　　　D．diff(y,x)=y+1

2．填空题

（1）_____是 MATLAB 中的一种数据类型，用来存储代表非数值的字符符号。

（2）在 MATLAB 中，符号对象可利用 sym 函数或_____来建立，利用_____函数测试建立的操作对象为何种操作对象类型、是否为符号对象类型。

（3）使用 sym 函数创建一个矩阵 b=[x_1, x_2, x_3, x_4]，需要使用的语句是_____。

（4）在 MATLAB 中，使用 syms 函数创建一个 3×4 的符号矩阵 A，需要使用的语句是_____。

（5）符号函数由函数名、自变量名、函数体和赋值符号组成，在 MATLAB 中，符号函数由符号变量直接创建，也可以利用_____函数创建。

（6）符号变量与符号形式的数（符号常量）构成的矩阵叫作_____。

（7）自变量的确定在微积分运算、表达式化简、方程求解中是必不可少的。在 MATLAB 中，利用_____函数可以按照数学习惯确定一个符号表达式中的自变量。

（8）在 MATLAB 中，利用 subs 函数可以实现符号变量代换，语句 Ynew=subs(Y, x, y)的意思是将符号表达式 Y 中的变量_____替换为_____。

（9）当要将符号表达式的解析解转换为双精度数值解时，可使用_____函数；当要得到指定精度的精确数值解时，可联合使用_____与_____两个函数实现解析解的数值转换。

（10）在 MATLAB 中，expand 函数可以对符号表达式进行_____；simplify 函数可以对符号表达式进行_____。

（11）在 MATLAB 中，利用 compose 函数可以求复合函数，执行语句 compose(f, g)，其中 f 是关于 x 的函数，g 是关于 z 的函数，返回的结果是_____。

（12）在 MATLAB 中，利用 solve 函数可以实现符号_____的求解；利用_____函数可以求常微分方程的符号解。

3．计算与简答题

（1）分别使用 sym 和 syms 函数完成对符号对象 x、y、z 的创建。

（2）分别使用 sym 和 syms 函数创建一个 3×4 的矩阵 $\begin{bmatrix} A1\_1 & A1\_2 & A1\_3 & A1\_4 \\ A2\_1 & A2\_2 & A2\_3 & A2\_4 \\ A3\_1 & A3\_2 & A3\_3 & A3\_4 \end{bmatrix}$。

（3）使用 MATLAB 对下列多项式进行关于 x 的因式分解。

① $x^4+4x^3+5x^2+4x+4$

② x^5-1

（4）使用 MATLAB 对函数 $f(x)$ 进行化简。

$$f(x) = \frac{1}{x^3} + \frac{6}{x^2} + \frac{12}{x} + 8 + 4\sin x \cos x$$

（5）已知 $f(x) = e^{x^2} + e^{2x}$，$g(y) = 3\ln y$，求复合函数 $F(y) = f(g(y))$。

（6）使用符号运算，求以下线性方程组的解。

$$\begin{cases} 10x + 7y = 25 \\ 4x - 3y = -10 \end{cases}$$

（7）求下列非线性方程的符号解。

① $ax^2 + bx + c = 0$

② $ae^{bx} = c$

（8）求下列非线性方程组关于 x、y 的解。

$$\begin{cases} ax^2 + by + c = 0 \\ x - y + d = 0 \end{cases}$$

（9）求下列微分方程的符号解（解析解）。

$$y'' + 2y' + y = 0, y(0) = 0, y'(1) = 1$$

（10）求下列微分方程组的符号解（解析解）。

$$\begin{cases} \dfrac{dx}{dt} = 2x + y \\ \dfrac{dy}{dt} = x - y \end{cases}$$

第 6 章

程 序 设 计

类似于其他的高级语言编程，MATLAB 提供了非常方便易懂的程序设计方法，利用 MATLAB 编写的程序简洁、可读性强，且调试十分容易。本章重点讲解 MATLAB 中最基础的程序设计，包括程序语法规则、程序结构、控制语句及程序调试等内容。

6.1 程序语法规则

虽然 MATLAB 的主要功能是矩阵运算，但它也是一种完整的程序设计语言，拥有各种语句格式和语法规则。

第 26 集
微课视频

6.1.1 程序设计中的变量

前面已经介绍过变量的概念，下面介绍在程序设计中用到的变量。MATLAB 中的变量无须事先定义，这是区别于其他高级程序语言的显著特点。

MATLAB 中的变量有自己的命名规则，即必须以字母开头，之后可以是任意字母、数字或下画线；但是不能有空格，且变量名区分字母大小写。MATLAB 还包括一些特殊的变量——预定义变量（特殊常量），如表 2-1 所示。

程序设计中定义的变量有局部变量和全局变量两种类型。每个函数在运行时，均占用单独的一块内存，此工作空间独立于 MATLAB 的基本工作空间和其他函数工作空间。

因此，不同工作空间的变量完全独立，不会相互影响，这些变量称为局部变量。有时为了减少变量的传递次数，可使用全局变量。全局变量可以使 MATLAB 允许几个不同的函数工作空间及基本工作空间共享同一个变量。

在 MATLAB 中，通过 global 函数可以定义全局变量，其调用格式如下。

```
global var1 ... varN          %将变量 var1,...,varN 声明为作用域中的全局变量
```

注意：

（1）在使用全局变量之前必须首先定义，建议将定义放在函数体的首行位置。

（2）为提高程序的可读性，建议采用大写字符命名全局变量。

（3）全局变量会损坏函数的独立性，造成程序的书写和维护困难，尤其在大型程序中，不利于模块化，因此并不推荐使用。

在 MATLAB 中，使用 clear 命令可以清除全局变量，其调用格式如下。

```
clear global var              %从所有工作区中清除全局变量 var
```

```
clear var                          %从当前工作区而不从其他工作区中清除全局变量
```

说明： 每个希望共享全局变量的函数或 MATLAB 基本工作空间必须逐个对具体变量加以专门定义，没有采用 global 定义的函数或基本工作空间将无权使用全局变量。

【例 6-1】 全局变量的使用。

解 在编辑器中创建一个 exga 函数，并保存在当前目录下，内容如下。

```
function fun=exga(y)
global X                           %在 exga(y) 函数中声明了一个全局变量
fun=X*y;
end
```

在命令行窗口中依次输入以下语句，同时会输出相应的结果。

```
>> clear
>> global X                        %在基本工作空间中进行全局变量 X 的声明
>> X=4;
>> z=exga(2)
z=
    8
>> whos global                     %查看工作空间中的全局变量
  Name       Size        Bytes  Class      Attributes
    X         1x1            8  double       global
```

注意： 当某个函数的运行使得全局变量发生变化时，其他函数工作空间及基本工作空间内的同名变量会随之变化。只要与全局变量相联系的工作空间有一个存在，全局变量就存在。

第 27 集
微课视频

6.1.2　编程方法

前面章节介绍的 MATLAB 程序都十分简单，包括一系列的 MATLAB 语句，这些语句按照固定的顺序一句接一句地被执行，将这样的程序称为顺序结构程序。首先读取输入，然后运算得到所需结果，最后打印输出结果并退出。

对于要多次重复运算程序的某些部分，若按顺序结构编写，则程序会变得极其复杂，甚至无法编写，此时可以采用控制顺序结构解决。

控制顺序结构有两大类：选择结构，用于选择执行特定的语句；循环结构，用于重复执行特定部分的代码。随着选择和循环的介入，程序将渐渐地变得复杂，但对于解决问题来说将会变得简单。

为了避免在编程过程中出现大量错误，多采用自上而下的常规编程方法，具体如下。

（1）清晰地陈述要解决的问题。

（2）定义程序所需的输入量和程序产生的输出量。

（3）确定设计程序时采用的算法。

（4）把算法转换为代码。

（5）检测 MATLAB 程序。

6.2　程序结构

MATLAB 程序结构一般可分为顺序结构、循环结构、条件（分支）结构 3 种。顺序结构是指按顺序逐条语句执行，循环结构与条件结构都有其特定的语句。

6.2.1 顺序结构

顺序结构就是顺序执行程序的各条语句，如图 6-1 所示。这种结构语句不需要任何特殊的流控制，其语法结构如下。

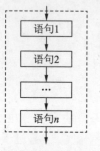

```
语句 1
语句 2
...
语句 n
```

【例 6-2】 顺序结构程序示例。

（1）在 MATLAB 主界面单击"主页"→"文件"→"新建脚本"按钮 ，打开编辑器窗口。

（2）在编辑器窗口中编写程序（M 文件）如下。

图 6-1　顺序结构

```
a=3                           %定义变量 a
b=5*a                         %定义变量 b
c=a*b                         %求变量 a、b 的乘积，并赋值给 c
```

（3）单击"编辑器"→"文件"→"保存"按钮 ，将编写的文件保存为 sequence.m。

（4）单击"编辑器"→"运行"→"运行"按钮 ▷ （或按 F5 快捷键）执行程序，此时在命令行窗口中输出运行结果。

提示： 在当前目录保存文件后，可以直接在命令行窗口中输入文件名运行，同样可以得到运行结果，如下。

```
>> sequence
a=
    3
b=
    15
c=
    45
```

6.2.2 循环结构

循环结构多用于有规律语句的重复计算，被重复执行的语句称为循环体，控制循环语句走向的语句称为循环条件。MATLAB 中有 for 循环和 while 循环两种循环语句。

1. for循环

在 MATLAB 中，最常见的循环结构是 for 循环，常用于已知循环次数的情况，循环判断条件通常就是循环次数。其语法结构如下。

```
for index=values              %循环判断条件
    statements                %循环体语句组
end
```

初值、增量、终值可正可负，可以是整数，也可以是小数，只要符合数学逻辑即可。for 循环可以实现将一组语句执行特定次数，其中 values 包括以下几种形式。

（1）initVal:endVal（初值:终值）：变量 index 从 initVal 至 endVal 按 1 递增，重复执行 statements（语句），直到 index 大于 endVal 后停止，如图 6-2（a）所示。

```
for index=initVal:endVal            %变量=初值:终值
    statements                       %循环体语句组
end
```

（2）initVal:step:endVal（初值:增量:终值）：每次迭代时按 step（增量）的值对 index 进行递增（step 为负数时对 index 进行递减），如图 6-2（b）所示。

```
for index=initVal:step:endVal       %变量=初值:增量:终值
    statements                       %循环体语句组
end
```

（3）valA：每次迭代时从数组 valA 的后续列创建列向量 index。在第 1 次迭代时，index=valA(:,1)，循环最多执行 *n* 次，其中 *n* 是 valA 的列数，由 numel(valA(1,:)) 给定，如图 6-2（c）所示。

```
for index=valA                       %变量=数组
    statements                       %循环体语句组
end
```

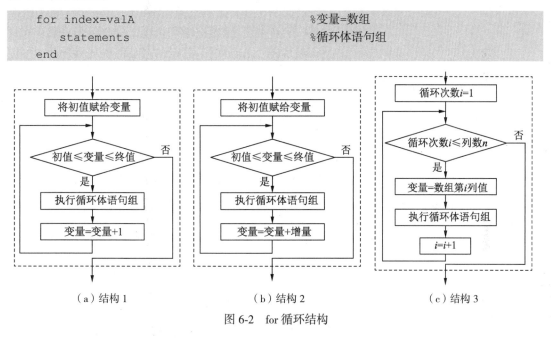

（a）结构 1　　　　　　　（b）结构 2　　　　　　　（c）结构 3

图 6-2　for 循环结构

【例 6-3】　循环语句示例。

解　在编辑器窗口中编写程序如下，并保存为 forloop1.m 文件。

```
for i=1:3
    y(i)=cos(i)
end
```

执行上述语句，首先给 i 赋值 1，进入第 1 个循环计算 y(1)=cos(1)，结果如下。

```
y=
    0.5403
```

第 1 个循环执行完后 i=1<3，然后执行 i=1+1=2，执行第 2 次循环计算 y(2)=cos(2)，结果如下。

```
y=
    0.5403    -0.4161
```

第 2 个循环执行完后 i=2<3，然后执行 i=2+1=3，执行第 3 次循环计算 y(3)=cos(3)，结果如下。

```
y=
    0.5403   -0.4161   -0.9900
```

第 3 个循环执行完后 i=3，循环结束。

【例 6-4】 循环嵌套语句示例。

解 在编辑器窗口中编写程序如下，并保存为 forloop2.m 文件。

```
for i=1:3
    for j=1:2
        A(i,j)=i+j
    end
end
```

（1）执行上述语句，首先给 i 赋值 1，进入第 1 层循环，然后给 j 赋值 1，进入第 2 层的第 1 个循环，计算 A(1,1)=1+1，结果如下。

```
A=
    2
```

第 2 层第 1 个循环执行完后 j=1<2，然后执行 j=1+1=2，执行第 2 层的第 2 次循环，计算 A(1,2)=1+2，结果如下。

```
A=
    2    3
```

第 2 层第 2 个循环执行完后 j=2，第 2 层循环结束，返回第 1 层循环。

（2）第 1 层第 1 个循环执行完后 i=1<3，然后执行 i=1+1=2，执行第 1 层第 2 次循环，进入第 2 层的第 1 个循环，给 j 赋值 1，计算 A(2,1)=2+1，结果如下。

```
A=
    2    3
    3
```

第 2 层第 1 个循环执行完后 j=1<2，然后执行 j=1+1=2，执行第 2 层的第 2 次循环，计算 A(2,2)=2+2，结果如下。

```
A=
    2    3
    3    4
```

第 2 层第 2 个循环执行完后 j=2，第 2 层循环结束，返回第 1 层循环。

（3）同样地，继续执行第 1 层的第 3 次循环。最终结果如下。

```
A=
    2    3
    3    4
    4    5
```

【例 6-5】 使用数组作为循环条件示例。

解 在编辑器窗口中编写程序如下，并保存为 forloop3.m 文件。

```
for v=[1 5 8 6]
    disp(v)
end
```

单击 "编辑器" → "运行" → "运行" 按钮 ▷ 执行程序，输出结果如下。

```
>> forloop3
    1
    5
    8
    6
```

【例 6-6】　设计一段程序，求 1+2+…+100 的和。

解　在编辑器窗口中编写程序如下，并保存为 forloop4.m 文件。

```
clear
sum=0;                          %设置初值（必须要有）
for i=1:100                     %for 循环，增量为 1
    sum=sum+i;
end
sum
```

执行程序，输出结果如下。

```
sum=
    5050
```

延续上述操作，比较以下两个程序的区别。程序①设计如下，并保存为 forloop4_1.m 文件。

```
for i=1:100                     %for 循环，增量为 1
    sum=sum+i;
end
sum
```

执行程序，输出结果如下。

```
sum=
    10100
```

程序②设计如下，并保存为 forloop4_2.m 文件。

```
clear
for i=1:100                     %for 循环，增量为 1
    sum=sum+i;
end
sum
```

执行程序，输出结果如下。

```
错误使用 sum
输入参数的数目不足。
出错 forloop4_2 (第 3 行)
    sum=sum+i;
```

一般的高级语言中，若变量没有设置初始值，程序会以 0 作为其初始值，而在 MATLAB 中是不允许的。所以，在 MATLAB 中应给出变量的初始值。

（1）程序①没有 clear 语句，程序调用到内存中已经存在 sum 值，因此结果为 sum=10100。

（2）程序②与程序①的差别是少了 sum=0，此时因为程序中有 clear 语句，故出现错误信息。

2．while 循环

与 for 循环不同，while 循环的判断控制是逻辑判断语句，只有条件为 true（真）时重复执行 while 循环，因此循环次数并不确定，while 循环结构如图 6-3 所示。其语法结构如下。

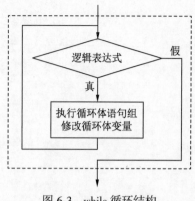

图 6-3 while 循环结构

```
while expression          %逻辑表达式（循环条件）
    statements            %循环语句组
end
```

while 循环结构依据逻辑表达式的值判断是否执行循环体语句。若表达式的值为真，则执行循环体语句一次，在反复执行时，每次都要进行判断；若表达式为假，则程序退出循环执行 end 之后的语句。

提示： 为了避免因逻辑上的失误导致陷入死循环，建议在循环体语句的适当位置加 break 语句。

while 循环也可以采用嵌套结构，其语法结构如下。

```
while expression_1            %逻辑表达式 1
    statements_1              %循环体语句组 1
    while expression_2        %逻辑表达式 2
        statements_2          %循环体语句组 2
    end
    statements_3              %循环体语句组 3
end
```

【例 6-7】 设计一段程序，求 1～100 的偶数和。

解 在编辑器窗口中编写程序如下，并保存为 whileloop1.m 文件。

```
clear
x=0;                          %初始化变量 x
sum=0;                        %初始化变量 sum
while x<101                   %当 x<101 执行循环体语句
    sum=sum+x;               %进行累加
    x=x+2;
end                           %循环结构终点
sum                           %显示 sum
```

执行程序，输出结果如下。

```
>> whileloop1
sum=
    2550
```

【例 6-8】 求 $1+2+3+\cdots+n>100$ 的 n 值。

解 在编辑器窗口中编写程序如下，并保存为 whileloop2.m 文件。

```
sum=0; n=0;
while sum<=100
    n=n+1;
    sum=sum+n;
end
fprintf('\n    1+2+…+n>20 最小的 n 值=%3.0f, 其和=%5.0f\n',n,sum)
```

单击"编辑器"→"运行"→"运行"按钮 ▷ 执行程序。输出结果如下。

```
>> whileloop2
    1+2+…+n>20 最小的 n 值=14, 其和=105
```

注意：while 循环和 for 循环都是比较常见的循环结构，但是两个循环结构还是有区别的。其中最明显的区别在于，while 循环的执行次数是不确定的，而 for 循环的执行次数是确定的。

6.2.3 条件结构

在程序设计中，当满足一定的条件方能执行对应的操作时，就需要用到条件结构（分支结构）。在 MATLAB 中有 if 和 switch 两种条件语句。

1. if 条件

if 条件结构是一个条件分支结构语句，若满足条件表达式，则继续执行；若不满足，则跳出 if 条件结构，其语法结构如下。

```
if expression_1                    %表达式 exp1（执行条件）
    statements_1                   %语句组 1
elseif expression_2                %表达式 exp2（执行条件，可选）
    statements_2                   %语句组 2
else                               %（可选）
    statements_3                   %语句组 3
end
```

if 条件语句流程如图 6-4 所示。根据不同的条件情况，if 语法结构有多种形式，其中最简单是如图 6-4（a）所示的单向选择结构 if-end：当条件表达式为真（true）时，执行语句组，否则跳过该组命令。双向选择结构如图 6-4（b）所示。

elseif 和 else 模块可选，它们仅在 if-end 块中前面的表达式为假（false）时才会执行。if 块可以包含多个 elseif 块，如图 6-4（c）所示。

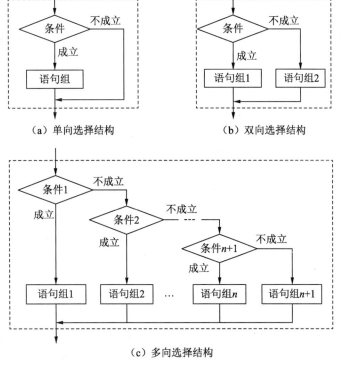

（a）单向选择结构   （b）双向选择结构

（c）多向选择结构

图 6-4 if 条件语句流程

说明：

（1）每个 if 都对应一个 end，即有几个 if，就应有几个 end。

（2）if 分支结构是所有程序结构中比较灵活的结构之一，可以使用任意多个 elseif 语句，但是只能有一个 if 语句和一个 end 语句。

（3）可以根据实际需要将各个 if 语句进行嵌套，从而解决比较复杂的实际问题。

【例 6-9】　编写一个 if 程序并运行，然后针对结果说明原因。

解　在编辑器窗口中编写程序如下，并保存为 ifcond1.m 文件。

```
clear
a=100;
b=20;
if a<b
    fprintf('b>a')                  %请在编辑器中输入单引号'，在 Word 中输入可能不可用
else
    fprintf('a>b')                  %请在编辑器中输入单引号'，在 Word 中输入可能不可用
end
```

执行程序，输出结果如下。

```
>> ifcond1
    a>b
```

程序中用到了 if-else-end 结构，如果 a<b，则输出 b>a；反之则输出 a>b。由于 a=100，b=20，比较可得结果 a>b。

【例 6-10】　设函数 $f(x)=\begin{cases}1, & -1\leqslant x\leqslant 0 \\ 4x+1, & 0<x\leqslant 1 \\ x^2+4x, & 1<x\leqslant 2\end{cases}$，画出 $f(x)$ 的图形。

解　在编辑器窗口中编写程序如下，并保存为 ifcond2.m 文件。

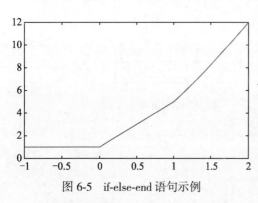

```
x=linspace(-1,2,100);
for i=1:length(x)
    if x(i)<=0
        y(i)=1;
    elseif x(i)<=1
        y(i)=4*x(i)+1;
    else
        y(i)=x(i)^2+4*x(i);
    end
end
plot(x,y)
```

图 6-5　if-else-end 语句示例　　执行程序，输出如图 6-5 所示的图形。

2. switch 结构

在 MATLAB 中，switch 结构适用于条件多且比较单一的情况，类似于一个数控的多个开关。其语法结构如下。

```
switch switch_expression               %表达式，可以是任何类型，如数字、字符串等
    case case_expression_1             %常量表达式 1
        statements_1                   %语句组 1
    case case_expression_2             %常量表达式 2
        statements_2                   %语句组 2
```

```
    ...
    otherwise
        statements_n                          %语句组 n
end
```

当表达式的值与 case 后面常量表达式的值相等时，就执行这个 case 后面的语句组，如果所有常量表达式的值都与这个表达式的值不相等，则执行 otherwise 后的语句组。

表达式的值可以重复，在语法上并不错误，但是在执行时，后面符合条件的 case 语句将被忽略。各个 case 和 otherwise 语句的顺序可以互换。switch 条件语句流程如图 6-6 所示。

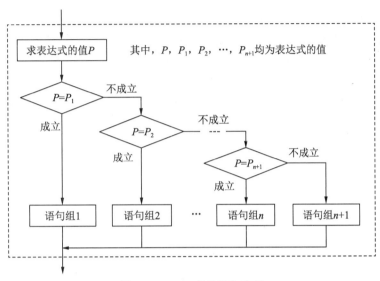

图 6-6　switch 条件语句流程

【例 6-11】　输入一个数，判断它能否被 5 整除。

解　在编辑器窗口中编写程序如下，并保存为 switchcond1.m 文件。

```
clear
n=input('输入 n=');              %输入 n 值
switch mod(n,5)                  %mod 是求余函数，余数为 0，返回 0；余数不为 0，返回 1
    case 0
        fprintf('%d 是 5 的倍数',n)
    otherwise
        fprintf('%d 不是 5 的倍数',n)
end
```

执行程序，输出结果如下。

```
>> switchcond1
输入 n=68
68 不是 5 的倍数
```

在 switch 分支结构中，case 后的检测值不仅可以是一个标量或字符串，还可以是一个元胞数组。如果检测值是一个元胞数组，MATLAB 将把表达式的值和该元胞数组中的所有元素进行比较；如果元胞数组中某个元素和表达式的值相等，则 MATLAB 认为比较结构为真。

【例 6-12】 编写一个自动查询当日是第几个工作日的程序。

解 在编辑器窗口中编写程序如下，并保存为 switchcond2.m 文件。

```
[dayNum,dayString]=weekday(date,'long','en_US'); %返回当前日期是第几个工作日
switch dayString
    case 'Monday'
        disp('第 1 个工作日')
    case 'Tuesday'
        disp('第 2 个工作日')
    case 'Wednesday'
        disp('第 3 个工作日')
    case 'Thursday'
        disp('第 4 个工作日')
    case 'Friday'
        disp('最后一个工作日')
    otherwise
        disp('周末！')
end
```

执行程序，输出结果如下。

```
>> switchcond2
第 1 个工作日
```

第 28 集
微课视频

6.3 控制语句

在进行程序设计时，经常遇到需要使用其他控制语句实现提前终止循环、跳出子程序、显示错误等功能的情况。在 MATLAB 中，对应的控制语句有 continue、break、return 等。

6.3.1 continue 语句

continue 语句通常用于 for 或 while 循环体中，其作用就是跳过本次循环，即跳过当前循环中未被执行的语句，执行下一轮循环。

提示：continue 语句多与 if 一同使用，当 if 条件满足时，程序将不再执行 continue 后的语句，而是开始下一轮的循环。

【例 6-13】 编写一个在 1～50 中显示 9 的倍数的程序。

解 在编辑器窗口中编写程序如下，并保存为 continue2.m 文件。

```
for n=1:50
    if mod(n,9)
        continue        %不能被 9 整除时，跳过其后的 disp 语句，并将控制传递给下一循环
    end
    disp(['被 9 整除: ' num2str(n)])
end
```

执行程序，输出结果如下。

```
>> continue2
被 9 整除: 9
```

被 9 整除: 18
被 9 整除: 27
被 9 整除: 36
被 9 整除: 45

【例 6-14】　编写一个 continue 语句并运行，然后针对结果说明原因。

解　在编辑器窗口中编写程序如下，并保存为 continue1.m 文件。

```
clear
a=3; b=6;
for i=1:3
    b=b+1
    if i>=2
        continue                %满足条件时跳出本轮循环
    end                         %if 语句结束
    a=a+2
end                             %for 循环结束
```

执行程序，输出结果如下。

```
>> continue1
b=
    7
a=
    5
b=
    8
b=
    9
```

6.3.2　break 语句

break 语句也常用于 for 或 while 循环体中，与 if 一同使用。当 if 后的表达式为真时就调用 break 语句，跳出当前循环。

注意：break 语句仅终止最内层的循环。

【例 6-15】　编写一个 break 语句并运行，然后针对结果说明原因，并与例 6-14 进行对比。

解　在编辑器窗口中编写程序如下，并保存为 break1.m 文件。

```
clear
a=3; b=6;
for i=1:3
    b=b+1
    if i>=2
        break                   %满足条件时跳出当前循环
    end
    a=a+2
end
```

执行程序，输出结果如下。

```
>> break1
b=
```

```
        7
a=
        5
b=
        8
```

从以上程序可以看出，当 if 表达式的值为假时，程序执行 a=a+2；当 if 表达式的值为真时，程序执行 break 语句，跳出循环。

提示：①当 break 命令碰到空行时，将直接退出 while 循环；②break 语句完全退出 for 或 while 循环；continue 语句是跳过循环中的其余指令，并开始下一次循环；③break 用于退出循环，是在 for 或 while 循环之内定义的；函数退出需要使用 return。

【例 6-16】 求随机数序列之和，直到下一随机数大于上限为止。

解 在编辑器窗口中编写程序如下，并保存为 break2.m 文件。

```
clear
limit=0.8;
s=0;
while 1
    tmp=rand;                        %生成随机数
    if tmp>limit
        break                        %随机数大于上限时退出循环
    end
    s=s+tmp
end
```

执行程序，输出结果（每次运行的结果均会不同）如下。

```
>> break2
s=
    0.0782
s=
    0.5209
s=
    0.6275
```

6.3.3 keyboard 语句

在 MATLAB 中，将 keyboard 语句放置到 M 文件中，将使程序暂停运行，等待键盘命令。此时，命令行窗口显示一种特殊状态的提示符 k>>，只有当用户使用 dbcont 命令结束输入后，控制权才交还给程序。在 M 文件中使用该语句，对程序的调试和在程序运行中修改变量都十分便利。

【例 6-17】 在 MATLAB 中演示使用 keyboard 语句。

解 在命令行窗口中输入以下语句。

```
>> keyboard
k>> A=magic(3)
A=
    8    1    6
    3    5    7
```

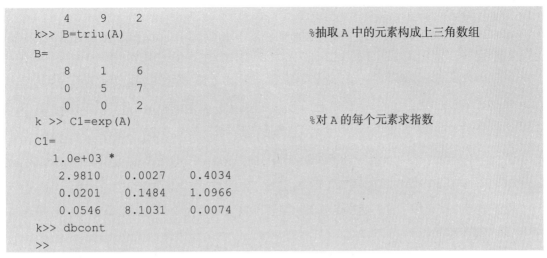

```
             4        9        2
k>> B=triu(A)                          %抽取 A 中的元素构成上三角数组
B=
        8        1        6
        0        5        7
        0        0        2
k >> C1=exp(A)                         %对 A 的每个元素求指数
C1=
  1.0e+03 *
    2.9810    0.0027    0.4034
    0.0201    0.1484    1.0966
    0.0546    8.1031    0.0074
k>> dbcont
>>
```

从上面的语句中可以看出，当输入 keyboard 命令后，在提示符的前面会显示 k>>提示符，而当用户输入 dbcont 后，提示符恢复正常的提示效果。

【例 6-18】　利用 keyboard 语句在调试过程中修改变量。

解　在编辑器窗口中编写 buggy 函数如下，并保存为 buggy.m 文件。

```
function z=buggy(x)
n=length(x);
keyboard
z=(1:n)./x;
end
```

执行 buggy 函数，在命令行窗口中输入以下语句。

```
>> buggy(5)
k>> x=x*2                              %将变量 x 乘以 2 并按 Enter 键继续运行程序
x=
    10
k>> dbcont                             %在暂停后恢复执行程序
ans=
    0.1000
>>
```

可以发现 MATLAB 将在第 3 行（keyboard 命令所在的位置）暂停，此时命令行窗口的命令提示符变为 k>>，输入 x=x*2 按 Enter 键后将变量 x 乘以 2 并继续运行程序，此时 MATLAB 将使用新的 x 值执行程序的其余部分。

说明：使用 dbcont 命令可以终止调试模式并继续执行程序；使用 dbquit 命令可以终止调试模式并退出文件而不完成执行程序。

6.3.4　return 语句

通常，被调用函数执行完毕后，MATLAB 会自动把控制转至主调函数或指定窗口。如果在被调函数中插入 return 命令，可以强制 MATLAB 结束执行该函数并把控制转出。

return 命令可终止当前命令的执行，并立即返回上一级调用函数或等待键盘输入命令，常用来提前结束程序的运行。

在 MATLAB 的内置函数中，很多函数的程序代码中引入了 return 语句，下面引用一个简要的 det 函数代码。

```
function d=det(A)
if isempty(A)
    a=1;
    return
else
    ...
end
```

在上述程序代码中，首先通过函数语句判断函数 A 的类型，当 A 是空数组时，直接返回 a=1，然后结束程序。

6.3.5　input 函数

在 MATLAB 中，input 函数用于将 MATLAB 的控制权暂时借给用户，用户利用键盘输入数值、字符串或表达式等，通过按 Enter 键将内容输入工作区中，同时将控制权交还给 MATLAB。其调用格式如下。

```
x=input('prompt')          %将用户输入的内容在按 Enter 键后赋值给变量 x
str=input('prompt','s')    %将用户输入的内容作为字符串赋值给变量 str
```

第 29 集
微课视频

【例 6-19】　演示 input 函数，实现 MATLAB 控制权的转换。

解　在命令行窗口中依次输入以下语句，同时会输出相应的结果。

```
>> clear
>> a=input('Input a number: ')        %输入数值并赋值给 a
Input a number: 45
a=
    45
>> b=input('Input a number: ','s')    %输入字符串并赋值给 b
Input a number: 45
b=
    '45'
>> input('Input an expression: ')     %对输入值进行运算
Input an expression: 2+3
ans=
    5
```

说明：在 MATLAB 中，keyboard 语句和 input 函数的不同之处在于，keyboard 语句运行用户输入的任意多个 MATLAB 命令，而 input 函数只能输入赋值给变量的数值。

6.4　程序调试

程序调试的目的是检查程序是否正确，即程序能否顺利运行并得到预期结果。对于初学编程的人，很难保证所编的每个程序都能一次性运行通过，大多情况下都需要对程序进行反复调试。所以，不要害怕程序出错，要时刻准备查找错误、改正错误。

6.4.1　常见的错误类型

在 MATLAB 中进行程序代码的编写时，经常会出现各种各样的错误，下面对程序常见的错误类型进行总结。

1. 输入错误

除了在写程序时疏忽所导致的手误外，常见的输入错误一般还有以下几种。

（1）在输入某些标点时没有切换成英文状态。

（2）表循环或判断语句的关键词 for、while、if 的个数与 end 的个数不对应（尤其是在多层循环嵌套语句中）。

（3）左右括号不对应。

2. 语法错误

语法错误就是指输入不符合 MATLAB 语言的规定。例如，在用 MATLAB 语句表示数学式 $k_1 \leq x \leq k_2$ 时，不能直接写成 k1<=x<=k2，而应写成 k1<=x&x<=k2。此外，输入错误也可能导致语法错误。

3. 逻辑错误

在程序设计中逻辑错误也是较为常见的一类错误，这类错误往往隐蔽性较强，不易查找。产生逻辑错误的原因通常是算法设计有误，这时需要对算法进行修改。

4. 运行错误

程序的运行错误通常包括不能正常运行和运行结果不正确，出错的原因一般有以下几种。

（1）数据不对，即输入的数据不符合算法要求。

（2）输入的矩阵大小不对，尤其是当输入的矩阵为一维数组时，应注意行向量与列向量在使用上的区别。

（3）程序不完善，只能对某些数据正确运行，而对另一些数据则无法正常运行，或者根本无法正常运行，这有可能是算法考虑不周所致。

6.4.2　直接调试法

对于程序中出现的语法错误，可以采用直接调试法，即直接运行该 M 文件，MATLAB 将直接找出语法错误的类型和出现的位置，根据 MATLAB 的反馈信息对语法错误进行修改。

MATLAB 本身的运算能力较强，指令系统比较简单，因此程序一般都显得比较简洁，对于简单的程序，采用直接调试法往往是很有效的。通常采取的措施如下。

（1）通过分析，将重点怀疑语句后的分号删掉，将结果显示出来，然后与预期值进行比较。

（2）当单独调试一个函数时，将第 1 行的函数声明注释掉，并定义输入变量的值，然后以脚本方式执行此 M 文件，这样就可保存原来的中间变量，从而可以对这些结果进行分析，找出错误。

（3）可以在适当的位置添加输出变量值的语句。

（4）在程序的适当位置添加 keyboard 语句。当 MATLAB 执行至此处时将暂停，并显示 k>> 提示符，用户可以查看或改变各个工作空间中存放的变量，在提示符后输入 return 语句，可以继续执行程序文件。

6.4.3　工具调试法

当 M 文件很大或 M 文件中含有复杂的嵌套时，则需要使用 MATLAB 调试器对程序进行调试，即使用 MATLAB 提供的大量调试函数及与之相对应的图形化工具。

1. 以命令行为主

以命令行为主的程序调试手段具有通用性，适用于各种不同的平台，它主要应用 MATLAB 提供的调试命令。在命令行窗口中输入 help debug，可以看到一个对这些命令的简单描述，下面分别进行介绍。

在打开的 M 文件窗口中设置断点的情况如图 6-7 所示。例如，在第 9、13、19 行分别设置了一个断点。执行 M 文件时，运行至断点处时将出现一个绿色箭头，表示程序运行在此处停止，如图 6-8 所示。

图 6-7　设置断点情况　　　　　　　　图 6-8　运行至断点处

程序停止执行后，MATLAB 进入调试模式，命令行中出现 k>>的提示符，代表此时可以接收键盘输入。

说明：设置断点是程序调试中最重要的部分，可以利用它指定程序代码的断点，使得 MATLAB 在断点前停止执行，从而可以检查各个局部变量的值。

2. 以图形界面为主

MATLAB 自带的 M 文件编辑器也是程序的编译器，用户可以在编写完程序后直接对其进行调试，更加方便和直观。新建一个 M 文件后，即可打开 M 文件编辑器，在"编辑器"选项卡的"运行"选项组及"节"选项组中可以看到各种调试命令，如图 6-9 所示。

图 6-9　"编辑器"选项卡

程序停止执行后，MATLAB 进入调试模式，命令行中出现 k>>的提示符，此时的调试界面如图 6-10 所示。

图 6-10　调试状态下的调试界面

调试模式下"运行"选项组中的命令含义如下。

（1）步进：单步执行，与调试命令中的 dbstep 相对应。

（2）步入：深入被调函数，与调试命令中的 dbstep in 相对应。

（3）步出：跳出被调函数，与调试命令中的 dbstep out 相对应。

（4）继续：连续执行，与调试命令中的 dbcont 相对应。

（5）停止：退出调试模式，与 dbquit 相对应。

单击"编辑器"→"运行"下拉菜单，可以查看"断点"下拉菜单中的命令含义如下。

（1）全部清除：清除所有断点，与 dbclear all 命令相对应。

（2）设置/清除：设置或清除断点，与 dbstop 和 dbclear 命令相对应。

（3）启用/禁用：允许或禁止断点的功用。

（4）设置条件：设置或修改条件断点，选择此选项时，会弹出"MATLAB 编辑器"对话框，要求对断点的条件进行设置，设置前光标在哪一行，设置的断点就在这一行前面。

只有当文件进入调试状态时，上述命令才会全部处于激活状态。在调试过程中，可以通过改变函数的内容观察和操作不同工作空间中的量，类似于调试命令中的 dbdown 和 dbup。

6.4.4　程序调试命令

MATLAB 提供了一系列程序调试命令，利用这些命令，可以在调试过程中设置、清除和列出断点，逐行运行 M 文件，在不同的工作区检查变量，跟踪和控制程序的运行，帮助寻找和发现错误。所有程序调试命令都是以字母 db 开头的，如表 6-1 所示。

表 6-1　程序调试命令

命　　令	功　　能	命　　令	功　　能
dbclear	删除断点	dbstep	从当前断点执行下一个可执行代码行
dbcont	恢复执行	dbstop	设置断点用于调试
dbquit	退出调试模式	dbtype	显示带行号的文件
dbstack	函数调用堆栈	dbup	在调试模式下，从当前工作区切换到调用方的工作区
dbstatus	列出所有断点	dbdown	反向 dbup 工作区切换

其中，dbstop、dbclear、dbstatus、dbstep 命令的调用格式如下。

```
dbstop in file                          %在文件 file 中第 1 个可执行代码行位置设置断点
dbstop in file at location              %在指定位置设置断点
dbstop in file if expression            %在文件的第 1 个可执行代码行位置设置条件断点
dbstop in file at location if expression        %在指定位置设置条件断点
```

```
dbstop if condition          %在满足 condition（如 error 或 naninf）的行位置处暂停执行
dbstop(b)                    %用于恢复之前保存到 b 的断点

dbclear all                  %删除代码文件中的所有断点
dbclear in file              %删除指定文件中的所有断点，关键字 in 可选
dbclear in file at location          %删除在指定文件中的指定位置设置的断点
dbclear if condition         %删除使用指定的 condition 设置的所有断点
                             %如 dbstop if error 或 dbstop if naninf

dbstatus                     %列出所有有效断点，包括错误、捕获的错误、警告和 naninfs 等
dbstatus file                %列出对于指定 file 有效的所有断点

dbstep          %执行当前文件中的下一可执行代码行，跳过当前行所调用函数中的任何断点
dbstep in                    %跳转至下一可执行代码行
dbstep out                   %运行当前函数的其余代码并在退出函数后立即暂停
dbstep nlines                %执行指定的可执行代码行数
```

当 MATLAB 进入调试模式时，提示符为 k>>，此时能访问函数的局部变量，但不能访问 MATLAB 工作区中的变量。读者需在调试程序过程中逐渐体会调试技术。

6.4.5　程序调试剖析

在执行程序之前，应预想到程序运行的各种情况，测试在这些情况下程序是否能正常运行。下面通过示例介绍 MATLAB 调试器的使用方法。

【例 6-20】　编写一个判断 2000—2010 年的闰年年份的程序并调试。

解　（1）创建一个名为 leapyear.m 的 M 函数文件，并输入如下代码。

```
%程序为判断 2000—2010 年的闰年年份
%本程序没有输入/输出变量
%函数的调用格式为 leapyear，输出结果为 2000—2010 年的闰年年份
function leapyear                %定义函数 leapyear
for year=2000:2010               %定义循环区间
    sign=1;
    a=rem(year,100);             %求 year 除以 100 后的余数
    b=rem(year,4);               %求 year 除以 4 后的余数
    c=rem(year,400);             %求 year 除以 400 后的余数
    if a=0                       %以下根据 a、b、c 是否为 0 对标志变量 sign 进行处理
        signsign=sign-1;
    end
    if b=0
        signsign=sign+1;
    end
    if c=0
        signsign=sign+1;
    end
    if sign=1
        fprintf('%4d \n',year)
```

```
        end
end
```

（2）运行以上 M 程序，此时 MATLAB 命令行窗口会给出如下错误提示。

```
>> leapyear
文件: leapyear.m 行: 10 列: 10
'=' 运算符的使用不正确。 '=' 用于为变量赋值, '==' 用于比较值的相等性。
```

由错误提示可知，在程序的第 10 行存在语法错误，检测可知 if 选择判断语句中，用户将 ==写成了=。因此将=改成==，同时也更改第 13、16、19 行中的=为==。

（3）修改并保存完成后，可直接运行修正后的程序，结果如下。

```
>> leapyear
2000
2001
2002
2003
2004
2005
2006
2007
2008
2009
2010
```

显然，2000—2010 年不可能每年都是闰年，由此判断程序存在运行错误。

（4）分析原因。可能由于在处理变量 year 是否是 100 的倍数时，变量 sign 存在逻辑错误。

（5）断点设置。断点为 MATLAB 程序执行时人为设置的中断点，程序运行至断点时便自动停止，等待用户的下一步操作。只需要单击程序左侧的行号，使其变成红色，如图 6-11 所示。

在可能存在逻辑错误或需要显示相关代码的执行数据附近设置断点，如本例中的第 12、15 和 18 行。再次单击红色行号即可去除断点。

（6）执行程序。按快捷键 F5 或单击 ▷ 按钮执行程序，此时其他调试按钮将被激活。程序运行至第 1 个断点处暂停，在断点右侧则出现指向右的绿色箭头，如图 6-12 所示。

图 6-11　断点标记　　　　　　　图 6-12　程序运行至断点处暂停

程序调试运行时，在 MATLAB 的命令行窗口中将显示如下内容。

```
>> leapyear
k>>
```

此时可以输入一些调试指令，方便对程序调试的相关中间变量进行查看。

（7）单步调试。单击"运行"选项卡下的"步进"按钮 ⮂，此时程序将逐步按照用户需求向下执行，如图 6-13 所示。在单击 ⮂ 按钮后，程序才会从第 12 行运行到第 13 行。

（8）查看中间变量。可以将鼠标指针停留在某个变量上，MATLAB 将会自动显示该变量的当前值，也可以在 MATLAB 的工作区中直接查看所有中间变量的当前值，如图 6-14 和图 6-15 所示。

图 6-13　程序单步执行

图 6-14　用鼠标停留方法查看中间变量

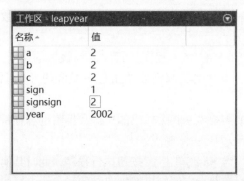

图 6-15　查看工作区中所有中间变量的当前值

（9）修正代码。通过查看中间变量可知，在任何情况下 sign 的值都是 1，此时调整修改代码程序如下。

```
%程序为判断 2000—2010 年的闰年年份
%本程序没有输入/输出变量
%函数的调用格式为 leapyear，输出结果为 2000—2010 年的闰年年份
function leapyear
for year=2000:2010
    sign=0;
    a=rem(year,400);
    b=rem(year,4);
    c=rem(year,100);
    if a==0
```

```
            sign=sign+1;
        end
        if b==0
            sign=sign+1;
        end
        if c==0
            sign=sign-1;
        end
        if sign==1
            fprintf('%4d \n',year)
        end
    end
end
```

去掉所有断点，单击 ▷ 按钮再次执行程序，结果如下。

```
>> leapyear
2000
2004
2008
```

分析发现，结果正确，此时程序调试结束。

本章小结

　　MATLAB 语言程序简洁、可读性很强且调试十分容易。MATLAB 为用户提供了非常方便易懂的程序设计方法，类似于其他的高级语言编程。本章侧重于 MATLAB 中最基础的程序设计，分别介绍了程序语法规则、程序结构、控制语句、程序调试及程序优化等内容。程序优化部分作为本书的附赠内容，读者可根据需要参考自学。

本章习题

1. 选择题

（1）下列选项中是利用 MATLAB 编写程序优点的是（　　）。

A. 程序简洁　　　　　　　　　　　　B. 可读性强

C. 调试容易　　　　　　　　　　　　D. 语句复杂

（2）在 MATLAB 中，通过（　　）函数可以定义全局变量。

A. global　　　　　　B. clear　　　　　　C. input　　　　　　D. mod

（3）在 MATLAB 中有 for 循环和（　　）循环两种循环语句。

A. else　　　　　　　B. if　　　　　　　C. when　　　　　　D. while

（4）为了避免因逻辑上的失误导致陷入死循环，建议在循环体语句的适当位置加（　　）语句。

A. continue　　　　　B. break　　　　　C. return　　　　　D. end

（5）break 语句仅终止（　　）的循环。

A. 最外层　　　　　　B. 外层　　　　　C. 最内层　　　　　D. 任意层

（6）在 MATLAB 中，（　　）函数用于将 MATLAB 的控制权暂时借给用户，用户利用键盘输入数值、字符串或表达式等，通过按 Enter 键将内容输入工作区中，同时将控制权交还给

MATLAB。

  A．global   B．clear   C．input   D．mod

（7）在 MATLAB 中进行程序代码的编写时，经常会出现各种各样的错误，下列不是程序常见的错误类型为（ ）。

  A．输入错误   B．语法错误

  C．逻辑错误   D．循环错误

（8）所有程序调试命令都是以字母（ ）开头的。

  A．db   B．st   C．in   D．en

（9）MATLAB 程序结构一般可分为 3 种，（ ）不属于其中。

  A．顺序结构   B．循环结构

  C．条件（分支）结构   D．递进结构

（10）当 MATLAB 进入调试模式时，提示符为（ ），此时能访问函数的局部变量，但不能访问 MATLAB 工作区中的变量。

  A．k>   B．k   C．>k   D．>>k

2．填空题

（1）程序设计中定义的变量有_____和_____两种类型。

（2）在 MATLAB 中，使用_____函数可以清除全局变量。

（3）控制顺序结构有两大类：选择结构，用于_____；循环结构，用于_____。

（4）while 循环的判断控制是逻辑判断语句，只有条件为_____时重复执行 while 循环，因此循环次数并不确定。

（5）条件结构（分支结构）在 MATLAB 中有_____和_____两种条件语句。

（6）elseif 和 else 模块可选，它们仅在 if-end 块中前面的表达式 exp 为_____时才会执行。

（7）在 switch 分支结构中，case 语句后的检测值不仅可以为一个标量或字符串，还可以为一个_____。

（8）continue 语句通常用于 for 或 while 循环体中，其作用就是_____。

（9）当 if 后的表达式为_____时就调用 break 语句，跳出当前循环。

（10）在 MATLAB 中，将 keyboard 语句放置到 M 文件中，将使程序暂停运行，等待键盘命令。此时，命令行窗口显示一种特殊状态的提示符 k>>，只有当用户使用_____命令结束输入后，控制权才交还给程序。

（11）用_____命令可以终止调试模式并继续执行程序；使用_____命令可以终止调试模式并退出文件而不完成执行程序。

（12）对于程序中出现的语法错误，可以采用_____，即直接运行该 M 文件。

（13）当 M 文件很大或 M 文件中含有复杂的嵌套时，则需要使用_____对程序进行调试。

（14）MATLAB 程序优化主要包括_____和_____两个部分。

3．计算与简答题

（1）简述在 MATLAB 中 keyboard 语句和 input 函数的不同之处。

（2）为了避免在编程过程中出现大量错误，多采用自上而下的常规编程方法，请描述其具

体步骤。

（3）MATLAB 本身的运算能力较强，指令系统比较简单，因此，程序一般都显得比较简洁，对于简单的程序，采用直接调试法往往是很有效的。直接调试法通常采取的措施有哪些？试简述之。

（4）由于内存操作函数在函数运行时使用较少，合理的优化内存操作往往由用户编写程序时养成的习惯和经验决定，试简述一些比较好的做法。

（5）在 MATLAB 中进行程序代码的编写时，程序常见的错误类型有哪些。

（6）使用 for 循环，设计一段程序，求 1～50 的和。

（7）设函数

$$f(x)=\begin{cases}-1, & -2\leqslant x\leqslant 0 \\ x-1, & 0<x\leqslant 2 \\ -x^2+6x-7, & 2<x\leqslant 4\end{cases}$$

试编写一段程序，绘制 $f(x)$ 对 x 的图像。

（8）设计一段程序，输入一个数，判断它能否被 7 整除，如果能则输出结果。

（9）设计一段程序，用到 if-else-end 结构，比较两个输入的数的大小，并输出结果。

（10）编写一个用到 continue 语句的程序和一个用到 break 语句的程序，比较二者区别。

第 7 章

二 维 绘 图

MATLAB 一向注重数据的图形表示，并不断地采用新技术改进和完备其可视化功能。MATLAB 提供了许多在二维和三维空间内显示可视信息的函数，利用这些函数可以绘制出所需的图形。MATLAB 还对绘出的图形提供了各种修饰方法，可以使图形更加美观、精确。本章先介绍二维图形的绘制。

7.1　数据可视化

数据可视化的目的在于通过图形从大量杂乱的离散数据中观察数据间的内在关系，感受由图形所传递的内在本质。在讲解可视化之前，先对图形窗口的子图绘制法进行讲解。

第 30 集
微课视频

7.1.1　划分子图

在一个图形窗口中，可以绘制多个子图，如图 7-1 所示。在 MATLAB 中，利用 subplot 函数可以在一个图形窗口中同时绘制多个子图，其调用格式如下。

```
subplot(m,n,p)          %将当前图形窗口分成 m×n 个子窗口，并在第 p 个子窗口建立当前坐标平面
subplot(m,n,p,'replace')       %指定位置已经建立了坐标平面，则以新建的坐标平面代替
subplot(ax)             %指定当前子图坐标平面的句柄 ax，ax 为按 mnp 排列的整数，
                        %如在图 7-1 所示的子图中，ax=232 表示第 2 个子图坐标平面的句柄
ax=subplot(...)         %创建当前子图坐标平面，同时返回其句柄
subplot('Position',pos)         %在指定的位置建立当前子图坐标平面
```

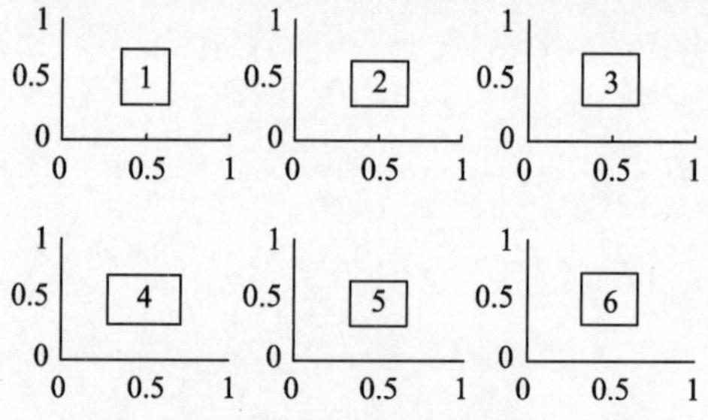

图 7-1　子图位置示意图

说明：pos 为[left bottom width height]形式的四元素向量，若把当前图形窗口看成 1.0×1.0 的平面，left、bottom、width、height 分别在(0,1)内取值，分别表示所创建当前子图坐标平面距离图形窗口左边、底边的长度，以及所建子图坐标平面的宽度和高度。

注意：subplot 函数只是创建子图坐标平面，并在该坐标平面内绘制子图，仍然需要使用 plot 等函数绘图。

【例 7-1】 将图形窗口划分为 4 个子窗口，分别绘制正弦、余弦、正切和余切函数曲线。

解 在编辑器窗口中输入以下语句。运行程序，输出图形如图 7-2 所示。

```
clear, clf
x=-5:0.01:5;
subplot(2,2,1);
plot(x,sin(x));                              %绘制 sin(x)
xlabel('x');ylabel('y');title('sin(x)')
subplot(2,2,2);
plot(x,cos(x));                              %绘制 cos(x)
xlabel('x');ylabel('y');title('cos(x)');
x=(-pi/2)+0.01:0.01:(pi/2)-0.01;
subplot(2,2,3);
plot(x,tan(x));                              %绘制 tan(x)
xlabel('x');ylabel('y');title('tan(x)');
x=0.01:0.01:pi-0.01;
subplot(2,2,4);
plot(x,cot(x));
xlabel('x');ylabel('y');title('cot(x)');     %绘制 cot(x)
```

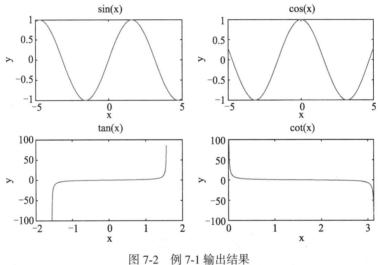

图 7-2　例 7-1 输出结果

【例 7-2】 将图形窗口划分为两行两列共 4 个子窗口，且分别显示 4 种不同的曲线图像。

解 在编辑器窗口中输入以下语句。运行程序，输出图形如图 7-3 所示。

```
clear, clf
t=0:pi/20:2*pi;
[x,y]=meshgrid(t);
subplot(2,2,1)
plot(sin(t),cos(t))
axis equal
subplot(2,2,2)
z=sin(x)+cos(y);
plot(t,z)
```

```
axis([0 2*pi -2 2])
subplot(2, 2, 3)
z=sin(x).*cos(y);
plot(t,z)
axis([0 2*pi -1 1])
subplot(2,2,4)
z=(sin(x).^2)-(cos(y).^2);
plot(t,z)
axis([0 2*pi -1 1])
```

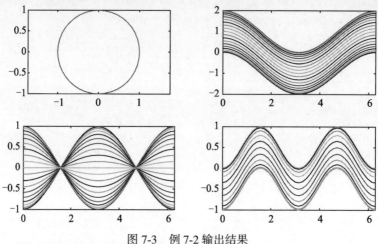

图 7-3   例 7-2 输出结果

7.1.2   离散数据可视化

任何二元实数标量对 (x_a, y_a) 可以在平面上表示一个点；任何二元实数向量对 (X, Y) 可以在平面上表示一组点。

对于离散实函数 $y_n = f(x_n)$ ，当 $X = [x_1, x_2, \cdots, x_n]$ 以递增或递减的次序取值时，有 $Y = [y_1, y_2, \cdots, y_n]$ ，这样，该向量对用直角坐标序列点图示时，实现了离散数据的可视化。

在科学研究中，当处理离散量时，可以用离散序列图表示离散量的变化情况。在 MATLAB 中，利用 stem 函数可以实现离散数据的可视化（茎图），其调用格式如下。

stem(Y)	%将数据序列 Y 绘制为从沿 x 轴的基线延伸的茎图，数据值由空心圆显示
	%若 Y 为向量，x 范围为 1~length(Y)
	%若 Y 为矩阵，则根据相同的 x 值绘制行中的所有元素，x 范围为 1~Y 的行数
stem(X,Y)	%在 X 指定的位置绘制数据序列 Y，X 和 Y 是尺寸相同的向量或矩阵
	%若 X 和 Y 均为向量，则根据 X 中对应项绘制 Y 中的各项
	%若 X 为向量，Y 为矩阵，则根据 X 指定的值集绘制 Y 的每列
	%若 X 和 Y 均为矩阵，则根据 X 的对应列绘制 Y 的列
stem(___,'filled')	%填充圆
stem(___,LineSpec)	%指定线型、标记符号和颜色
stem(___,Name,Value)	%使用一个或多个 Name-Value 对参数修改针状图
h=stem(___)	%在 h 中返回由 Stem 对象构成的向量，方便对其进行后续参数的修改

【例 7-3】   绘制离散序列图（茎图）。

解   在编辑器窗口中输入以下代码并运行，可以得到如图 7-4 所示的图形。

```
clear, clf                              %clf 用于清空当前图窗
y=linspace(-2*pi,2*pi,10);              %在-2π ~ 2π 获取等间距的 10 个数据值
subplot(1,2,1); h=stem(y);
set(h,'MarkerFaceColor','blue')         %设置填充颜色为蓝色

x=0:20;
y=[exp(-.05*x).*cos(x); exp(.06*x).*cos(x)]';
subplot(1,2,2);h=stem(x,y);             %数据值由空心圆显示
set(h(1),'MarkerFaceColor','blue')      %数据值由蓝色实心圆显示
set(h(2),'MarkerFaceColor','red','Marker','square')   %数据值由红色方形显示
```

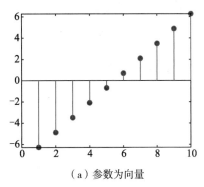 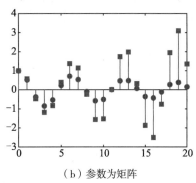

（a）参数为向量　　　　　　　　　　（b）参数为矩阵

图 7-4　例 7-3 输出结果

除了使用 stem 函数外，针对离散数据还可以使用 plot 函数绘制离散数据图（散点图）。

【例 7-4】　绘制函数 $y = \mathrm{e}^{-\alpha t} \cos \beta t$ 的茎图。

解　在编辑器窗口中输入以下代码并运行，可以得到如图 7-5 所示的图形。

```
clear, clf
a=0.02; b=0.5;
t=0:1:100;
y=exp(-a*t).*sin(b*t);
subplot(1,2,1);plot(t,y,'r.')           %利用 plot 函数绘制散点图
xlabel('Time');ylabel('stem')

subplot(1,2,2); stem(t,y)               %利用 stem 函数绘制二维茎图
xlabel('Time');ylabel('stem')
```

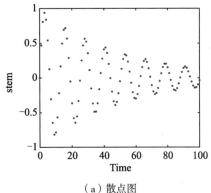 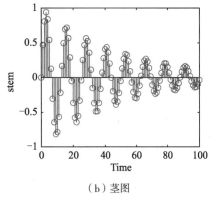

（a）散点图　　　　　　　　　　　（b）茎图

图 7-5　例 7-4 输出结果

7.1.3 连续函数可视化

对于连续函数可以取一组离散自变量，然后计算函数值，显示方式同离散数据。一般绘制函数或方程式的图形时，都是先标图形上的点，再将点连接，点越多，图形越平滑。

MATLAB 在简易二维绘图中也是相同做法，必须先点出 x 和 y 坐标（离散数据），再将这些点连接。利用 plot 函数绘制简易二维图，其调用格式如下。

```
plot(x,y)                           %x 为图形上 x 坐标向量，y 为其对应的 y 坐标向量
```

【例 7-5】 用图形表示连续调制波形 $y = \sin(t)\sin(9t)$。

解 在编辑器窗口中输入以下代码并运行，输出图形如图 7-6 所示。

```
clear, clf
t1=(0:12)/12*pi;                %自变量取 13 个点
y1=sin(t1).*sin(9*t1);          %计算函数值
t2=(0:50)/50*pi;                %自变量取 51 个点
y2=sin(t2).*sin(9*t2);

subplot(2,2,1);                 %在子图 1 上绘图
plot(t1,y1,'r.');               %用红色的点显示
axis([0,pi,-1,1]);              %定义坐标大小
title('子图 1');                %显示子图标题

subplot(2,2,2);plot(t2,y2,'r.');            %子图 2 用红色的点显示
axis([0,pi,-1,1]);title('子图 2')
subplot(2,2,3);plot(t1,y1,t1,y1,'r.')       %子图 3 用直线连接数据点（红色显示）
axis([0,pi,-1,1]);title('子图 3')
subplot(2,2,4);plot(t2,y2);                 %子图 4 用直线连接数据点
axis([0,pi,-1,1]);title('子图 4')
```

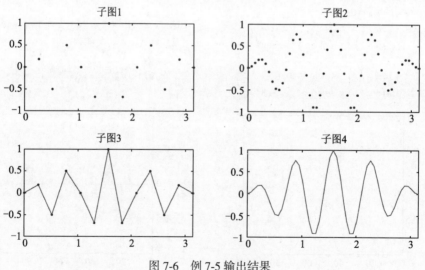

图 7-6 例 7-5 输出结果

【例 7-6】 分别取 5、10、100 个点，绘制 $y = \sin(x), x \in [0, 2\pi]$ 图形。

解 在编辑器窗口中输入以下代码并运行，输出图形如图 7-7 所示。

```
clear, clf
x5=linspace(0,2*pi,5);           %在 0~2π 等分取 5 个点
y5=sin(x5);                      %计算 x 的正弦函数值
subplot(1,3,1);plot(x5,y5);      %描点作图

x10=linspace(0,2*pi,10);         %在 0~2π 等分取 10 个点
y10=sin(x10);                    %计算 x 的正弦函数值
subplot(1,3,2);plot(x10,y10);    %描点作图

x100=linspace(0,2*pi,100);       %在 0~2π 等分取 100 个点
y100=sin(x100);                  %计算 x 的正弦函数值
subplot(1,3,3);plot(x100,y100);  %描点作图
```

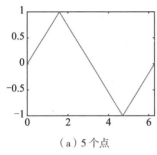
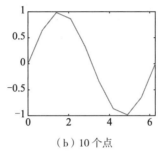
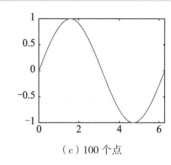

（a）5 个点　　　　　　　　　（b）10 个点　　　　　　　　（c）100 个点

图 7-7　例 7-6 输出结果

7.2　二维图形绘制

在介绍 MATLAB 的基本绘图函数前，先介绍二维图形的绘制步骤，以规范作图过程。

第 31 集
微课视频

7.2.1　二维图形绘制步骤

（1）数据准备。选定要表现的范围，产生自变量采样向量，计算相应的函数值向量。对于二维曲线，需要准备横坐标和纵坐标数据；对于三维曲面，则要准备矩阵参变量和对应的 z 坐标。示例语句如下。

```
t=pi*(0:100)/100;
y=sin(t).*sin(9*t);
```

（2）指定图形窗口和子图位置。可以使用 figure 函数指定图形窗口，默认时打开 figure 1 或当前窗口和当前子图。还可以使用 subplot 函数指定当前子图。示例语句如下。

```
figure(1)              %指定 1 号图形窗口
subplot(2,2,3)         %指定 3 号子图
```

（3）绘制图形。根据数据绘制曲线，并设置曲线的绘制方式（包括线型、色彩、数据点型等）。示例语句如下。

```
plot(t,y,'b-')         %用蓝实线绘制曲线
```

（4）设置坐标轴和图形注释。设置坐标轴包括坐标的范围、刻度和坐标分割线等，图形注释包括图名、坐标名、图例、文字说明等。示例语句如下。

```
title('调制波形')                        %图名
xlabel('t');ylabel('y')                  %轴名
legend('sin(t)')                         %图例
text(2,0.5,'y=sin(t)')                   %文字
axis([0,pi,-1,1])                        %设置轴的范围
grid on                                  %绘制坐标分隔线
```

（5）图形的精细修饰。图形的精细修饰可以利用对象或图形窗口的菜单和工具栏进行设置，属性值使用图形句柄进行操作。示例语句如下。

```
set(h,'MarkerSize',10)                   %设置数据点大小
```

（6）按指定格式保存或导出图形。将绘制的图形窗口保存为.fig 文件，或转换为其他图形文件。

【例 7-7】 绘制 $y = \mathrm{e}^{2\cos x}, x \in [0, 4\pi]$ 函数图形。

解 按照前面介绍的绘图步骤，在编辑器窗口中输入以下代码并运行，输出图形如图 7-8 所示。

```
clear, clf
%%准备数据
x=0:0.1:4*pi;
y=exp(2*cos(x));
figure(1)                                %指定图形窗口
plot(x,y,'b.')                           %绘制图形

%% 设置图形注释和坐标轴，对图形进行修饰
title('test')                            %图名
xlabel('x'); ylabel('y')                 %轴名
legend('e2cosx',Location='southeast')    %图例
text(2,-0.2,'y=e2cosx')                  %文字
axis([0,4*pi,-0.5,1])                    %设置轴的范围
grid on                                  %绘制坐标分隔线
```

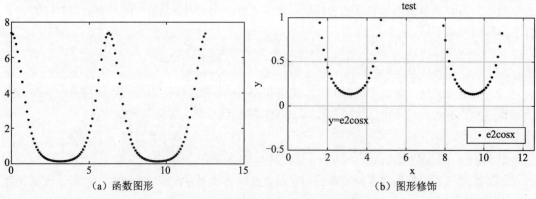

（a）函数图形 　　　　　　　　　　　（b）图形修饰

图 7-8　绘制函数图形并对其进行修饰

7.2.2　基本绘图函数

在 MATLAB 中，利用 plot 函数可以绘制基本二维图形，其调用格式如下。

```
plot(Y)                                    %绘制 Y 对一组隐式 x 坐标的曲线
            %若 Y 为实向量,则以向量元素的下标为横坐标,元素值为纵坐标绘制曲线
            %若 Y 为实矩阵,则按列绘制每列元素值对应下标的曲线,数目等于 Y 矩阵的列数
            %若 Y 为复数矩阵,则按列分别以元素实部、虚部为横、纵坐标绘制多条曲线
plot(Y,LineSpec)                           %指定线型、标记和颜色

plot(X,Y)                                  %创建 Y 中数据与 X 中对应值的二维线图
            %若 X 和 Y 均为同维向量,则绘制以 X、Y 元素为横坐标和纵坐标的曲线
            %若 X 为向量,Y 为有一维与 X 等维的矩阵,则绘出多条不同颜色的曲线,X 作为共同坐标
            %若 X 为矩阵,Y 为向量,则绘出多条不同颜色的曲线,Y 作为共同坐标
            %若 X、Y 为同维实矩阵,则以 X、Y 对应的元素为横坐标和纵坐标分别绘制曲线
plot(X,Y,LineSpec)                         %使用指定的线型、标记和颜色创建绘图
plot(X1,Y1,...,Xn,Yn)                      %根据指定坐标对绘制折线,也可以将坐标指定为矩阵形式
plot(X1,Y1,LineSpec1,...,Xn,Yn,LineSpecn)  %为每个 X-Y 对指定线型、标记和颜色

plot(___,Name,Value)                       %使用一个或多个 Name-Value 参数指定 Line 属性
plot(ax,___)                               %在目标坐标区上显示绘图
p=plot(___)                                %返回一个 Line 对象或 Line 对象数组
```

【例 7-8】 绘制一组幅值不同的余弦函数。

解 在编辑器窗口中输入以下代码并运行,输出图形如图 7-9 所示。

```
clear, clf
t=(0:pi/5:4*pi)';                          %横坐标列向量
k=0.3:0.2:1;                               %8 个幅值
Y=cos(t)*k;                                %8 个函数值矩阵
plot(t,Y)
```

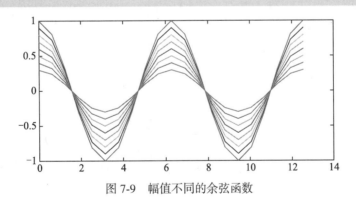

图 7-9 幅值不同的余弦函数

【例 7-9】 用图形表示连续调制波形及其包络线。

解 在编辑器窗口中输入以下代码并运行,输出图形如图 7-10 所示。

```
clear, clf
t=(0:pi/100:4*pi)';                        %长度为 101 的时间采样序列
y1=sin(t)*[1,-1];                          %包络线函数值,101×2 矩阵
y2=sin(t).*sin(9*t);                       %长度为 101 的调制波列向量
t3=pi*(0:9)/9;
y3=sin(t3).*sin(9*t3);
plot(t,y1,'r--',t,y2,'b',t3,y3,'b*')       %绘制 3 组曲线
axis([0,2*pi,-1,1])                        %控制轴的范围
```

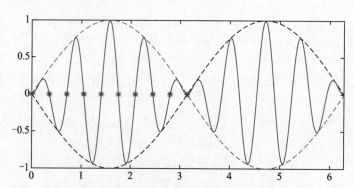

图 7-10　连续调制波形及其包络线

【例 7-10】　用复数矩阵形式绘制图形。

解　在编辑器窗口中输入以下代码并运行，输出图形如图 7-11 所示。

```
clear, clf
t=linspace(0,2*pi,100)';                %产生 100 个数
X=[cos(t),cos(2*t),cos(3*t)]+i*sin(t)*[1,1,1];   %100×3 的复数矩阵
plot(X),axis square;                    %使坐标轴长度相同
legend('1','2','3')                     %图例
```

【例 7-11】　采用模型 $\dfrac{x^2}{a^2}+\dfrac{y^2}{25-a^2}=1$ 绘制一组椭圆。

解　在编辑器窗口中输入以下代码并运行，输出图形如图 7-12 所示。

```
clear, clf
th=[0:pi/50:2*pi]';
a=[0.5:0.5:4.5];
X=cos(th)*a;
Y=sin(th)*sqrt(25-a.^2);
plot(X,Y)
axis('equal')
xlabel('x');ylabel('y')
title('一组椭圆')
```

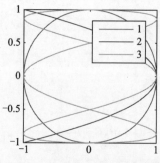

图 7-11　用复数矩阵形式绘制图形

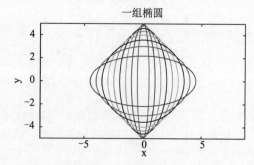

图 7-12　椭圆图形

【例 7-12】　对矩阵数据进行绘图。

解　在编辑器窗口中输入以下代码并运行，输出图形如图 7-13 所示。

```
Z=peaks;                    %矩阵为 49×49
subplot(1,2,1);plot(Z)      %依据矩阵 Z 绘制曲线
```

```
y=1:length(peaks);
subplot(1,2,2);plot(peaks,y)          %横坐标为矩阵，纵坐标为向量，绘出多条不同颜色的曲线
```

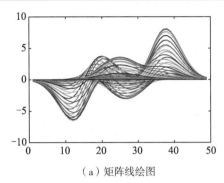

（a）矩阵线绘图

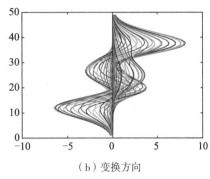

（b）变换方向

图 7-13　矩阵数据绘图

7.2.3　绘制函数图

1. fplot函数

在 MATLAB 中，快速绘制图形的函数包括泛函绘图函数 fplot 及一元函数简捷绘图函数 ezplot。其中 fplot 函数的调用格式如下。

```
fplot(f)                  %在默认区间[-5 5]（对于 x）绘制由函数 y=f(x)定义的曲线
                          %f 为要绘制的函数，指定为命名或匿名函数的函数句柄
fplot(f,xinterval)        %在指定区间上绘图，xinterval 形式为[xmin xmax]的二元素向量
fplot(fx,fy)              %在默认区间上绘制由 x=fx(t)和 y=fy(t)定义的曲线
fplot(fx,fy,tinterval)    %在指定区间上绘图
fplot(___,LineSpec)       %指定线型、标记符号和线条颜色
fplot(___,Name,Value)     %使用一个或多个 Name-Value 对组参数指定线条属性
fplot(ax,___)             %将图形绘制到 ax 指定的坐标区中
[x,y]=fplot(___)          %返回函数的纵坐标和横坐标，而不创建绘图
```

【例 7-13】 ①绘制函数 $y = x - \cos(x^2) - \sin(2x^3)$ 的图形；②参数化曲线 $x = \cos(3t)$、 $y = \sin(2t)$。

解　在编辑器窗口中输入以下代码并运行，输出图形如图 7-14 所示。

```
clear, clf
subplot(1,2,1);
fplot(@(x) x-cos(x.^2)-sin(2*x.^3),[-4,4])      %指定为函数句柄

xt=@(t) cos(3*t);
yt=@(t) sin(2*t);
subplot(1,2,2); fplot(xt,yt)                     %指定为函数句柄
```

上面的代码也可以采用符号表达式的形式。

```
clear, clf
syms x;
subplot(1,2,1);
fplot(x-cos(x.^2)-sin(2*x.^3),[-4,4])            %指定为符号表达式

syms t
```

```
xt=cos(3*t);
yt=sin(2*t);
subplot(1,2,2); fplot(xt,yt)                    %指定为符号表达式
```

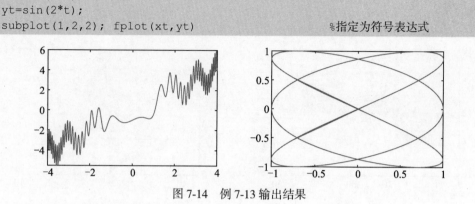

图 7-14　例 7-13 输出结果

【**例 7-14**】　比较 fplot 函数与一般绘图函数的绘图效果。

解　在编辑器窗口中输入以下代码并运行，输出图形如图 7-15 所示。

```
clear, clf
[x,y]=fplot(@(x)cos(tan(pi*x)),[-0.4,1.4]);
n=length(x);
subplot(1,2,1);plot(x,y)
title('泛函绘图')
t=(-0.4:1.8/n:1.4)';
subplot(1,2,2);plot(t,cos(tan(pi*t)))
title('等分采样')
```

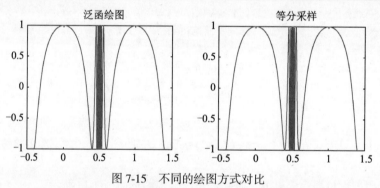

图 7-15　不同的绘图方式对比

2. ezplot函数

类似于 fplot 函数，在 MATLAB 中，利用 ezplot 函数可以绘制显函数 $y = f(x)$ 的图形，也可绘制隐函数 $f(x, y) = 0$ 及参数式的图形，该函数会自动将标题和轴标签添加到绘图中。其调用格式如下。

```
ezplot(f)                %在默认区间[-2π 2π]（对于 x）上绘制由函数 y=f(x)定义的曲线
ezplot(f,xinterval)      %在指定区间上绘图，xinterval 形式为[xmin xmax]的二元素向量
ezplot(f2)               %在默认区间上绘制由隐函数 0=f2(x,y)定义的曲线
ezplot(f2,xyinterval)    %在指定区间上绘图
ezplot(fx,fy)            %在默认区间[0 2π]上绘制由 x=fx(u)和 y=fy(u)定义的平面曲线
ezplot(fx,fy,uinterval)  %在指定区间绘图
ezplot(ax,___)           %将图形绘制到 ax 指定的坐标区域
h=ezplot(___)            %返回图形线条或等高线对象
```

注意：f 为要绘制的函数，f2 为要绘制的隐函数，均可以指定为字符向量、字符串标量或者命名或匿名函数的函数句柄。

【**例 7-15**】 ①绘制函数 $f(x) = x^2$ 的图形；②参数化曲线 $x = \cos(3t), y = \sin(5t), t \in [0, 2\pi]$。

解 在编辑器窗口中输入以下代码并运行，输出图形如图 7-16 所示。

```
clear, clf
subplot(1,2,1);ezplot('x^2')                     %指定为字符向量

xt='cos(3*t)';
yt='sin(5*t)';
subplot(1,2,2);ezplot(xt,yt)                     %指定为字符向量
```

上述代码也可以采用符号表达式的形式。

```
syms x;
subplot(1,2,1);ezplot(x^2)                       %指定为符号表达式

syms t
xt=cos(3*t);
yt=sin(5*t);
subplot(1,2,2);ezplot(xt,yt)                     %指定为符号表达式
```

还可以采用函数句柄的形式。

```
subplot(1,2,1); ezplot(@(x) x.^2)                %指定为函数句柄

xt=@(t) cos(3*t);
yt=@(t) sin(5*t);
subplot(1,2,2); ezplot(xt,yt)                    %指定为函数句柄
```

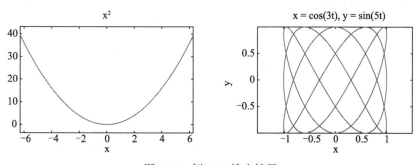

图 7-16 例 7-15 输出结果

【**例 7-16**】 绘制 $y = \dfrac{2}{3} e^{-\frac{t}{2}} \cos \dfrac{\sqrt{3}}{2} t$ 和它的积分 $s(t) = \int_0^t y(t) \mathrm{d}t$ 在 $[0, 3\pi]$ 的图形。

解 在编辑器窗口中输入以下代码并运行，输出图形如图 7-17 所示。

```
clear, clf
syms t tao;
y=2/3*exp(-t/2)*cos(sqrt(3)/2*t);
subplot(1,2,1),ezplot(y,[0,3*pi])
grid on
title('原函数图形')
```

```
s=subs(int(y,t,0,tao),tao,t);
subplot(1,2,2),ezplot(s,[0,3*pi])
grid on
title('积分函数图形')
```

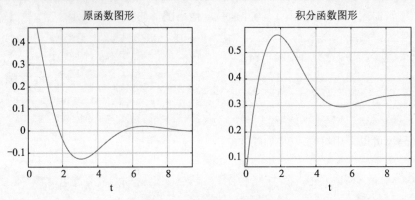

图 7-17   原函数及积分函数图形

3. fimplicit函数

在 MATLAB 中，利用 fimplicit 函数可以绘制隐函数 $f(x,y)=0$ 的图形。其调用格式如下。

```
fimplicit(f)              %在默认区间[-5 5]（对 x 和 y）上绘制 f(x,y)=0 定义的隐函数
fimplicit(f,interval)     %为 x 和 y 指定绘图区间
fimplicit(ax,___)         %在 ax 指定的坐标区中绘制图形
fimplicit(___,LineSpec)   %指定线型、标记符号和线条颜色
fimplicit(___,Name,Value) %使用一个或多个 Name-Value 对参数指定线条属性
```

【例 7-17】   绘制隐函数图形。

解   在编辑器窗口中输入以下代码并运行，输出图形如图 7-18 所示。

```
clear, clf
fun1=@(x,y) x.^2-y.^2-1;
subplot(1,2,1),fimplicit(fun1);
grid on

fun2=@(x,y) y.*sin(x)+x.*cos(y)-1;
subplot(1,2,2),fimplicit(fun2, [-10 10])
grid on
```

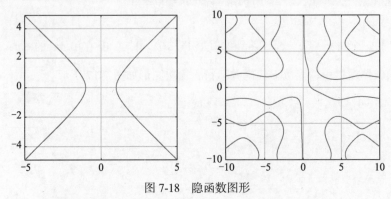

图 7-18   隐函数图形

7.2.4 特殊坐标图

使用基本的绘图函数绘制出的图形坐标轴刻度均为线性刻度。但是，当实际的数据出现譬如指数变化时，就不能直观地从图形上体现出来，此时就需要在特殊坐标系下绘制图形。

所谓特殊坐标系，是区别于均匀直角坐标系的坐标系，包括对数坐标系、极坐标系、柱坐标系和球坐标系等。MATLAB 提供了多种特殊的绘图函数用于实现特殊图形的绘制。

1. 极坐标图

在 MATLAB 中，利用 polar 函数可以实现极坐标系下的图形绘制。其调用格式如下。

```
polar(theta,rho)                %创建角 theta 对半径 rho 的极坐标图
                %theta 是 x 轴与半径向量的夹角（弧度）；rho 为半径向量长度（数据空间）
polar(theta,rho,LineSpec)       %指定线型、绘图符号以及极坐标图中绘制线条的颜色
polar(ax,...)                   %将图形绘制到 ax 指定的坐标区中
```

【例 7-18】 polar 函数绘制极坐标图。

解 在编辑器窗口中输入以下代码并运行，输出图形如图 7-19 所示。

```
clear, clf
theta=0:0.01:2*pi;              %极坐标角度
subplot(1,2,1); polar(theta,abs(cos(5*theta)))

a=-2*pi:.001:2*pi;             %设定角度
b=(1-sin(a));                  %设定对应角度的半径
subplot(1,2,2); polar(a, b,'r')   %绘制一个包含心形图案的极坐标图
```

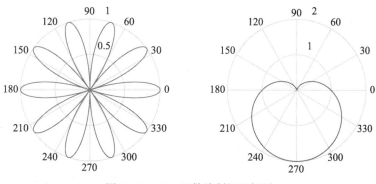

图 7-19　polar 函数绘制极坐标图

在 MATLAB 中，利用 polarplot 函数也可以实现极坐标系下的图形绘制。其调用格式如下。

```
polarplot(theta,rho)       %在极坐标中绘制线条,输入须是长度相等的向量或大小相等的矩阵
                %若输入为矩阵，绘制 rho 的列对 theta 的列的图
polarplot(theta,rho,LineSpec)          %设置线条的线型、标记符号和颜色
polarplot(theta1,rho1,...,thetaN,rhoN)       %绘制多个 rho-theta 对
polarplot(theta1,rho1,LineSpec1,...,thetaN,rhoN,LineSpecN)
                %分别指定每个线条的线型、标记符号和颜色
polarplot(rho)                   %按 0~2π 内等间距角度绘制 rho 中的半径值
polarplot(rho,LineSpec)          %设置线条的线型、标记符号和颜色
polarplot(Z)                     %绘制 Z 中的复数值
polarplot(Z,LineSpec)            %设置线条的线型、标记符号和颜色
```

【例 7-19】 polarplot 函数绘制极坐标图。

解 在编辑器窗口中输入以下代码并运行，输出图形如图 7-20 所示。

```
clear, clf
theta=0:0.01:2*pi;
rho=sin(2*theta).*cos(2*theta);
subplot(1,2,1); polarplot(theta,rho)

theta=linspace(0,360,50);
rho=0.005*theta/10;
theta_radians=deg2rad(theta);              %将 theta 中的值从度转换为弧度
subplot(1,2,2); polarplot(theta_radians,rho)
```

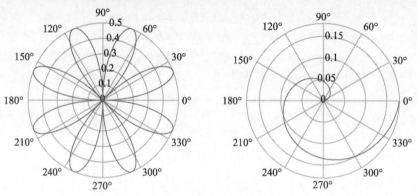

图 7-20　polarplot 函数绘制极坐标图

2. 对数坐标图

在 MATLAB 中，利用 semilogx 函数可以实现半对数坐标图（x 轴为对数刻度）的绘制，其调用格式如下。

```
semilogx(X,Y)          %x 轴以 10 为底的对数刻度，y 轴使用线性刻度绘制(X,Y)的图形
                       %当 X、Y 为相同长度的向量时，绘制由线段连接的一组坐标
                       %当 X 或 Y 中至少一个为矩阵时，则在同一组坐标轴上绘制多组坐标
semilogx(X,Y,LineSpec)          %使用指定的线型、标记和颜色创建绘图
semilogx(X1,Y1,...,Xn,Yn)          %在同一组坐标轴上绘制多对 X 和 Y
semilogx(X1,Y1,LineSpec1,...,Xn,Yn,LineSpecn)
                       %分别指定每个线条的线型、标记符号和颜色
semilogx(Y)          %绘制 Y 对一组隐式 x 坐标的图
                       %若 Y 为向量，则 x 坐标范围从 1 到 length(Y)
                       %若 Y 为矩阵，则对于 Y 中的每个列，图中包含一个对应的行
                       %若 Y 包含复数，绘制 Y 的虚部对 Y 的实部的图
semilogx(Y,LineSpec)          %指定线型、标记和颜色
```

另外，在 MATLAB 中 semilogy 函数用于绘制半对数坐标图（y 轴为对数刻度）；loglog 函数用于绘制双对数坐标图，它们的调用格式与 semilogx 函数相同。

注意：若 Y 为复数向量或矩阵，则 semilogx(Y)等价于 semilogx(real(Y). imag(Y))。

【例 7-20】 绘制对数坐标图。

解 在编辑器窗口中输入以下代码并运行，输出图形如图 7-21 所示。

```
clear, clf
x=logspace(-1,2,10000);
y=5+3*sin(x);
subplot(1,2,1);loglog(x,y)
yticks([3 4 5 6 7])
xlabel('x')
ylabel('5+3sin(x)')

x=logspace(-1,2,10000);
y1=5+3*sin(x/4);
y2=5-3*sin(x/4);
subplot(1,2,2); loglog(x,y1,x,y2,'--')
legend('Signal 1','Signal 2','Location','northwest')
```

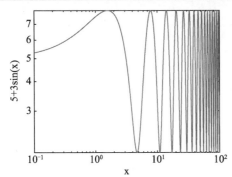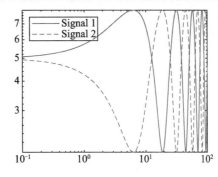

图 7-21   双对数坐标图

继续在编辑器窗口中输入以下代码并运行，输出图形如图 7-22 所示。

```
x=logspace(1,4,100);
v=linspace(-50,50,100);
y1=100*exp(-1*((v+5).^2)./200);
y2=100*exp(-1*(v.^2)./200);
subplot(1,2,1); semilogx(x,y1,x,y2,'--')
legend('Measured','Estimated')
grid on

x=1:100;
y1=x.^2;
y2=x.^3;
subplot(1,2,2); semilogy(x,y1,x,y2)
grid on
```

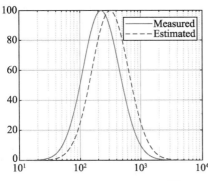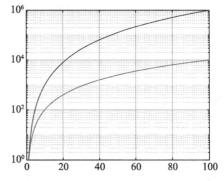

图 7-22   半对数坐标图

【例 7-21】 直角坐标和对数坐标轴合并绘图。

解 在编辑器窗口中输入以下代码并运行，输出图形如图 7-23 所示。

```
clear, clf
t=0:900;
A=1000;
a=0.005;
b=0.005;
z1=A*exp(-a*t);                                        %对数函数
z2=sin(b*t);                                           %正弦函数
[haxes,hline1,hline2]=plotyy(t,z1,t,z2,'semilogy','plot');
axes(haxes(1));ylabel('对数坐标')
axes(haxes(2));ylabel('直角坐标')
set(hline2,'LineStyle','--' )
```

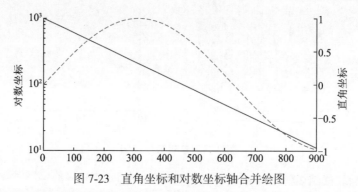

图 7-23 直角坐标和对数坐标轴合并绘图

3. 柱坐标/球坐标图

MATLAB 中，不存在在柱坐标系和球坐标系下直接绘制数据图形的函数，当需要绘制柱坐标系或球坐标系下的图形时，可以将对应坐标值转换为直角坐标系下的坐标值，然后利用绘图函数（plot3、mesh 等）在直角坐标系下绘制即可。

在 MATLAB 中，利用 pol2cart 函数可以将极坐标系或柱坐标系下的坐标值转换为直角坐标系下的坐标值，其调用格式如下。

```
[x,y]=pol2cart(theta,rho)
          %将极坐标数组 theta 和 rho 的对应元素转换为二维直角坐标
[x,y,z]=pol2cart(theta,rho,z)
          %将柱坐标数组 theta、rho 和 z 的对应元素转换为三维直角坐标
```

在 MATLAB 中，利用 sph2cart 函数可以将球坐标系下的坐标值转换为直角坐标系下的坐标值，其调用格式如下。

```
[x,y,z]=sph2cart(azimuth,elevation,r)
          %将球坐标数组 azimuth、elevation 和 r 的对应元素转换为直角坐标
```

【例 7-22】 在直角坐标下绘制柱坐标及球坐标图。

解 在编辑器窗口中输入以下代码并运行，输出图形如图 7-24 所示。

```
clear, clf
theta=0:pi/20:2*pi;
rho=sin(theta);
```

```
[t,r]=meshgrid(theta,rho);
z=r.*t;
[X,Y,Z]=pol2cart(t,r,z);                    %将柱坐标转换为直角坐标
subplot(1,2,1); mesh(X,Y,Z)

[X,Y,Z]=sph2cart(t,r,z);                    %将球坐标转换为直角坐标
subplot(1,2,2); mesh(X,Y,Z)
```

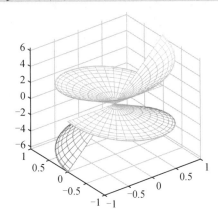 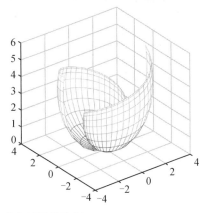

图 7-24　柱坐标图与球坐标图的绘制

7.2.5　专用绘图函数

在 MATLAB 中，还有其他绘图函数用于绘制不同类型的二维图形，以满足不同的要求。表 7-1 列出了部分专用绘图函数。

表 7-1　部分专用绘图函数

二维图	函　　数	基本调用格式
条形图	bar	bar(y) %创建条形图，y 中的每个元素对应一个条形。y 为矩阵时分组绘制 bar(x,y)　　%在 x 指定的位置绘制条形图
水平 条形图	barh	同 bar
阶梯图	stairs	stairs(Y)　%绘制 Y 中元素的阶梯图 　　%Y 为向量时绘制一个线条；Y 为矩阵时为每个矩阵列绘制一个线条 stairs(X,Y) %X 指定绘制元素的位置。X、Y 是相同大小的向量或矩阵
直方图	histogram	histogram(X)　　　　%基于 X 创建直方图，使用自动分 bin 算法 histogram(X,nbins)　%标量 nbins 指定 bin 的数量 histogram(X,edges) %由向量 edges 指定 bin 的边界
直方图	hist	hist(x)　　　　%基于向量 x 中的元素创建直方图 hist(x,nbins)　%将 x 有序划分入标量 nbins 所指定数量的 bin 中 hist(x,xbins)　%使用由向量xbins确定的间隔或类别将x有序划入 　　%bin 中
面积图	area	area(X,Y)　%若 Y 为向量，填充曲线和水平轴之间的区域 　　%若 Y 为矩阵，按 Y 中列绘制一组曲线，并对曲线间的区域进行填充 area(Y)　　%绘制 Y 对一组隐式 x 坐标的图，并填充曲线之间的区域

二维图	函　数	基本调用格式
堆叠图	stackedplot	stackedplot(tbl)　　　%根据变量（最多 25 个变量）绘制具有公共 x 轴 %的堆叠图 %若 tbl 是表，则绘制变量对行号的图，若 tbl 是时间表，则绘制变量对行 %时间的图 stackedplot　%绘制 tbl 的所有数值、逻辑、分类、日期时间和持续时间 %变量并忽略任何其他数据类型的表变量 stackedplot(tbl,vars)　　%仅绘制 vars 指定的表或时间表变量 stackedplot(X,Y)　　　　%绘制 Y 列对向量 X 的图，最多 25 列 stackedplot(Y)　%绘制 Y 的列对其行号的图，刻度范围 1 到 Y 的行数
折线	line	line(x,y)　　%使用向量 x 和 y 中的数据在当前坐标区中绘制线条 %若 x 和 y 中有一个或两者均为矩阵，则绘制多个线条 %与 plot 函数不同，line 函数会在当前坐标区添加线条，而不删除其他图 %形对象或重置坐标区属性 line(x,y,z)　%在三维坐标中绘制线条 line　　　%使用默认属性设置绘制一条从点(0,0)到(1,1)的线条
垂线	xline	xline(x)　　%在当前坐标区的一个或多个 x 坐标处创建一条垂直直线 xline(x,LineSpec)　　　%指定线型、线条颜色或同时指定两者 xline(x,LineSpec,labels)　　%为线条添加标签
水平线	yline	同 xline
带误差棒 的线图	errorbar	errorbar(y,err)　　%创建 y 中数据的线图，并绘制垂直误差棒 errorbar(x,y,err)　　%绘制 y 对 x 的线图，并绘制垂直误差棒 errorbar(x,y,neg,pos)　　%neg 确定垂直误差棒下限，pos 确定误差 %棒上限 errorbar(___,ornt)　　%设置误差棒方向。ornt 为'horizontal'、 %'both'、'vertical'之一 errorbar(x,y,yneg,ypos,xneg,xpos)　　%绘制水平和垂直误差棒
散点图	scatter	scatter(x,y)%在向量 x 和 y 指定的位置创建一个包含圆形标记的散点图 %将 x 和 y 指定为等长向量，则绘制一组坐标 %将 x 或 y 中的至少一个指定为矩阵，则在同一组坐标区上绘制多组坐标 scatter(x,y,sz)　　%指定圆大小 %sz 指定为标量，所有圆大小相同；指定为向量或矩阵，绘制不同大小的每个圆 scatter(x,y,sz,c)　　%指定圆颜色。可以为所有圆指定一种颜色，也可 %以更改颜色 scatter(tbl,xvar,yvar)　　%绘制表 tbl 中的变量 xvar 和 yvar，指定 %多个变量时绘制多个数据集
气泡图	bubblechart	bubblechart(x,y,sz)%在向量 x 和 y 指定的位置绘制气泡图。向量 sz %指定为气泡大小 bubblechart(x,y,sz,c)　　%在向量 c 指定气泡的颜色 bubblechart(tbl,xvar,yvar,sizevar)　%使用表 tbl 中的变量 xvar %和 yvar 绘制气泡图 %变量 sizevar 表示气泡大小 bubblechart(tbl,xvar,yvar,sizevar,cvar)　　%在变量 cvar 中 %指定颜色

续表

二维图	函　数	基本调用格式
饼图	pie	pie(X)　　　　　　%绘制饼图，每个扇区代表 X 中的一个元素 %若 sum(X)≤1，X 中的值直接指定饼图扇区的面积 %sum(X)<1，仅绘制部分饼图; %sum(X)>1 %则通过 X/sum(X) 对值进行归一化，以确定饼图每个扇区的面积 %若 X 为分类数据类型，则扇区对应于类别，每个扇区的面积是类别中的元 %素数除以 X 中的元素数的结果 pie(X,explode)　%将扇区从饼图偏移一定位置 pie(X,labels)　　%指定用于标注饼图扇区的选项 pie(X,explode,labels)　%偏移扇区并指定文本标签,X 可以是数值或 %分类数据类型
等高线图	contour	contour(Z)　　　%创建一个包含矩阵 Z 的等值线的等高线图 %其中 Z 包含 x-y 平面上的高度值 contour(X,Y,Z)　%指定 Z 中各值的 x 和 y 坐标
填充 等高线图	contourf	同 contour
填充 多边形	fill	fill(X,Y,C)%根据 X 和 Y 中的数据创建填充的多边形（顶点颜色由 C 指定） fill(X,Y,ColorSpec)%用 ColorSpec 指定的颜色填充多边形
箭头图或 向量图	quiver	quiver(X,Y,U,V)%在由 X、Y 指定的笛卡儿坐标中绘制具有定向分量 U 和 V %的箭头 quiver(U,V)　　　%在等距点上绘制箭头，箭头的定向分量由 U 和 V 指定 %若 U、V 是向量，则箭头的 x 坐标范围是从 1 到 U（或 V）的元素数，并且 %y 坐标均为 1 %若 U 和 V 是矩阵，则箭头的 x 坐标范围是从 1 到 U（或 V）的列数，箭头 的%y 坐标范围是从 1 到 U（或 V）的行数
…	…	…

【例 7-23】　特殊二维图形的绘制示例（1）。

　　解　在编辑器窗口中输入以下代码并运行，输出图形如图 7-25 所示。

```
clear, clf

x=-5:0.5:5;
subplot(2,3,1); bar(x,exp(-x.*x));              %绘制条形图
title('条形图')

x=0:0.05:3;
y=(x.^0.4).*exp(-x);
subplot(2,3,2); stem(x,y)                       %绘制针状图（茎图）
title('针状图')

x=0:0.5:10;
subplot(2,3,3);stairs(x,sin(2*x)+sin(x));       %绘制阶梯图
title('阶梯图')

y=[10 6 17 13 20];
```

```
e=[2 1.5 1 3 1];
subplot(2,3,4); errorbar(y,e)          %绘制误差棒图
title('误差棒图')

x=[13,28,23,43,22];
subplot(2,3,5); pie(x)                 %绘制饼图
title('饼图')

x=[13,28,23,43,22];
y=[0 0 0 0 1];
subplot(2,3,6);pie(x,y)                %将饼图中的某一扇块（如黄色块，17%部分）分离
title('扇块分离')
```

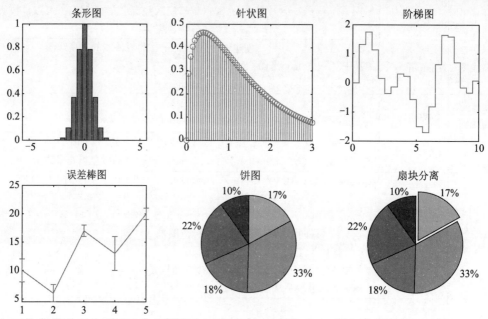

图 7-25　特殊二维图形绘制（1）

【例 7-24】　特殊二维图形的绘制示例（2）。

解　在编辑器窗口中输入以下代码并运行，输出图形如图 7-26 所示。

```
clear, clf
x=1:40;
y=rand(size(x));
subplot(2,3,1);scatter(x,y,'b.')       %绘制二维散点图
title('二维散点图')

Y=randn(1000,3);
subplot(2,3,2); hist(Y)                %绘制直方图
title('直方图')

x=linspace(-2*pi,2*pi);
y=linspace(0,4*pi);
[X,Y]=meshgrid(x,y);
Z=sin(X)+cos(Y);
subplot(2,3,3);contour(X,Y,Z)          %绘制二维等高线图
```

```
grid on
title('二维等高线图')

t=0:0.5: 8;
s=0.04+1i;
z=exp(-s*t);
subplot(2,3,4);feather(z)              %复数函数图
title('复数函数图')

[x,y,z]=peaks(30);
[dx,dy]=gradient(z,.2,.2);
subplot(2,3,5); contour(x,y,z)         %等高线图
hold on; quiver(x,y,dx,dy)             %添加箭头，完成向量图的绘制
colormap autumn                        %为图形设置颜色表
grid off
hold off
title('向量图')

wdir=[40 90 90 45 360 335 360 270 335 270 335 335];
knots=[5 6 8 6 3 9 6 8 9 10 14 12];
rdir=wdir*pi/180;
[x,y]=pol2cart(rdir,knots);            %将极坐标转换为笛卡儿坐标
subplot(2,3,6); compass(x,y)           %风向速度图
title('风向速度图')
```

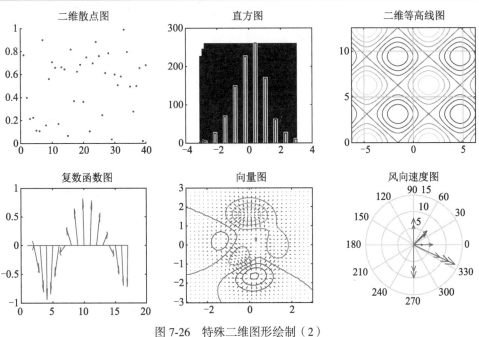

图 7-26　特殊二维图形绘制（2）

【例 7-25】　特殊二维图形的绘制示例（3）。

解　在编辑器窗口中输入以下代码并运行，输出动态图形，如图 7-27 所示。

```
clear, clf
for k=1:10
    plot(fft(eye(k+10)))
```

```
    axis equal
    M(k)=getframe;                              %捕获坐标区或图窗作为视频的帧
end
movie(M,5)                                      %动态二维图
```

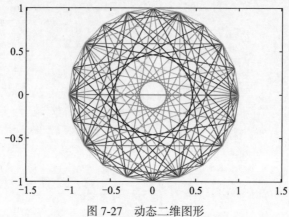

图 7-27 动态二维图形

【例 7-26】　在特殊坐标系中绘制等高线图。

解　在编辑器窗口中输入以下代码并运行，输出图形如图 7-28 所示。

```
clear, clf
[th,r]=meshgrid((0:5:360)*pi/180,0:.05:1);
[X,Y]=pol2cart(th,r);                           %将极坐标转换为笛卡儿坐标
Z=X+1i*Y;
f=(Z.^4-1).^(1/4);
subplot(1,2,1);contour(X,Y,abs(f),30)           %在笛卡儿坐标系中创建等高线图
axis([-1 1 -1 1])

subplot(1,2,2);polar([0 2*pi],[0 1])
hold on
contour(X,Y,abs(f),30)                          %在极坐标系中绘制等高线图
```

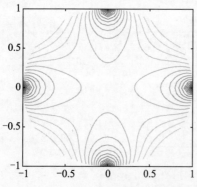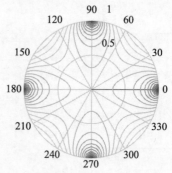

图 7-28 在特殊坐标系中绘制等高线图

　　除上述函数绘图方式外，在 MATLAB 中还有一种较为简单的方法，就是使用工作区进行绘图在工作区选中变量，然后单击"绘图"选项卡→"绘图"选项组中相应的绘图命令，如图 7-29所示，即可根据需要绘制图形。

图 7-29 "绘图"选项组

7.3 图形的修饰

MATLAB 在绘制二维图形时，还提供了多种修饰图形的方法，包括色彩、线型、点型、坐标轴等。下面介绍 MATLAB 中常见的二维图形修饰方法。

7.3.1 色彩、线型和点型

1. 色彩和线型

利用 plot 函数绘图时的有效组合方式为"色彩＋线型"，当默认时，线型为实线，色彩从蓝色到白色循环。色彩与线型符号如表 7-2 所示。

表 7-2 色彩与线型符号

线型	符号	'_'		'__'		':'		'_.'	
	含义	实线		虚线		点线		点画线	
色彩	符号	'r'	'green'	'blue'	'cyan'	'magenta'	'yellow'	'black'	'white'
	颜色	'red'	'g'	'b'	'c'	'm'	'y'	'k'	'w'
	含义	红	绿	蓝	青	品红	黄	黑	白
	RGB三元组	[1 0 0]	[0 1 0]	[0 0 1]	[0 1 1]	[1 0 1]	[1 1 0]	[0 0 0]	[1 1 1]

第 32 集
微课视频

2. 数据点型

利用 plot 函数绘图时有效的组合方式为"点型"或"色彩＋点型"。点型符号如表 7-3 所示。

表 7-3 点型符号

符 号	含 义	符 号	含 义	符 号	含 义
'+'	加号（十字符）	'o'	空心圆	'^'	上三角
'*'	星号（八线符）	's'	方形（方块符）	'v'	下三角
'.'	实心点	'd'	菱形	'>'	右三角
'_'	水平线条	'p'	五角形	'<'	左三角
'|'	垂直线条	'h'	六角形	'x'	叉字符

【例 7-27】 在 MATLAB 中演示色彩、线型及数据点型示例。

解 在编辑器窗口中输入以下代码并运行，输出图形如图 7-30 所示。

```
clear, clf
A=ones(1,10);                    %A 为 10 个 1 的行向量，用于画横线
subplot(1,2,1);hold on           %绘图保持
plot(A,'b-')  ;plot(2*A,'g-');   %蓝色、绿色的实线
plot(3*A,'r:') ;plot(4*A,'c:');  %红色、青色的虚线
```

```
plot(5*A,'m-.');plot(6*A,'y-.');          %品红、黄色的点画线
plot(7*A,'k--');plot(8*A,'w--');          %黑色、白色的双画线
axis([0,11,0,9]);                         %定义坐标轴
hold off                                  %取消绘图保持

B=ones(1,10);
subplot(1,2,2);hold on
plot(B,'.');       plot(2*B,'+');
plot(3*B,'*');   plot(4*B,'^');
plot(5*B,'<');   plot(6*B,'>');
plot(7*B,'V');   plot(8*B,'d');
plot(9*B,'h');   plot(10*B,'o');
plot(11*B,'p');  plot(12*B,'s');
plot(13*B,'x');
axis([0,11,0,14]);
hold off
```

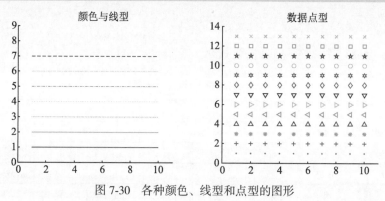

图 7-30　各种颜色、线型和点型的图形

7.3.2　坐标轴的调整

通常，MATLAB 可以自动根据曲线数据的范围选择合适的坐标系，从而使曲线尽可能清晰地显示出来。当对自动产生的坐标轴不满意时，可以利用 axis 函数对坐标轴进行调整（包括坐标轴范围和纵横比），其调用格式如下。

axis(limits)	%指定当前坐标区的范围，范围通过 4、6 或 8 个元素的向量形式指定
axis style	%使用预定义样式设置轴范围和尺度
axis mode	%设置是否自动选择范围，mode 取 manual 表示将所有坐标轴范围冻结在当前值
	%取 auto 表示自动选择所有坐标轴范围；也可以取半自动选项，如'auto x'等
axis on	%显示坐标区背景（默认）
axis off	%关闭坐标区背景的显示，保持显示绘图
axis xy	%默认二维视图方向，即原点在坐标区的左下角，y 值按从下到上的顺序逐渐增加
axis ij	%反转二维视图方向，即原点在坐标区的左上角，y 值按从上到下的顺序逐渐增加

（1）在笛卡儿坐标下，通过以下形式指定范围 limits。

[xmin xmax ymin ymax]：x 坐标轴范围设置为 xmin～xmax，y 设置为 ymin～ymax。

[xmin xmax ymin ymax zmin zmax]：另外将 z 坐标轴范围设置为 zmin～zmax。

[xmin xmax ymin ymax zmin zmax cmin cmax]：另外将颜色范围设置为 cmin～cmax。在颜色图中，cmin、cmax 分别对应于第一种和最后一种颜色的数据值。

（2）在极坐标下，通过以下形式指定范围 limits。

[thetamin thetamax rmin rmax]：将 theta 坐标轴范围设置为 thetamin～thetamax，r 坐标轴范围设置为 rmin～rmax。

（3）坐标轴范围和尺度控制参数 style 的取值如表 7-4 所示。

表 7-4　坐标轴范围和尺度控制方法

格　式	功　能
axis tickaligned	将坐标区框的边缘与最接近数据的刻度线对齐，但不排除任何数据
axis tight	数据范围设为坐标范围，使轴框紧密围绕数据
axis padded	坐标区框紧贴数据，只留很窄的填充边距。边距的宽度大约是数据范围的7%
axis equal	沿每个坐标轴使用相同的数据单位长度，即纵、横轴采用等长刻度
axis image	沿每个坐标区使用相同的数据单位长度，并使坐标区框紧密围绕数据
axis square	使用相同长度的坐标轴线，相应调整数据单位之间的增量
axis fill	启用"伸展填充"行为（默认值）。manual方式起作用，坐标轴充满整个绘图区
axis vis3d	保持宽高比不变，确保三维旋转时避免图形大小变化
axis normal	还原默认矩形坐标系形式

【例 7-28】　将一个正弦函数的坐标轴由默认值修改为指定值。

解　在编辑器窗口中输入以下代码并运行，输出图形如图 7-31 所示。

```
clear, clf
x=0:0.02:4*pi;
y=sin(x);
plot(x,y)                    %绘制出振幅为1的正弦波
axis([0 4*pi -3 3])          %将先前绘制的图形坐标修改为所设置的大小
```

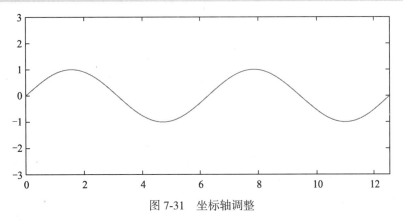

图 7-31　坐标轴调整

【例 7-29】　尝试使用不同的 MATLAB 坐标轴控制指令，观察各种坐标轴控制指令的影响。

解　在编辑器窗口中输入以下代码并运行，输出图形如图 7-32 所示。

```
clear, clf
t=0:2*pi/99:2*pi;
x=1.15*cos(t);
y=3.25*sin(t);               %椭圆
subplot(2,3,1),plot(x,y),grid on;    %子图1
axis normal,title('normal');
```

```
subplot(2,3,2),plot(x,y),grid on;          %子图 2
axis equal,title('equal');
subplot(2,3,3),plot(x,y),grid on;          %子图 3
axis square,title('Square')
subplot(2,3,4),plot(x,y),grid on;          %子图 4
axis image,box off,
title('Image and Box off')
subplot(2,3,5),plot(x,y);grid on           %子图 5
axis image fill,
box off,title('Image and Fill')
subplot(2,3,6),plot(x,y),grid on;          %子图 6
axis tight,
box off,title('Tight')
```

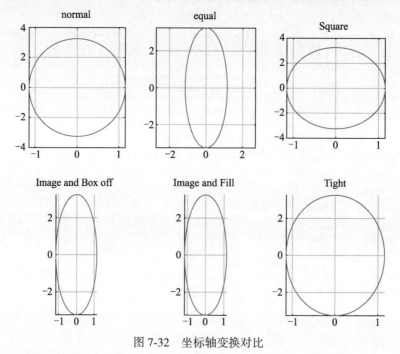

图 7-32　坐标轴变换对比

7.3.3　刻度和栅格

在 MATLAB 中，利用 semilogx 或 semilogy 函数可以将 x 轴或 y 轴设置为对数刻度，其调用格式如下。

```
semilogx(X1,Y1,...)          %x 轴为对数刻度，y 轴为线性刻度
semilogy(X1,Y1,...)          %x 轴为线性刻度，y 轴为对数刻度
```

在 MATLAB 中，设置栅格的命令为 grid，其调用格式如下。

```
grid                %栅格在显示和关闭间切换
grid on             %显示绘图中的栅格
grid off            %关闭绘图中的栅格
grid minor          %切换改变次网格线的可见性，次网格线出现在刻度线之间
```

【例 7-30】 绘制不同刻度的二维图形，并分别显示和关闭栅格。

解 在编辑器窗口中输入以下代码并运行，输出图形如图 7-33 所示。

```
clear, clf
x=0:0.1:10;
y=2*x+3;
subplot(221);plot(x,y);          %使用plot函数进行常规绘图
grid on
title('plot')
subplot(222);semilogy(x,y);      %x轴为线性刻度，y轴为对数刻度
grid on
title('semilogy')
subplot(223);x=0:1000;
y=log(x);
semilogy(x,y);                   %x轴为对数刻度，y轴为线性刻度
grid on
title('semilogx')
subplot(224);plot(x,y);
grid off                         %关闭栅格
title('grid off')
```

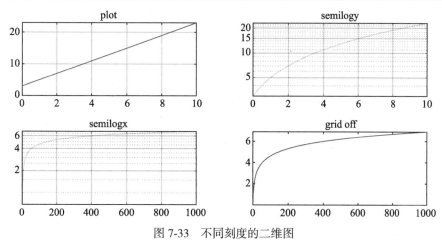

图 7-33 不同刻度的二维图

7.3.4 设置坐标框

在 MATLAB 中，使用 box 命令可以开启或封闭二维图形的坐标框，默认坐标框处于开启状态，其调用格式如下。

```
box          %坐标框在封闭和开启间切换
box on       %开启坐标框（默认）
box off      %封闭坐标框
```

【例 7-31】 坐标框的开启与封闭。

解 在编辑器窗口中输入以下代码并运行，输出有坐标框的图形如图 7-34（a）所示。

```
clear, clf
x=linspace(-2*pi,2*pi);
y1=sin(x);
y2=cos(x);
```

```
h=plot(x,y1,x,y2);
box on
```

将 box on 语句替换为 box off。运行代码，即可输出如图 7-34（b）所示的无坐标框的二维图形。

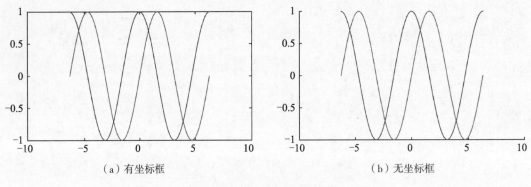

（a）有坐标框　　　　　　　　　　　　　　（b）无坐标框

图 7-34　坐标框的开启与封闭

7.3.5　图形标识与注释

图形标识包括标题、子标题、轴标签、子图标题等。在 MATLAB 中，实现图形标识的函数如表 7-5 所示。

表 7-5　图形标识函数

函　　数	功　　能	函　　数	功　　能
title	为图形添加标题	xlabel	为x坐标轴添加标签
subtitle	为图形添加副标题	ylabel	为y坐标轴添加标签
sgtitle	在子图网格上添加标题	zlabel	为z坐标轴添加标签
legend	在坐标区添加图例	bubblelegend	为气泡图创建图例

图形标识函数的调用格式基本相同，以 title 函数为例，其调用格式如下。

```
title('text')              %在默认位置给图形添加或替换标题
title('text','subtext')    %同时在标题下添加副标题
title(___,Name,Value)      %使用一个或多个 Name-Value 对参数修改标题外观
title(target,___)          %将标题添加到指定的目标对象
```

在 MATLAB 中，还可以使用 text 函数在图形的指定位置添加一串文本作为注释，其调用格式如下。

```
text(x,y,'str','option')   %向当前坐标区指定的数据点位置(x,y)处添加文本说明 str
text(x,y,z,'str','option') %在三维坐标中添加文本
text(___,Name,Value)       %使用一个或多个 Name-Value 对指定 Text 对象的属性
text(ax,___)               %在指定的笛卡儿坐标区、极坐标区或地理坐标区 ax 中创建文本
```

说明： 坐标(x,y)的单位由 option 选项决定，如果不加选项，则(x,y)的坐标单位和图中一致；如果选项为'sc'，表示坐标单位是取左下角为(0,0)，右上角为(1,1)的相对坐标。

【例 7-32】 图形添加标识示例。

解 在编辑器窗口中输入以下代码并运行，输出图形如图 7-35 所示。

```
clear, clf
x=0:0.01:2*pi;
y1=sin(x);
y2=cos(x);
plot(x,y1,x,y2, '--')
grid on;
xlabel('弧度值')
ylabel('函数值')
title('正弦与余弦曲线')
```

继续在编辑器窗口中输入以下代码并运行，输出图形如图 7-36 所示，图中添加了文本注释。

```
text(0.4,0.8, '正弦曲线', 'sc')
text(0.8,0.8, '余弦曲线', 'sc')
```

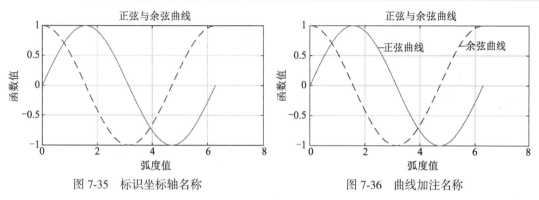

图 7-35 标识坐标轴名称   图 7-36 曲线加注名称

【例 7-33】 标注文字的位置示例。

解 在编辑器窗口中输入以下代码并运行，输出图形如图 7-37 所示。

```
clear, clf
t=0:900;
hold on;
plot(t,0.25*exp(-0.005*t));
text(300,.25*exp(-0.005*300),...
  '\bullet\leftarrow\fontname{times} 0.05 at t=300','FontSize',14)
hold off;
```

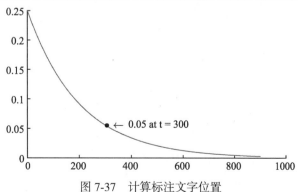

图 7-37 计算标注文字位置

【例 7-34】 绘制连续和离散数据图形，并对图形进行标识。

解 在编辑器窗口中输入以下代码并运行，输出图形如图 7-38 所示，图中添加了详细文字标识。

```
clear, clf
x=linspace(0,2*pi,60);
a=sin(x);
b=cos(x);
hold on
stem_handles=stem(x,a+b);
plot_handles=plot(x,a,'-r',x,b,'-g');
xlabel('时间')
ylabel('量级')
title('两函数叠加')
legend_handles=[stem_handles; plot_handles];
legend(legend_handles,'a+b','a=sin(x)', 'b=cos(x)')
```

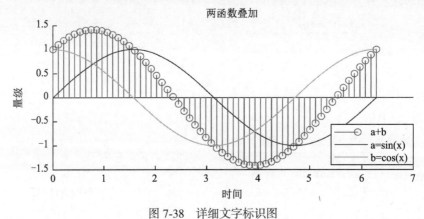

图 7-38　详细文字标识图

【例 7-35】 绘制包括不同统计量图形，并对其进行标注说明。

解 在编辑器窗口中输入以下代码并运行，输出图形如图 7-39 所示，图中添加了不同统计量的标注说明图形。

```
clear, clf
x=0:.2:10;
b=bar(rand(10,5),'stacked'); colormap(summer); hold on
x=plot(1:10,5*rand(10,1),'marker','square','markersize',8,...
    'markeredgecolor','y','markerfacecolor',[.6 0 .6],'linestyle','-',...
    'color','r','linewidth',1);
hold off
legend([b,x],'Carrots','Peas','Peppers','Green Beans', ...
  'Cucumbers','Eggplant')

b=bar(rand(10,5),'stacked');
colormap(summer);
hold on
x=plot(1:10,5*rand(10,1),'marker','square','markersize',8, ...
    'markeredgecolor','y','markerfacecolor',[.6 0 .6],'linestyle','-',...
    'color','r','linewidth',1);
```

```
hold off
legend([b,x],'Carrots','Peas','Peppers','Green Beans', ...
    'Cucumbers','Eggplant')
```

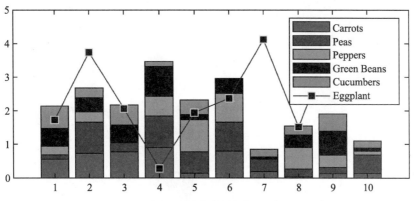

图 7-39 包括不同统计量的标注说明图形

7.3.6 图案填充

MATLAB 除了可以直接绘制单色二维图之外，还可以使用 patch 函数在指定的两条曲线和水平轴所包围的区域填充指定的颜色，其调用格式如下。

```
patch(X,Y,C)    %使用 X 和 Y 的元素作为每个顶点的坐标，绘制一个或多个填充多边形区域
                %C 为三元向量[R G B]，其中 R 表示红色，G 表示绿色，B 表示蓝色
patch(X,Y,Z,C)  %使用 X、Y 和 Z 在三维坐标中创建多边形，C 确定多边形的填充颜色
```

例如，在 MATLAB 命令行窗口中输入如下语句，可以输出如图 7-40 所示的图形。

```
clear, clf
patch([0 .5 1], [0 1 0], [1 0 0])
```

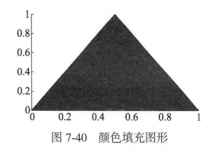

图 7-40 颜色填充图形

【例 7-36】 图案填充示例（1）。

解 在编辑器窗口中输入以下代码并运行，输出图形如图 7-41（a）所示。

```
clear, clf
x=-1:0.01:1;
y=-1.*x.*x;
y1=-2.*x.*x;
y2=-4.*x.*x;
y3=-8.*x.*x;

hold on
plot(x,y,'-','LineWidth',1)
plot(x,y1,'r-','LineWidth',1)
plot(x,y2,'g--','LineWidth',1)
plot(x,y3,'k--','LineWidth',1)
```

继续在编辑器窗口中输入以下代码并运行，输出图形如图 7-41（b）所示。图中两条实线之间填充红色（见图中①），两条虚线之间填充黑色（见图中②）。

```
Ya=y;
X=[x x(end:-1:1)];
Y=[Ya y1(end:-1:1)];
patch(X,Y,'r')                                    %填充红色①

Yb=y2;
Y=[Yb y3(end:-1:1)];
patch(X,Y,'b')                                    %填充蓝色②
hold off
```

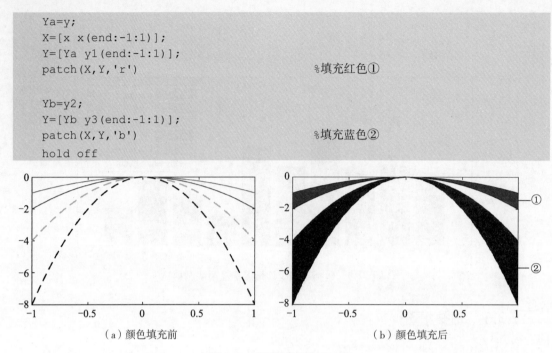

（a）颜色填充前　　　　　　　　　　　　　　　（b）颜色填充后

图 7-41　颜色填充前后对比

在 MATLAB 中，还可以利用 fill 函数填充二维多边形，其调用格式同 patch 函数，在某些情况下 patch 函数可以与 fill 函数互换使用。

【例 7-37】　图案填充示例（2）。

解　在编辑器窗口中输入以下代码并运行，输出图形如图 7-42（a）所示。

```
clear, clf
x=-5:0.01:5;
ls=length(x);
y1=2*x.^2+12*x+6;                %y1 是一个长为 ls 的行向量
y2=3*x.^3-9*x+24;                %y2 是一个长为 ls 的行向量

hold on
plot(x,y1,'r-');
plot(x,y2,'b--');
```

继续在编辑器窗口中输入以下代码并运行，输出图形如图 7-42（b）所示。图中实线和虚线之间的区域填充了红色。

```
y1_y2=[y1;y2];                   %2×ls 的矩阵，第 1 行为 y1，第 2 行为 y2
maxY1vsY2=max(y1_y2);            %1×ls 的行向量，表示 y1_y2 每列的最大值
                                 %即 x 相同时 y1 与 y2 的最大值
minY1vsY2=min(y1_y2);            %1×ls 的行向量，表示 y1_y2 每列的最小值
                                 %即 x 相同时 y1 与 y2 的最小值
yFill=[maxY1vsY2,fliplr(minY1vsY2)];
xFill=[x,fliplr(x)];
fill(xFill,yFill,'r','FaceAlpha',0.5,'EdgeAlpha',0.5,'EdgeColor','r');
hold off
```

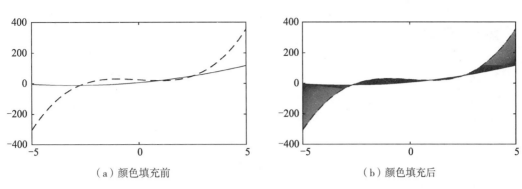

（a）颜色填充前　　　　　　　　（b）颜色填充后

图 7-42　颜色填充前后对比

【例 7-38】　绘制函数 $y = \sin x - x^3 \cos x$ 的曲线，并在该条曲线上、下方的一个函数标准差的区域内填充红色。

　　解　在编辑器窗口中输入以下代码并运行，输出图形如图 7-43（a）所示。

```
clear, clf
x=0:0.005:50;
y=sin(x)-x.^3.*cos(x);              %指定函数
stdY=std(y);                        %标准差
y_up=y+stdY;                        %上限值
y_low=y-stdY;                       %下限值
plot(x,y,'b-','LineWidth',1);       %绘制曲线图像
hold on
```

继续在编辑器窗口中输入以下代码并运行，输出图形如图 7-43（b）所示。

```
yFill=[y_up,fliplr(y_low)];
xFill=[x,fliplr(x)];
fill(xFill,yFill,'r','FaceAlpha',0.5,'EdgeAlpha',1,'EdgeColor','r')
```

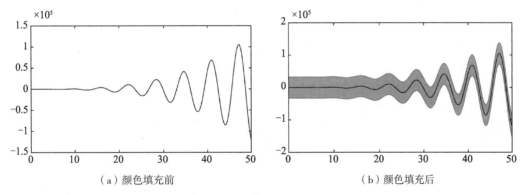

（a）颜色填充前　　　　　　　　（b）颜色填充后

图 7-43　例 7-38 输出结果

本章小结

　　本章介绍了 MATLAB 的二维绘图，主要介绍了二维绘图的基本绘图函数及各种图形修饰方法，对二维绘图中经常出现的子图也做了详细讲解，最后通过举例介绍了多种特殊坐标图形和特殊二维图形的绘制方法。

本章习题

1. 选择题

（1）subplot(2,3,3)确定的子图位置是（　　　）。

A. 两行三列的中上方   B. 两行三列的右上方

C. 三行两列的左中方   D. 三行两列的左下方

（2）要将图像绘制在两行两列的左下方，应使用（　　）语句。

A. subplot(2,2,3)   B. subplot(2,2,4)

C. subplot(2,2,2)   D. subplot(2,2,1)

（3）绘制散点图应使用（　　）函数。

A. stem(x,y,'r.')   B. plot(x,y,'r')   C. plot(x,y,'.')   D. stem(x,y)

（4）如果 x、y 均为 4×3 的矩阵，则执行 plot(x,y)语句后，可以在图形窗口中可以绘制（　　）条曲线。

A. 12   B. 7   C. 4   D. 3

（5）如果 x 为 3 维向量，y 为 4×3 矩阵，则执行 plot(x,y)语句后，可以在图形窗口中绘制（　　）条曲线。

A. 12   B. 7   C. 4   D. 3

（6）下列程序的运行结果是（　　　）。

```
x=0:pi/100:2*pi;
for  n=1:2:11
plot(n*sin(x),n*cos(x));
hold on;
end
axis square;
```

A. 6 个同心圆   B. 6 条平行线

C. 3 条正弦曲线和 3 条余弦曲线   D. 6 条正弦曲线和 6 条余弦曲线

（7）下列程序的运行结果是（　　　）。

```
x=0:pi/100:2*pi;
for  n=1:2:9.54
plot(n*tan(x),n*tan(x));
hold on;
end
axis square;
```

A. 5 个同心圆   B. 5 条平行线   C. 一条直线   D. 两条垂直直线

（8）要将 $y=2e^x$ 的曲线绘制成直线，应采用的 MATLAB 绘图函数是（　　　）。

A. pola   B. semilogx   C. semiology   D. loglog

（9）下列函数中不能用于隐函数绘图的是（　　　）。

A. ezmesh   B. ezsurf   C. ezplot   D. plot

（10）下列程序运行后，看到的图形（　　　）。

```
t=0:pi/20:2*pi;
[x,y]=meshgrid(-9:0.5:9);
z=sin(sqrt(x.^2+y.^2))./sqrt(x.^2+y.^2+eps);
```

```
surf(x,y,z);
view(0,100);axis equal;
```

A. 像一个帽子　　　　B. 是空心的圆　　　　C. 边界是正方形　　　D. 是实心的圆

（11）执行 text(1,3,'{\theta}+{\rho}')语句后，得到的标注效果是（　　　）。

A. {\theta}+{\rho}　　　B. {\theta}+{\rho}　　　C. θ+ρ　　　D. \θ+\ρ

2. 填空题

（1）绘制二维图形的步骤包括_____、_____、_____、_____、_____、
_____。

（2）在绘制图形时，利用 figure 函数可以实现_____；利用 subplot 函数可以实现_____；利用 legend 函数可以实现_____；利用 grid 函数可以实现_____；利用 axis 函数可以实现_____。

（3）写出以下部分二维绘图对应的专用绘图函数。

条形图：_____；阶梯图：_____；直方图：_____；散点图：_____；气泡图：_____；饼图：_____；等高线图：_____。

（4）已知某地 2023 年每月总降水量和每月平均温度，为在一张图上表示该地的年度气温变化趋势和降水情况，降水量可以绘制_____，平均温度可以绘制_____，其命令是_____。

（5）利用 plot 绘图中，颜色有_____种，线型有_____种。其中红色虚线表示为'_____'。

（6）使用 MATLAB 绘制二维坐标图，请根据注释填入代码。

```
x=0:0.1:2*pi;                                    %生成 x 轴上的数据
%创建正弦和余弦函数的数据系列
y1=sin(x);
y2=cos(x);
y3=sin(2*x);
y4=cos(2*x);
figure;                                          %创建一个新的图形
plot(x,y1,'r',____①____,2);                      %绘制正弦函数，线宽为 2
hold on;                                          %启用保持绘图状态
plot(x,y2,'b','LineWidth',2);                     %绘制余弦函数，线宽为 2
plot(x,y3,'g--','LineWidth',1.5);                %绘制 sin(2x)函数
plot(x,y4,'c--','LineWidth',1.5);                %绘制 cos(2x)函数
title('正弦和余弦函数');                          %添加标题和坐标轴标签
xlabel('X 轴');
____②____;
legend('sin(x)','cos(x)','sin(2x)','cos(2x)');   %添加图例
xlim([0,2*pi]);                                   %自定义坐标轴范围
ylim([-1.5,1.5]);
____③____;                                        %关闭保持绘图状态
```

（7）使用 MATLAB 绘制如下二维坐标图，请根据注释填入代码。

```
%创建数据
x=[1, 2, 3, 4, 5];
y=[10, 15, 7, 12, 9];
```

```
      ①         ;                              %绘制散点图，并填充散点

%自定义图形属性
title('二维散点图示例');                        %添加标题
      ②         ;                              %添加 x 轴标签
ylabel('Y轴');                                 %添加 y 轴标签
grid on;                                       %显示网格
```

（8）使用 MATLAB 绘制条形图，并根据提示和注释填入代码。

```
% 绘制第 1 个条形图
x=[1 2 3 4 5];
temp_high=[37 39 46 56 67];
      ①         ;                    %将条形宽度设置为 0.5，使条形使用 50%的可用空间
bar(x,temp_high,w1,     ②     )      %设置为 RGB 颜色值（[0.2 0.2 0.5]）指定条形颜色

%绘制第 2 个条形图
temp_low=[22 24 32 41 50];
w2=.25;
      ③                             %使用 hold()函数保留第一个图形
bar(x,temp_low,w2,'FaceColor',[0 0.7 0.7])     %条形宽度设为.25，使用 25%可用空间
hold off
```

（9）使用 MATLAB 绘制饼图，请根据提示和注释填入代码。

```
x=[2,5,3];
p=pie(x);
pText=findobj(p,'Type','text');
%从文本对象的 String 属性获取每个饼图扇区的占比百分比值
percentValues=     ①     ;
%在元胞数组 txt 中指定所需文本，并将文本与元胞数组 combinedtxt 中的相应百分比值串联
txt={'Item A: ';'Item B: ';     ②     };
combinedtxt=strcat(txt,percentValues);
%通过将文本对象的 String 属性设置为 combinedtxt 来更改标签
      ③
pText(2).String=combinedtxt(2);
pText(3).String=combinedtxt(3);
```

（10）在极坐标中绘制两个线条。第 2 个线条使用虚线。请根据提示和注释填入代码。

```
%绘制第 1 个线条
theta=linspace(0,6*pi);
rho1=theta/10;
polarplot(theta,rho1)
%绘制第 2 个线条
rho2=theta/12;
hold on
      ①                          %用 polarplot 函数绘制第 2 个线条，用'--'表示虚线
hold off
```

3. 计算与简答题

（1）绘制曲线 $y = 5e^{-0.6x}\sin(2\pi x)$，$0 < x < 2\pi$ 及其包络线。

（2）绘制曲线 $\begin{cases} x = t\cos^2 t \\ y = t\sin 4t \end{cases}$，其中 $-\pi \leqslant t \leqslant \pi$。

（3）分别利用 plot、fplot、ezplot 函数绘制下列函数曲线。

① $y = \arcsin(\sin x)$　　② $y = \cos^2 x \cdot \ln|x|$　　③ $y = \dfrac{1}{2\pi}e^{-x^2/2}$

④ $y = x^{\sin x}$　　　　　⑤ $y = x - \cos(2x^2) - \sin(x^3)$

（4）绘制下列隐函数曲线。

① $x - y + 2\sin y = 0$　　② $x^2 + y^2 = 1$　　③ $x^3 + y^3 - 3xy = 0$

（5）利用 ezplot 函数绘制下列参数方程图像。

① $\begin{cases} x = 11t \\ y = 45t - 14t^2 \end{cases}$　　② $\begin{cases} x = e^t \sin t \\ y = e^t \cos t \end{cases}$

③ $\begin{cases} x = \ln(1 + t^2) \\ y = t - \tan^{-1} t \end{cases}$　　④ $\begin{cases} x = \dfrac{12t}{1 + t^2} \\ y = \dfrac{12t^2}{1 + t^2} \end{cases}$

（6）绘制下列极坐标图。

① $\rho = 4\cos\theta + 5$　　② $\rho = \dfrac{16}{\sqrt{\theta}}$

③ $\rho = \dfrac{8}{\cos\theta} - 6$　　④ $\rho = \dfrac{\pi}{3}\theta^2$

（7）在同一坐标系下绘制下列两条曲线并标注两曲线交叉点。

① $y = 2x - 0.5$　　　② $\begin{cases} x = \sin(3t)\cos t \\ y = \sin(3t)\sin t \end{cases}$，$0 \leqslant t \leqslant \pi$

（8）蝴蝶曲线是一种富有美感的平面曲线，其极坐标方程如下。

$$\rho = e^{\cos\theta} - 2\cos 4\theta + \sin^5 \frac{\theta}{12}$$

① 绘制蝴蝶曲线。

② 调整 θ 的大小可以改变曲线形状及其方向，将 θ 改为 $\theta - \dfrac{\pi}{2}$ 使图形旋转 $90°$，绘制蝴蝶曲线。

（9）绘制分段函数 $f(x) = \begin{cases} \sqrt{x}, & 0 \leqslant x < 4 \\ 2, & 4 \leqslant x < 6 \\ 5 - x/2, & 6 \leqslant x < 8 \\ 1, & x \geqslant 8 \end{cases}$ 曲线并添加图形标注。

（10）某次考试中优秀、良好、中等、及格、不及格的人数分别为 7、17、23、19、5，试用扇形统计图作成绩统计分析。

第8章
CHAPTER 8

三　维　绘　图

MATLAB 提供了多种函数显示三维图形,利用这些函数可以在三维空间中绘制曲线或曲面。MATLAB 还提供了颜色用于代表第四维,即伪色彩。通过改变视角还可以观看三维图形的不同侧面。通过本章的学习,读者可以学会灵活使用三维绘图函数以及图形属性进行数据绘制,使数据具有一定的可读性,能够表达出特定的信息。

8.1　三维图形绘制

MATLAB 中的三维图形包括三维折线及曲线图、三维曲面图等。创建三维图形和创建二维图形的过程类似,都包括数据准备、绘图区选择、绘图、设置和标注,以及图形的打印或输出。不过,三维图形能够设置和标注更多元素,如颜色过渡、光照和视角等。

第33集
微课视频

8.1.1　基本绘图步骤

在 MATLAB 中创建三维图形的基本步骤如表 8-1 所示。三维绘图相较二维绘图多了颜色表、颜色过渡、光照等专门针对三维图形的设置项,其他步骤与二维绘图类似。

表 8-1　三维绘图基本步骤

基 本 步 骤	代 码 举 例	备　　注
清理空间	clear all	清空空间的数据
数据准备	x=-8:0.1:8; [X,Y]=meshgrid(x); Z=(exp(X)-exp(Y)).*sin(X-Y);	三维图形用一般的数组创建即可 三维网格图和曲面图所需网格数据需要通过meshgrid函数创建
图窗与绘图区选择	figure	创建绘图窗口和选定绘图子区
绘图	surf(X,Y,Z)	创建三维曲线图或网格图、曲面图
设置视角	view([75 25])	设置观察者查看图形的视角和Camera属性
设置颜色表	colormap hsv shading interp	为图形设置颜色表,用颜色显示z值的大小变化 对曲面图和三维片块模型还可以设置颜色过渡模式
设置光照效果	light('Position',[1 0.5 0.5]) lighting gouraud material metal	设置光源位置和类型 对曲面图和三维片块模型还可以设置反射特性
设置坐标轴 刻度和比例	axis square set(gca,'ZTickLabel','')	设置坐标轴范围、刻度和比例

续表

基 本 步 骤	代 码 举 例	备 注
标注图形	xlabel('x') ylabel('y') colorbar	设置坐标轴标签、标题等标注元素
保存、打印或导出	print	将绘图结果打印或导出为标准格式图像

【例 8-1】 按照上述三维图形绘制步骤绘制图形示例。

解 在编辑器窗口中输入以下代码并运行，输出图形如图 8-1 所示。

```
clear all                           %清空空间的数据
x=-8:0.1:8;
[X,Y]=meshgrid(x);                  %创建网格数据
Z=(exp(X)-exp(Y)).*sin(X-Y);
figure
surf(X,Y,Z)
view([75 25])
colormap hsv                        %为图形设置颜色表
shading interp                      %设置颜色过渡模式
light('Position',[1 0.5 0.5])       %设置光源位置和类型
lighting gouraud                    %设置照明模式
material metal                      %控制光效果材质
axis square                         %使坐标轴长度相同
set(gca,'ZTickLabel','')
xlabel('x')
ylabel('y')
colorbar                            %显示色阶的色度条
print
```

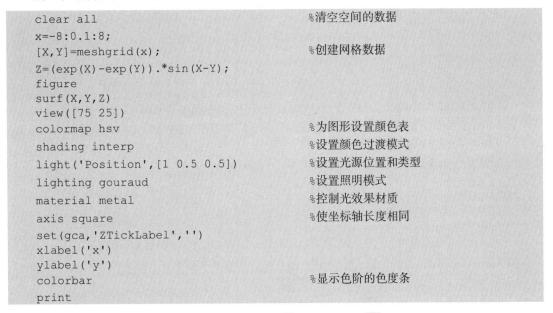

图 8-1　例 8-1 输出结果

8.1.2　基本绘图函数

绘制二维折线或曲线时，可以使用 plot 函数。与该函数类似，MATLAB 提供了一个绘制三维折线或曲线的基本函数 plot3，其调用格式如下。

```
plot3(X,Y,Z)                      %绘制三维空间中的坐标, X、Y、Z 指定为向量或矩阵
plot3(X,Y,Z,LineSpec)             %使用指定的线型、标记和颜色创建绘图
plot3(X1,Y1,Z1,...,Xn,Yn,Zn)      %在同一组坐标轴上绘制多组坐标
plot3(X1,Y1,Z1,LineSpec1,...,Xn,Yn,Zn,LineSpecn)
                                  %为每个 XYZ 三元组指定特定的线型、标记和颜色
```

plot3 函数的功能、使用方法、参数含义与 plot 函数类似, 区别在于 plot3( )绘制的是三维图形, 多了一个 z 方向上的参数。

【例 8-2】 绘制三维曲线示例。

解 在编辑器窗口中输入以下代码并运行, 输出图形如图 8-2 所示。可以看到, 二维图形的基本特性在三维图形中都存在, subplot、title、xlabel、grid 等函数都可以扩展到三维图形中。

```
clear, clf
t=0:0.1:10;
figure
subplot(2,2,1);plot3(sin(t),cos(t),t);        %绘制三维曲线
text(0,0,0,'0');                              %在 x=0,y=0,z=0 处标记 0
title('三维曲线');
xlabel('sin(t)'),ylabel('cos(t)'),zlabel('t');grid
subplot(2,2,2);plot(sin(t),t);
title('x-z 面投影');                           %三维曲线在 x-z 平面的投影
xlabel('sin(t)'),ylabel('t');grid
subplot(2,2,3);plot(cos(t),t);
title('y-z 面投影');                           %三维曲线在 y-z 平面的投影
xlabel('cos(t)'),ylabel('t');grid
subplot(2,2,4);plot(sin(t),cos(t));
title('x-y 面投影');                           %三维曲线在 x-y 平面的投影
xlabel('sin(t)'),ylabel('cos(t)');grid
```

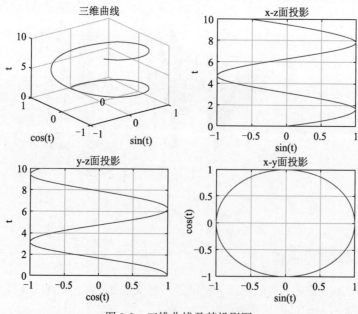

图 8-2 三维曲线及其投影图

【例 8-3】 在 $(x, y) \in [-5, 5]$ 时绘制函数图形：① $z = \sqrt{x^2 + y^2}$ ；② $z = x(-x^3 - y^2)$ 。

解 在编辑器窗口中输入以下代码并运行，输出图形如图 8-3 所示。

```
clear, clf
x=-5:0.1:5;
y=-5:0.1:5;
[X,Y]=meshgrid(x,y);          %将向量x,y指定的区域转换为矩阵X,Y
Z=sqrt(X.^2+Y.^2);            %产生函数值Z
subplot(1,2,1);mesh(X,Y,Z)
title('函数图形1')

[X,Y]=meshgrid(-5:0.1:5);     %同[X,Y]=meshgrid(x,x)，返回方形网格坐标
Z=X.*(-X.^3-Y.^3);
subplot(1,2,2);plot3(X,Y,Z,'b')
title('函数图形2')
```

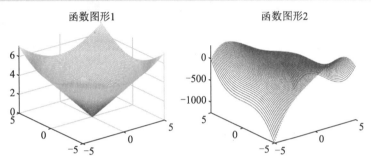

图 8-3 例 8-3 输出结果

【例 8-4】 螺旋线绘制示例。

解 在编辑器窗口中输入以下代码并运行，输出图形如图 8-4 所示。

```
%%圆锥螺旋线
clear, clf
a=0:0.1:20*pi;
subplot(1,2,1);
h=plot3(a.*cos(a),a.*sin(a),2.*a,'b');
axis([-60,60,-60,60,0,150]);
grid on
axis('square')
set(h,'linewidth',1,'markersize',22)
title('圆锥螺旋线')

%%圆柱螺旋线
t=0:0.1:10*pi; r=0.5;
x=r.*cos(t);
y=r.*sin(t);
z=t;
subplot(1,2,2);plot3(x,y,z,'h','linewidth',1);   %'h'表示采用六角形标记
grid on
axis('square')
title('圆柱螺旋线')
```

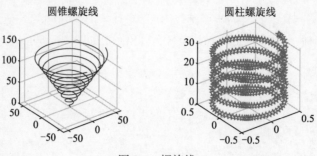

图 8-4　螺旋线

8.1.3　图形的修饰

在 MATLAB 中，三维图形的修饰与二维图形相同，二维图形中介绍到的函数同样可以应用到三维图形中，前面在介绍函数的调用格式时也将对应的三维图形的调用格式进行了介绍，这里不再赘述。

【例 8-5】　利用函数为 $x=2\sin t$、$y=3\cos t$ 的三维螺旋线图形添加标题说明。

解　在编辑器窗口中输入以下代码并运行，输出图形如图 8-5 所示的图形。

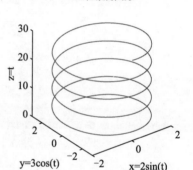

图 8-5　添加标记的三维螺旋线图形

第 34 集
微课视频

```
clear, clf
t=0:pi/100:9*pi;
x=2*sin(t);
y=3*cos(t);
z=t;
plot3(x,y,z)
axis('square')
xlabel('x=2sin(t)');ylabel('y=3cos(t)');
zlabel('z=t')
title('三维螺旋图形')
```

8.2　网格与曲面图

三维网格曲面是由一些四边形相互连接在一起构成的一种曲面，这些四边形的 4 条边所围成的区域内颜色与图形窗口的背景色相同，且无色调的变化，呈现的是一种线架图的形式。

绘制网格曲面时，需要知道各个四边形顶点的 3 个坐标值，然后再使用 MATLAB 提供的 mesh、meshc、surf、surfc 等网格曲面绘图函数绘制不同形式的网格曲面。

8.2.1　生成栅格数据

栅格数据是按网格单元的行与列排列、具有不同灰度或颜色的阵列数据。每个单元（像素）的位置由它的行列号定义，所表示的实体位置隐含在栅格行列位置中，数据组织中的每个数据表示地物或现象的非几何属性或指向其属性的指针。

在绘制网格曲面前，必须给出各个四边形顶点的三维坐标值。通常，绘制曲面时先给出四边形各个顶点的二维坐标(x, y)，然后利用某个函数公式计算出四边形各个顶点的 z 坐标。

此处的二维坐标值(x,y)是一种栅格形的数据点，它可以由 MATLAB 所提供的 meshgrid 函数产生，其调用格式如下。

```
[X,Y]=meshgrid(x,y)          %基于向量 x 和 y 中包含的坐标返回二维网格坐标
                             %X 是一个矩阵，每行是 x 的一个副本；Y 也是一个矩阵，每列是 y 的一个副本
[X,Y]=meshgrid(x)            %同 [X,Y]=meshgrid(x,x)，返回方形网格坐标
[X,Y,Z]=meshgrid(x,y,z)      %返回由向量 x、y 和 z 定义的三维网格坐标
[X,Y,Z]=meshgrid(x)          %同 [X,Y,Z]=meshgrid(x,x,x)，返回立方体三维网格坐标
```

说明：①x 和 y 分别代表三维图形在 X 轴、Y 轴方向上的取值数据点；②x 和 y 分别是一个向量，而 X 和 Y 分别代表一个矩阵。

【例 8-6】 查看 meshgrid 函数功能及执行效果。

解 在命令行窗口中依次输入以下语句，同时会输出相应的结果。

```
>> clear
>> x=[1 2 3 4 5 6 7 8 9];
>> y=[3 5 7];
>> [X ,Y]=meshgrid(x,y)
X=
    1    2    3    4    5    6    7    8    9
    1    2    3    4    5    6    7    8    9
    1    2    3    4    5    6    7    8    9
Y=
    3    3    3    3    3    3    3    3    3
    5    5    5    5    5    5    5    5    5
    7    7    7    7    7    7    7    7    7
```

【例 8-7】 利用 meshgrid 函数绘制矩形网格。

解 在编辑器窗口中输入以下代码并运行，输出图形如图 8-6 所示，该图形给出了矩形网格的顶点。

```
clear, clf
x=-1:0.2:1;
y=1:-0.2:-1;
[X,Y]=meshgrid(x,y);
plot(X,Y,'o')
```

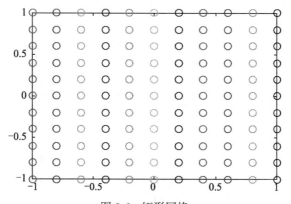

图 8-6 矩形网格

在命令行窗口中输入 whos 命令查看工作区变量属性，结果如下。

```
>> whos
 Name      Size          Bytes Class     Attributes
```

X	11x11	968	double
Y	11x11	968	double
x	1x11	88	double
y	1x11	88	double

8.2.2 数据生成函数

在 MATLAB 中，利用 sphere、cylinder、ellipsoid 函数可以绘制不同的三维曲面或生成三维曲面数据，利用 peaks 函数生成多峰函数数据。

（1）sphere 函数用于绘制三维球面或生成三维球面数据，调用格式如下。

```
[X,Y,Z]=sphere          %返回半径为 1 且包含 20×20 个面的球面的坐标，不绘图
                        %以 3 个 21×21 矩阵形式返回坐标
[X,Y,Z]=sphere(n)       %返回半径为 1 且包含 n×n 个面的球面的坐标
                        %以 3 个 (n+1)×(n+1) 矩阵形式返回坐标
sphere(___)             %绘制球面而不返回坐标
```

（2）cylinder 函数用于绘制三维柱面或生成三维柱面数据，调用格式如下。

```
[X,Y,Z]=cylinder        %返回 3 个 2×21 矩阵，其中包含圆柱的坐标，但不对其绘图
                        %圆柱半径为 1，圆周上有 20 个等间距点，底面平行于 x-y 平面
[X,Y,Z]=cylinder(r)     %返回指定剖面曲线 r 和圆周上 20 个等距点的圆柱的坐标
                        %将 r 中的每个元素视为沿圆柱单位高度的等距高度的半径
                        %每个坐标矩阵的大小为 m×21，m=numel(r)。若 r 是标量，则 m=2
[X,Y,Z]=cylinder(r,n)   %返回指定剖面曲线 r 和圆周上 n 个等距点的圆柱的坐标
                        %每个坐标矩阵的大小为 m×(n+1)，其中 m=numel(r)
cylinder(___)           %绘制圆柱而不返回坐标
```

（3）peaks 函数常用于 contour、mesh、pcolor 和 surf 等图形函数的演示，它是通过平移和缩放高斯分布获得的。其函数形式为

$$f(x,y) = 3(1-x^2)e^{-x^2-(y+1)^2} - 10\left(\frac{x}{5} - x^3 - y^5\right)e^{-x^2-y^2} - \frac{1}{3}e^{-(x+1)^2-y^2}$$

其中，$-3 \leqslant x, y \leqslant 3$。

peaks 函数的调用格式如下。

```
Z=peaks                 %返回在一个 49×49 网格上计算的 peaks 函数的 z 坐标
Z=peaks(n)              %返回在一个 n×n 网格上计算的 peaks 函数
                        %若将 n 指定为长度为 k 的向量，则在一个 k×k 网格上计算该函数
Z=peaks(Xm,Ym)          %返回在 Xm 和 Ym 指定的点上计算的 peaks 函数
[X,Y,Z]=peaks(___)      %返回 peaks 函数的 x、y 和 z 坐标
```

【例 8-8】 绘制三维标准曲面。

解 在编辑器窗口中输入以下代码并运行，输出图形如图 8-7 所示。

```
clear, clf
t=0:pi/20:2*pi;
[x,y,z]=sphere;
subplot(1,3,1);surf(x,y,z)
axis('square')
xlabel('x'),ylabel('y'),zlabel('z')
title('球面')
```

```
[x,y,z]=cylinder(2+sin(2*t),30);
subplot(1,3,2);surf(x,y,z)           %因柱面函数的 R 选项 2+sin(2*t)，柱面为正弦型
axis('square')
xlabel('x'),ylabel('y'),zlabel('z')
title('柱面')

[x,y,z]=peaks(20);
subplot(1,3,3);surf(x,y,z)
axis('square')
xlabel('x'),ylabel('y'),zlabel('z')
title('多峰')
```

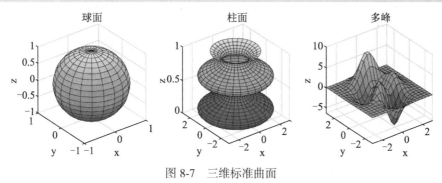

图 8-7　三维标准曲面

8.2.3　绘制网格图

在 MATLAB 中，通过 mesh 函数可以绘制三维网格图。其调用格式如下。

```
mesh(X,Y,Z)  %创建网格图，有实色边颜色（因 Z 指定的高度而异），无面颜色
             %将矩阵 Z 中的值绘制为由 X 和 Y 定义的 x-y 平面中的网格上方的高度
mesh(Z)      %创建一个网格图，并将 Z 中元素的列索引和行索引作为 x 坐标和 y 坐标
             %即[n,m]=size(Z)，X=1:n，Y=1:m，Z 为定义在矩形划分区域上的单值函数
mesh(___,C)  %由 C 指定边的颜色
```

另外，在 MATLAB 中还有两个 mesh 的派生函数：meshc 和 meshz。其中，meshc 函数在绘图的同时，在 x-y 平面上绘制网格在 z 轴方向上的等高线；meshz 函数则在网格图基础上在图形的底部外侧绘制平行 z 轴的边框线。它们的调用方式与 mesh 函数类似。

【例 8-9】　绘制网格图示例。

解　在编辑器窗口中输入以下代码并运行，输出图形如图 8-8 所示。

```
clear, clf
[X,Y]=meshgrid(-3:.125:3);
Z=peaks(X,Y);
subplot(1,2,1);mesh(X,Y,Z);                  %绘制三维网格图 1
axis('square')
title('三维网格图 1')

x=-8:0.5:8;
y=x;
[X,Y]=meshgrid(x,y);
R=sqrt(X.^2+Y.^2)+eps;                        %待可视化的函数
Z=sin(R)./R;
```

```
subplot(1,2,2);mesh(X,Y,Z)                    %绘制三维网格图2
axis('square')
title('三维网格图2')
```

三维网格图1   三维网格图2

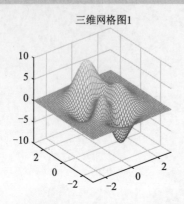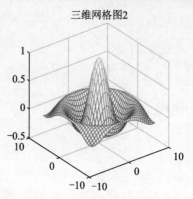

图 8-8　网格图（1）

继续在编辑器窗口中输入以下代码并运行，得到如图 8-9 所示的绘图结果。

```
[X,Y]=meshgrid(-3:.5:3);
Z=2*X.^2-3*Y.^2;                              %待可视化的函数
subplot(2,2,1);plot3(X,Y,Z)
title('plot3')
subplot(2,2,2);mesh(X,Y,Z)
title('mesh')
subplot(2,2,3);meshc(X,Y,Z)
title('meshc')
subplot(2,2,4);meshz(X,Y,Z)
title('meshz')
```

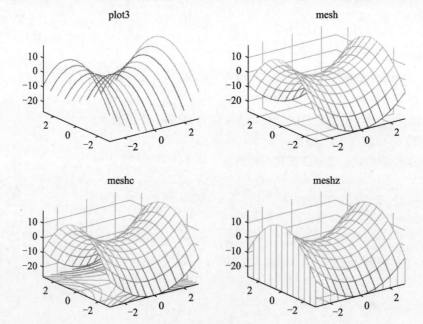

图 8-9　网格图（2）

可以看到，plot3 函数只绘制 X、Y、Z 的对应列表示的一系列三维曲线，只要求 X、Y、Z

这 3 个数组具有相同的尺寸,并不要求(X,Y)必须定义网格点。

mesh 函数则要求(X,Y)必须定义为网格点,且在绘图结果中可以把邻近网格点对应的三维曲面点(X,Y,Z)用线条连接起来。

此外,plot3 函数按照 MATLAB 绘制图线的默认颜色序循环使用颜色区别各条三维曲线,而 mesh 函数绘制的网格曲面图中颜色用来表征 Z 值的大小,通过 colormap 函数可以显示表示图形中颜色和数值对应关系的颜色表。

【例 8-10】 抛物面绘制示例。

解 在编辑器窗口中输入以下代码并运行,输出图形如图 8-10 所示。

```
clear, clf
%%旋转抛物面
[X,Y]=meshgrid(-5:0.1:5);
Z=(X.^2+Y.^2)./4;
subplot(1,3,1);meshc(X,Y,Z)
axis('square')
title('旋转抛物面')

%%椭圆抛物面
Z=X.^2./9+Y.^2./4;
subplot(1,3,2);meshc(X,Y,Z)
axis('square')
title('椭圆抛物面')

%%双曲抛物面
Z=X.^2./8-Y.^2./6;
subplot(1,3,3);meshc(X,Y,Z)
view(80,25)
axis('square')
title('双曲抛物面')
```

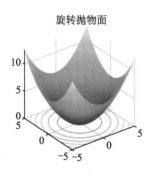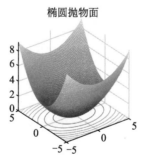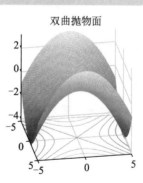

图 8-10 抛物面

8.2.4 绘制曲面图

在 MATLAB 中,利用 surf 函数可以绘制三维曲面图,绘制的曲面被网格线分割成小块,每个小块可看作一块补片,嵌在线条之间。其调用格式如下。

```
surf(X,Y,Z)      %按照 X、Y 形成的格点矩阵创建一个渐变的三维曲面,Z 确定曲面高度和颜色
surf(Z)          %创建一个曲面图,Z 中元素的列索引和行索引作为(x,y)坐标
```

```
surf(___,C)                    %通过 C 指定曲面颜色
urf(___,Name,Value)            %使用一个或多个 Name-Value 对参数指定曲面属性
```

另外，在 MATLAB 中还有两个 surf 的派生函数：surfc 和 surfl。其中，surfc 函数在绘图的同时，在 x-y 平面上绘制曲面在 z 轴方向上的等高线；surfl 函数则在曲面图基础上添加光照效果（基于颜色图）。它们的调用方式与 surf 函数类似。

【例 8-11】 绘制球体的三维图形。

解 在编辑器窗口中输入以下代码并运行，输出图形如图 8-11 所示。

```
clear, clf
[X,Y,Z]=sphere(30);            %计算球体的三维坐标
subplot(1,3,1);surf(X,Y,Z);    %绘制球体的三维图形
xlabel('x'),ylabel('y'),zlabel('z')
axis('square')
title('球面')

[X,Y,Z]=peaks(50);
subplot(1,3,2);surfc(X,Y,Z)
axis('square')
title('添加等高线')

subplot(1,3,3);surfl(X,Y,Z)
axis('square')
title('添加光照')
```

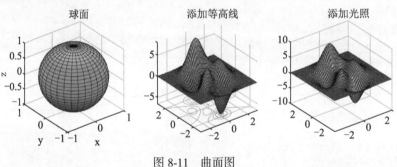

图 8-11 曲面图

8.2.5 绘制函数图

在 MATLAB 中，利用 fsurf 函数可以绘制函数的三维曲面图。其调用格式如下。

```
fsurf(f)                       %在默认区间[-5 5]（对于 x 和 y）为函数 z=f(x,y)创建曲面图
fsurf(f,interval)              %将在指定区间绘图
fsurf(fx,fy,fz)                %在默认区间[-5 5]（对 u 和 v）绘制参数化曲面
                               %曲面由 x=fx(u,v)、y=fy(u,v)、z=fz(u,v)定义
fsurf(fx,fy,fz,interval)       %将在指定区间绘图
fsurf(___,LineSpec)            %设置线型、标记符号和曲面颜色
fsurf(___,Name,Value)          %使用一个或多个 Name-Value 对参数指定曲面属性
```

说明： interval 指定为二元向量[min max]表示对 x、y（或 u、v）使用相同的区间，指定为 [xmin xmax ymin ymax]四元向量表示使用不同的区间。

同样地，在 MATLAB 中，利用 fmesh 函数可以绘制函数的三维网格图。其调用格式同 fsurf 函数，这里不再赘述。

【例 8-12】 快速绘制函数图示例。

解 在编辑器窗口中输入以下代码并运行，输出图形如图 8-12 所示。

```
clear, clf
subplot(1,3,1);fsurf(@(x,y) sin(x)+cos(y))
title('函数绘图')

r=@(u,v) 2+sin(7.*u+5.*v);
fx=@(u,v) r(u,v).*cos(u).*sin(v);
fy=@(u,v) r(u,v).*sin(u).*sin(v);
fz=@(u,v) r(u,v).*cos(v);
subplot(1,3,2);fsurf(fx,fy,fz,[0 2*pi 0 pi])
% camlight                                    %添加光照
title('参数化曲面')

f=@(x,y) y.*sin(x)-x.*cos(y);
subplot(1,3,3);fsurf(f,[-2*pi 2*pi],'ShowContours','on')
title('显示曲面下等高线')
xlabel('x');ylabel('y');zlabel('z');
box on
```

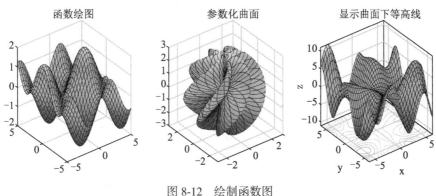

图 8-12 绘制函数图

将上述代码中的 fsurf 函数更换为 fmesh 函数，运行代码，可以输出网格图，读者可自行尝试。

另外，MATLAB 还提供了 ezsurf 函数以实现三维彩色曲面图的绘制，其调用格式基本与 fsurf 函数相同，在此不再赘述。

【例 8-13】 ①在圆域上绘制 $z = x^2 y$ 的图形；②使用球坐标参量绘制部分球壳。

解 在编辑器窗口中输入以下代码并运行，输出图形如图 8-13 所示。

```
clear, clf
%%在圆域上绘制图形
subplot(1,2,1)
ezsurf('x*x*y','circ');              %'circ'表示在以该区间为中心的圆上绘制
title('在圆域上绘制图形')
shading flat;
view([-15,25])
```

```
%%使用球坐标参量绘制部分球壳
x='cos(s)*cos(t)';
y='cos(s)*sin(t)';
z='sin(s)';
subplot(1,2,2);ezsurf(x,y,z,[0,pi/2,0,3*pi/2])
title('绘制部分球壳')
view(17,40);shading interp;colormap(spring)
light('position',[0,0,-10],'style','local')
light('position',[-1,-0.5,2],'style','local')
material([0.5,0.5,0.5,10,0.3])
```

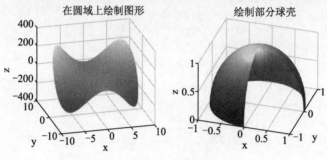

图 8-13　ezsurf 函数绘图

8.3　专用绘图函数

在 MATLAB 中，还提供了其他绘图函数用于绘制不同类型的三维图形，以满足不同的图形绘制需要。

8.3.1　序列图

在 MATLAB 中，利用 stem3 函数可以绘制三维离散序列图，其调用格式如下。

```
stem3(Z)            %绘制为针状图，从 x-y 平面开始延伸并在各项值处以圆圈终止
stem3(X,Y,Z)        %绘制为针状图，从 x-y 平面开始延伸，X 和 Y 指定 x-y 平面中的针状图位置
stem3(___,'filled') %填充圆（实心小圆圈）
stem3(___,LineSpec) %指定线型、标记符号和颜色
stem3(___,Name,Value) %使用一个或多个 Name-Value 对参数修改针状图
```

【例 8-14】　利用 stem3 函数绘制离散序列图。

解　在编辑器窗口中输入以下代码并运行程序，得到如图 8-14 所示的结果。

```
clear,clf
t=0:pi/11:5*pi;
x=exp(-t/11).*cos(t);
y=3*exp(-t/11).*sin(t);
subplot(1,2,1);stem3(x,y,t,'filled')
hold on
plot3(x,y,t)
axis('square')
xlabel('X'),ylabel('Y'),zlabel('Z')

X=linspace(0,2);
Y=X.^3;
```

```
Z=exp(X).*cos(Y);
subplot(1,2,2);stem3(X,Y,Z,'filled')
axis('square')
```

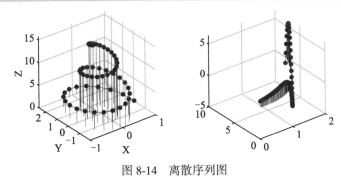

图 8-14　离散序列图

8.3.2　条形图

与二维绘图类似，MATLAB 提供了两类绘制三维条形图（柱状图）的函数，一类用于绘制垂直放置的三维条形图，另一类用于绘制水平放置的三维条形图。

在 MATLAB 中，利用 bar3 函数可以绘制垂直三维条形图，其调用格式如下。

```
bar3(Z)         %绘制三维条形图，Z 中的每个元素对应一个柱状图，[n,m]=size(Z)
                %矩阵 Z 的各元素为 z 坐标，X=1:n 的各元素为 x 坐标，Y=1:m 的各元素为 y 坐标
bar3(Y,Z)       %在 Y 指定的位置绘制 Z 中各元素的柱状图
                %矩阵 Z 的各元素为 z 坐标，Y 向量的各元素为 y 坐标，X=1:n 的各元素为 x 坐标
bar3(...,width) %设置条形宽度并控制组中各条形的间隔
                %默认为 0.8，条形之间有细小间隔；若为 1，组内条形紧挨在一起
bar3(...,style) %指定条形的样式，style 为'detached'、'grouped'或'stacked'
                %'detached'（分离式）在 x 方向上将 Z 中每一行元素显示为一个接一个的块（默认）
                %'grouped'（分组式）显示 n 组的 m 个垂直条，n 是行数，m 是列数
                %'stacked'（堆叠式）为 Z 中的每行显示一个条形，条形高度是行中元素的总和
bar3(...,color) %使用 color 指定的颜色（'r'、'g'、'b'等）显示所有条形
```

在 MATLAB 中，利用 bar3h 函数可以绘制水平放置的三维条形图，其调用格式与 bar3 函数相同。

【例 8-15】　绘制不同类型的条形图。

解　在编辑器窗口中输入以下代码并运行，输出图形如图 8-15 所示。

```
clear, clf
Z=rand(4);
subplot(1,4,1);h1=bar3(Z,'detached');
% set(h1,'FaceColor','W')                    %根据需要对图形句柄进行参数设置
title('分离式条形图')
subplot(1,4,2);h2=bar3(Z,'grouped');
title('分组式条形图')
subplot(1,4,3);h3=bar3(Z,'stacked');
title('叠加式条形图')
subplot(1,4,4);h4=bar3h(Z);
title('无参式条形图')
```

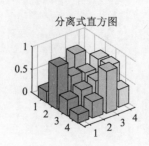 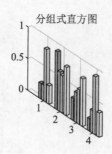 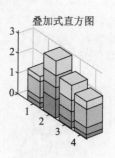 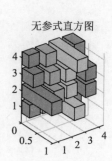

图 8-15　不同类型的三维条形图

8.3.3　饼图

MATLAB 中，利用 pie3 函数可以绘制三维饼图，用法和 pie 函数类似，其功能是以三维饼图形式显示各组分所占比例。

```
pie3(X)          %使用 X 中的数据绘制三维饼图。X 中的每个元素表示饼图中的一个扇区
                 %sum(X)≤1，X 中的值直接指定饼图切片的面积；sum(X)<1，绘制部分饼图
                 %若 X 中元素的总和大于 1，通过 X/sum(X)将值归一化确定每个扇区的面积
pie3(X,explode)      %指定是否从饼图中心将扇区偏移一定位置
                     %若 explode(i,j)非零，则从饼图中心偏移 X(i,j)
pie3(...,labels)     %添加扇区的文本标签，标签数必须等于 X 中的元素数
```

【例 8-16】　三维饼图绘制示例。

解　在编辑器窗口中输入以下代码并运行，绘制结果如图 8-16 所示。

```
clear, clf
x=[32 45 11 76 56];
explode=[0 0 1 0 1];
labels={'A','B','C','D','E'};
subplot(1,3,1);pie3(x)
title('默认饼图')
subplot(1,3,2);pie3(x,explode)
title('扇区偏移')
subplot(1,3,3);pie3(x,labels)
title('添加扇区标签')
```

图 8-16　三维饼图

8.3.4　等高线图

在 MATLAB 中，利用 contour3 函数可以绘制三维等高线图，其调用格式如下。

```
contour3(Z)      %创建包含矩阵 Z 的等值线的三维等高线图，Z 包含 x-y 平面上的高度值
                 %Z 的列和行索引分别是平面中的 x 和 y 坐标
contour3(X,Y,Z) %指定 Z 中各值的 x 和 y 坐标
```

```
contour3(___,levels)        %在 n 个（levels 指定）层级（高度）上显示等高线（n 条等高线）
                            %levels 指定为单调递增值的向量，表示在某些特定高度绘制等高线
                            %levels 指定为二元素行向量[k k]，表示在一个高度(k)绘制一条等高线
contour3(___,LineSpec)      %指定等高线的线型和颜色
contour3(___,Name,Value)    %使用一个或多个 Name-Value 对参数指定等高线图的其他选项
```

利用 clabel 函数可以为等高线图添加高程标签，其调用格式如下。

```
clabel(C,h)                 %为当前等高线图添加标签，将旋转文本插入每条等高线
clabel(C,h,v)               %为由向量 v 指定的等高线层级添加标签
clabel(C,h,'manual')        %通过鼠标选择位置添加标签，图窗中按 Return 键终止
                            %单击鼠标或按空格键可标记最接近十字准线中心的等高线
clabel(C)                   %使用'+'符号和垂直向上的文本为等高线添加标签
clabel(C,v)                 %将垂直向上的标签添加到由向量 v 指定的等高线层级
```

注意：参数(C,h)必须为等高线图函数族函数的返回值。

【**例 8-17**】　绘制 peaks 函数的曲面及其对应的三维等高线。

解　在编辑器窗口中输入以下代码并运行，得到如图 8-17 所示的结果。

```
clear, clf
x=-3:0.1:3;
y=x;
[X,Y]=meshgrid(x,y);
Z=peaks(X,Y)
subplot(1,2,1),mesh(X,Y,Z)
xlabel('x'),ylabel('y'),zlabel('z')
title('peaks 函数图形')
axis('square')

subplot(1,2,2),[c,h]=contour3(x,y,Z);
clabel(c,h)
xlabel('x'),ylabel('y'),zlabel('z')
title('peaks 函数等高线图')
axis('square')
```

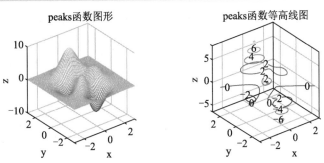

图 8-17　peaks 函数曲面及其等高线图

本章小结

本章讲述了 MATLAB 三维绘图的知识，包括基本的三维曲线图和曲面图的绘制、三维图形显示方法的设置、专用绘图函数等内容。其中，基本的三维图形的绘制和显示设置是本章的重

点，尤其是网格曲面和各种三维图形的区别，读者需要仔细体会和理解。三维图形的控制作为本书的附赠内容，读者可根据需要参考自学。

本章习题

1. 选择题

（1）用于绘制三维空间中的点的函数为（　　　）。

A. plot3　　　　　　　B. scatter　　　　　　C. plot　　　　　　　D. line

（2）在 MATLAB 中，如果要创建三维线框图，应该使用（　　）函数。

A. plot3　　　　　　　B. line3　　　　　　　C. plot3d　　　　　　D. wireframe

（3）用于在 MATLAB 中创建三维柱状图的函数为（　　　）。

A. bar3　　　　　　　B. bar　　　　　　　　C. hist　　　　　　　D. hist3

（4）在 MATLAB 中，创建三维散点图的函数是（　　　）。

A. bar3　　　　　　　B. plot3　　　　　　　C. scatter3　　　　　D. scatter

（5）为了创建一个三维曲面图，应该使用（　　）函数。

A. mesh　　　　　　　B. surf3　　　　　　　C. scatter3　　　　　D. surf

（6）将三维绘图区域旋转以查看不同的角度的函数为（　　　）。

A. view(90, 0)　　　　B. grid on　　　　　　C. rotate3d on　　　　D. axis equal

（7）在 MATLAB 中，使用（　　　）函数可以更改三维图形的颜色。

A. colormap　　　　　B. color　　　　　　　C. caxis　　　　　　D. axis

（8）下列可以用于在 MATLAB 中创建三维等高线图的函数为（　　　）。

A. contour　　　　　B. plot3　　　　　　　C. surf　　　　　　　D. meshgrid

（9）在 MATLAB 中用来添加标签和标题以说明三维图形的函数为（　　　）。

A. xlabel、ylabel、title　　　　　　　　　　B. axis

C. legend　　　　　　　　　　　　　　　　D. grid

（10）要在 MATLAB 中创建一个三维直方图，应该使用的函数为（　　　）。

A. bar3( )　　　　　　B. hist( )　　　　　　C. bar( )　　　　　　D. hist3( )

2. 填空题

（1）使用_____函数可以在三维图形中添加颜色映射。

（2）若要在 MATLAB 中创建一个三维散点图，通常使用_____函数；若要创建一个热图，可以使用_____函数。

（3）若要在三维图形中添加标签和标题，可以使用_____、_____和_____函数。

（4）在 MATLAB 中，利用_____可以显示色阶的色度条；利用_____可以为绘制的三维图形创建光源对象。

（5）在 MATLAB 中，利用_____对图形进行裁剪处理；利用_____命令消除网格图中的隐线；可以利用_____对进行裁剪平面处理。

（6）使用 view 函数改变图形方位和仰角的命令为_____。

3. 计算与简答题

（1）以步长 0.2 生成二维网格矩阵，并绘制高斯函数 $z = x\mathrm{e}^{-(x^2+y^2)}$，其中 $x \in [-2,2]$，$y \in [-2,2]$。

（2）绘制下列三维曲线，其中 $t \in [0,8]$。要求颜色为红色，线宽为2.5。

① $\begin{cases} x = 2\sin t + t\cos t \\ y = 3\cos t - t\sin t \\ z = 5t \end{cases}$
　　② $\begin{cases} x = \cos^3 t \\ y = \sin^3 t \end{cases}$

（3）绘制函数 $z = \dfrac{\sin(\sqrt{x^2 + 3y^2})}{\sqrt{x^2 + 3y^2}}$ 的图形，其中 $x \in [-7.5, 7.5]$，$y \in [-2.5, 7.5]$。

（4）生成包括 50×50 个面的球面，要求在 $(3, -2, 6)$ 处添加光照，方位角和仰角分别为 $45°$ 和 $20°$。

（5）给定数据 $x = [0.2\ 0.1\ 0.25\ 0.15\ 0.14]$，把 x 的每个元素按照百分比绘制为三维饼图。

（6）在 $[1, 20]$ 生成随机变量 x 和 y，$z = x^2 + y^2$，绘制关于 x、y、z 的三维实心散点图。

（7）$x \in [-3, 3]$，$y \in [-3, 3]$，绘制函数 $z = x^2 + 3xy + y^2$，并显示 z 轴上的颜色深度表及颜色条。

（8）绘制函数 $z = \dfrac{\cos(x)\sin(y)}{y}$，其中 $x \in [-1.4\pi, 1.4\pi]$、$y \in [-1.4\pi, 1.4\pi]$，并将 $z > 0.5$ 的部分切平。

（9）绘制椭球面，要求球心坐标位于 $(1,1,1)$ 处，x、y、z 坐标轴方向半径分别为 1、2、3。

第 9 章

函 数 运 用

前面已经详细讲解了 MATLAB 中各种基本数据类型和程序流控制语句,本章在此基础上讲述 MATLAB 函数类型及参数传递方法。MATLAB 提供了极其丰富的内部函数,使用户通过命令行调用就可以完成很多工作,想要更加高效地利用 MATLAB,离不开 MATLAB 程序直接参数的传递。

9.1 函数文件

脚本文件和函数文件是 M 文件的两种形式。脚本文件通常用于执行一系列简单的 MATLAB 命令,运行时只需输入文件名称,MATLAB 就会自动按顺序执行文件中的命令。

函数文件可以接收参数,也可以返回参数。一般情况下,用户不能靠单独输入其文件名运行函数文件,而需要由其他语句调用。

第 36 集
微课视频

9.1.1 函数文件结构

在 MATLAB 中程序都保存为 M 文件,M 文件是统称,每个程序都有自己的 M 文件,文件的扩展名是.m。通过编写 M 文件,可以实现各种复杂的运算。M 文件基本结构如表 9-1 所示。

表 9-1　M 文件基本结构

文 件 内 容	描　　述
函数定义行 (只存在于函数文件中)	由关键字function引导,定义函数名称,定义输入/输出变量的数量、顺序
H1行	对程序进行总结说明的一行
help文本	对程序的详细说明,在调用help命令查询该M文件时和H1行一起显示在命令行窗口中
注释	具体语句的功能注释、说明
函数体	进行实际计算的代码

【例 9-1】　编写 average 函数用于计算向量元素的平均值。

解　在编辑器窗口中输入以下语句。

```
function y=average(x)
%average(x)函数用于计算向量元素的平均值
%输入参数 x 为输入向量,输出参数 y 为计算的平均值;非向量输入将导致错误
```

```
[a,b]=size(x);                                  %判断输入量的大小
if~((a==1)||(b==1))||((a==1)&&(b==1))           %判断输入是否为向量
    error('必须输入向量。')
end
y=sum(x)/length(x);                             %计算向量 x 所有元素的平均值
end
```

保存函数文件时，默认文件名为 average.m（文件名与函数名相同），average 函数接收一个输入参数并返回一个输出参数，该函数的用法与其他 MATLAB 函数一样。

例如，求 1～9 的平均值，可以在命令行窗口中输入以下语句。

```
>> x=1:9
x=
     1     2     3     4     5     6     7     8     9
>> average(x)
ans=
     5
```

可以看出函数文件 average.m 由以下几个基本部分组成。

（1）函数定义行。函数定义行由关键字 function 引导，指明这是一个函数文件，并定义函数名、输入参数和输出参数，函数定义行必须为文件的第 1 个可执行语句，函数名与文件名相同，可以是 MATLAB 中任何合法的字符。

其中，输入参数用圆括号括起来，参数间用英文逗号（,）分隔。有多个输出参数时用方括号括起来，无输出时可用空括号[ ]，或无括号和等号。例如：

```
function [out1,out2,out3,...]=funName(in1,in2,in3,...)     %多个输出参数
function funName(in1,in2,in3,...)                          %无输出参数
```

（2）H1 行。H1 行紧跟着函数定义行。因为它是 help 文本的第 1 个注释行，所以称其为 H1 行，用%开始。MATLAB 可以通过命令（如 lookfor）把 M 文件中的帮助信息显示在命令行窗口中。

H1 在编写函数文件时并不是必需的，但强烈建议在编写 M 文件时建立帮助文本，把函数的功能、调用函数的参数等描述清楚，方便函数的后续使用。

H1 行是函数功能的概括性描述，在命令提示符后输入以下命令可以显示 H1 行文本。一般来说，为了充分利用 MATLAB 的搜索功能，在编写 M 文件时，应在 H1 行中尽可能多地包含该函数的特征信息。

```
help filename
lookfor filename
```

由于在搜索路径上包含 average 的函数很多，因此用 lookfor 命令可能会查询到多个相关的函数。例如：

```
>> lookfor average
average          - 函数 average(x)用于计算向量元素的平均值
mean         - Average or mean value
HueSaturationValueExample  - Compute Maximum Average HSV of Images with
MapReduce
mean     - Average or mean value
affygcrma    - Performs GC Robust Multi-array Average (GCRMA) procedure
    ...              ...
```

（3）帮助文本。帮助文本是为调用帮助命令而建立的文本，可以是连续多行的注释文本。可以在命令行窗口中查看，但不会在 MATLAB 帮助浏览器中显示。

帮助文本在函数定义行后面，连续的注释行不仅可以起解释与提示作用，更重要的是为用户自建的函数文件建立在线查询信息，以供 help 命令在线查询时使用。

帮助文本在遇到之后的第 1 个非注释行时结束（包括空行），函数中的其他注释行并不显示。例如：

```
>> help average
   average(x)函数用于计算向量元素的平均值
   输入参数 x 为输入向量，输出参数 y 为计算的平均值；非向量输入将导致错误
```

（4）注释及函数体。函数体包含了全部用于完成计算及为输出参数赋值等工作的语句，这些语句可以是调用函数、流程控制、交互式输入/输出、计算、赋值、注释和空行。

注释行以%开始，可以出现在函数的任何地方，也可以出现在一行语句的右边。若注释行很多，可以使用注释块操作符%{（注释起始行）和%}（注释结束行）。例如：

```
%非向量输入将导致错误
[m,n]=size(x);                                    %判断输入量的大小
```

如果函数体中的命令没有以分号结尾，那么该行返回的变量将会在命令行窗口显示其具体内容。如果在函数体中使用了 disp 函数，那么结果也将显示在命令行窗口中。通过该功能可以查看中间计算过程或最终的计算结果。

【例 9-2】 以 conv 函数为例简要介绍函数文件的结构。

解 在命令行窗口中输入如下内容。

```
>> open conv                                      %打开 conv.m 函数文件
```

执行上述命令，打开 conv.m 函数文件，文件结构如下（省略部分内容）。
（1）函数定义行：

```
function c=conv(a, b, shape)
```

（2）H1 行：

```
%CONV Convolution and polynomial multiplication.
```

（3）help 文本显示内容：

```
%   C=CONV(A, B) convolves vectors A and B.  The resulting vector is
%
%       ...                                    %中间省略
%
%   Note: CONVMTX is in the Signal Processing Toolbox.
```

（4）注释及函数体：

```
%   Copyright 1984-2019 The MathWorks, Inc.

if ~isvector(a) || ~isvector(b)
  error(message('MATLAB:conv:AorBNotVector'));
end
        ...                                    %中间省略
else
    if size(a,1)==1      %row vector
        c=c.';
```

```
        end
end
```

9.1.2　函数调用

从使用的角度看，函数是一个"黑箱"，把一些数据送进去，经加工处理，把结果送出来。从形式上看，函数文件区别于脚本文件之处在于脚本文件的变量为命令工作区变量，在文件执行完成后保留在命令工作区中。函数文件内定义的变量为局部变量，只在函数文件内部起作用，当函数文件执行完后，这些内部变量将被清除。

在 MATLAB 中，调用函数文件的一般格式如下。

```
[输出参数表]=函数名(输入参数表)
```

（1）当调用一个函数时，输入和输出参数的顺序应与函数定义时一致，其数目可以少于函数文件中所规定的输入和输出参数调用函数，但不能使用多于函数文件所规定的输入和输出参数数目。例如：

```
>> [x,y]=sin(pi)          %输入和输出参数数目多于函数所允许数目时,会自动返回错误信息
错误使用 sin
输出参数太多

>> y=linspace(2)          %输入参数不足也可能提示错误信息
输入参数的数目不足
出错 linspace (第 19 行)
    n=floor(double(n));
```

（2）在编写函数文件调用时常通过 nargin 和 nargout 函数设置默认输入参数，并决定用户希望的输出参数。nargin 函数可以检测函数被调用时用户指定的输入参数个数，nargout 函数可以检测函数被调用时用户指定的输出参数个数。

函数被调用，用户输入和输出参数数目少于函数文件中 function 语句规定的数目时，函数文件通过 nargin 和 nargout 函数可以决定采用何种默认输入参数和用户所希望的输出参数。例如，在命令行窗口中输入以下语句，打开 linspace.m 函数文件。

```
>> open linspace
```

可以发现函数文件的函数定义行为

```
function y=linspace(d1, d2, n)
```

如果只指定两个输入参数调用 lenspiece 函数，如 linspace(0,10)，函数将在 0~10 等间隔产生 100 个数据点；如果指定 32 个输入参数，如 linspace(0,10,50)，由于第 3 个参数决定数据点的个数，因此函数将在 0~10 等间隔产生 50 个数据点。

函数也可按少于函数文件中所规定的输出参数进行调用。如调用 size 函数，可以采用以下方式。

```
>> x=[1 2 3 ; 4 5 6];
>> m=size(x)
m=
    2 3
>> [m,n]=size(x)
m=
    2
```

```
n=
    3
```

（3）当函数有一个以上输出参数时，输出参数包含在方括号内，如[m,n]=size(x)。

注意：[m, n]在等号左边表示 m 和 n 为函数的两个输出参数；[m, n]在等号右边，如 y= [m,n]，则表示数组 y 由变量 m 和 n 所组成。

（4）当函数有一个或多个输出参数，但调用时未指定输出参数时，则不给输出变量赋任何值。例如，toc.m 函数文件的函数定义行为

```
function t=toc
```

当调用 toc 时不指定输出参数 t，如

```
>> tic
>> toc
历时 2.551413 秒
```

此时，函数在命令行窗口将显示函数工作区变量 elapsed_time 的值，但在 MATLAB 命令工作区里则不给输出参数 t 赋任何值，也不创建变量 t。

当调用 toc 时指定输出参数 t，如

```
>> tic
>> tout=toc
tout=
    2.8140
```

此时以变量 tout 的形式返回到命令行窗口，并在 MATLAB 命令工作区里创建变量 tout。

（5）函数有自己的独立工作区，与 MATLAB 的工作区分开，除非使用全局变量。函数内变量与 MATLAB 其他工作区之间唯一的联系是函数的输入和输出参数。

如果函数任一输入参数值发生变化，其变化将仅在函数内出现，不影响 MATLAB 其他工作区的变量。函数内所创建的变量只驻留在该函数工作区，且只在函数执行期间临时存在，函数执行结束后将消失。因此，从一个调用到另一个调用，在函数工作区以变量存储信息是不可能的。

（6）在 MATLAB 其他工作区重新定义预定义的变量，该变量将不会延伸到函数的工作区；反之，在函数内重新定义的预定义变量也不会延伸到 MATLAB 的其他工作区。

（7）如果变量声明是全局的，则函数可以与其他函数、MATLAB 命令工作区和递归调用本身共享变量。为了在函数内或 MATLAB 命令工作区中访问全局变量，全局变量在每个所希望的工作区都必须声明。

（8）全局变量可以为编程带来某些方便，但却破坏了函数对变量的封装，所以在实际编程中，无论什么时候都应尽量避免使用全局变量。如果一定要用全局变量，建议全局变量名要长，采用大写字母，并有选择地以首次出现的 M 文件的名字开头，使全局变量之间不必要的互作用减至最小。

（9）MATLAB 以搜寻脚本文件的同样方式搜寻函数文件。例如，输入 cow 语句，MATLAB 首先认为 cow 是一个变量；如果它不是，那么 MATLAB 认为它是一个内置函数；如果还不是，MATLAB 将检查当前 cow.m 文件的目录或文件夹；如果仍然不是，MATLAB 就检查 cow.m 文件在 MATLAB 搜寻路径上的所有目录或文件夹。

（10）从函数文件内可以调用脚本文件。在这种情况下，脚本文件只查看函数工作区，不查

看 MATLAB 命令工作区。从函数文件内调用的脚本文件不必调到内存进行编译，函数每调用一次，脚本文件就被打开和解释一次。因此，从函数文件内调用脚本文件减慢了函数的执行。

（11）当函数文件到达文件终点，或者遇到返回命令 return 时，结束执行并返回。返回命令 return 提供了一种结束函数的简单方法，而不必到达文件的终点。

9.2 函数类型

MATLAB 中的函数有多种，可以分为匿名函数、主函数、嵌套函数、子函数、私有函数和重载函数。

9.2.1 匿名函数

匿名函数是面向命令行代码的函数形式，通常只需要通过一句非常简单的语句，就可以在命令行窗口或 M 文件中调用函数，这在函数内容非常简单的情况下是很方便的。其标准格式如下。

```
fhandle=@(arglist) expr                %创建匿名函数
```

（1）expr 通常是一个简单的 MATLAB 变量表达式，实现函数的功能，如 x+x.^2 等。

（2）arglist 是参数列表，它指定函数的输入参数列表，对应多个输入参数的情况，通常要用逗号分隔各个参数。

（3）符号@是 MATLAB 中创建函数句柄的操作符，表示创建由输入参数列表 arglist 和表达式 expr 确定的函数句柄，并把这个函数句柄返回给变量 fhandle，以后就可以通过 fhandle 调用定义好的这个函数。

第 37 集
微课视频

例如，定义以下函数，表示创建了一个匿名函数，它有一个输入参数 x，实现的功能是 x+x.^2，并把这个函数句柄保存在变量 myfunhd 中，以后就可以通过 myfunhd(a)计算当 x=a 时的函数值。

```
myfunhd=@(x) (x+x.^2)
```

注意：匿名函数的参数列表 arglist 中可以包含一个或多个参数，这样调用时就要按顺序给出这些参数的实际取值。但 arglist 也可以不包含参数，即留空。这种情况下还需要通过 fhandle()的形式来调用，即要在函数句柄后紧跟一个空的括号，否则将只显示 fhandle 句柄对应的函数形式。

匿名函数可以嵌套，即在 expr 表达式中可以用函数调用一个匿名函数句柄。通过 save 函数可以将匿名函数保存在.mat 文件中，需要时，通过 load 函数即可加载。

【例 9-3】 匿名函数使用示例。

解 在命令行窗口中依次输入以下语句，同时会输出相应的结果。

```
>> myth=@(x)(x+x.^2)                %创建匿名函数
myth=
  包含以下值的 function_handle:
    @(x)(x+x.^2)
>> myth(2)
ans=
    6
```

```
>> save myth.mat              %将匿名函数句柄 myth 保存在 myth.mat 文件中
>> load myth.mat              %加载匿名函数

>> myth1=@()(3+2)
myth1=
    包含以下值的 function_handle:
      @()(3+2)
>> myth1()
ans=
      5
>> myth1
myth1=
    包含以下值的 function_handle:
      @()(3+2)
```

9.2.2 主函数

每个函数 M 文件第 1 行定义的函数就是 M 文件的主函数，一个 M 文件只能包含一个主函数，习惯上将 M 文件名和 M 文件主函数名设为一致。

M 文件主函数的说法是针对其内部嵌套函数和子函数而言的，一个 M 文件中除了一个主函数以外，还可以编写多个嵌套函数或子函数，以便在主函数功能实现中进行调用。

9.2.3 嵌套函数

在一个函数内部，可以定义一个或多个函数，这种定义在其他函数内部的函数称为嵌套函数。嵌套可以多层发生，就是说一个函数内部可以嵌套多个函数，这些嵌套函数内部又可以继续嵌套其他函数。嵌套函数的语法格式如下。

```
function x=a(b,c)
...
    function y=d(e,f)
    ...
        function z=h(m,n)
        ...
        end
    end
end
```

一般函数代码中结尾是不需要专门标明 end 的，但是使用嵌套函数时，无论嵌套函数还是嵌套函数的父函数（上一层次的函数）都要明确标出 end 表示的函数结束。

嵌套函数的互相调用需要注意嵌套的层次，如下面一段代码。

```
function A(a,b)
...
    function B(c,d)
    ...
        function D=h(e)
        ...
        end
    end
    function C(m,n)
    ...
```

```
        function E(g,f)
            ...
        end
    end
end
```

（1）外层的函数可以调用向内一层直接嵌套的函数（A 可以调用 B 和 C），而不能调用更深层次的嵌套函数（A 不可以调用 D 和 E）。

（2）嵌套函数可以调用与自己具有相同父函数的其他同层函数（B 和 C 可以相互调用）。

（3）嵌套函数也可以调用其父函数，或与父函数具有相同父函数的其他嵌套函数（D 可以调用 B 和 C），但不能调用与其父函数具有相同父函数的其他嵌套函数内深层嵌套的函数。

9.2.4　子函数

一个 M 文件只能包含一个主函数，但是一个 M 文件可以包含多个函数，这些编写在主函数后的函数统称为子函数。所有子函数只能被其所在 M 文件中的主函数或其他子函数调用。

所有子函数都有自己独立的声明和帮助、注释等结构，只需要位于主函数之后即可。而各个子函数的前后顺序都可以任意放置，与被调用的前后顺序无关。

M 文件内部发生函数调用时，MATLAB 首先检查该 M 文件中是否存在相应名称的子函数；然后检查这个 M 文件所在的目录的子目录是否存在同名的私有函数；然后按照 MATLAB 路径，检查是否存在同名的 M 文件或内部函数。根据这一顺序，函数调用时首先查找相应的子函数，因此，可以通过编写同名子函数的方法实现 M 文件内部的函数重载。

通过 help 命令也可以查看子函数的帮助文件。

9.2.5　私有函数

私有函数是具有限制性访问权限的函数，它们对应的 M 文件需要保存在名为 private 的文件夹下，这些私有函数代码编写上和普通的函数没有什么区别，也可以在一个 M 文件中编写一个主函数和多个子函数，以及嵌套函数。但私有函数只能被 private 目录的直接父目录下的脚本 M 文件或 M 文件主函数调用。

通过 help 命令获取私有函数的帮助，也需要声明其私有特点。例如，要获取私有函数 myprifun 的帮助，就要通过 help private/myprifun 命令。

9.2.6　重载函数

重载是计算机编程中非常重要的概念，它经常用在处理功能类似但参数类型或个数不同的函数编写中。

例如，现在要实现一个计算功能，输入的参数既有双精度浮点型，又有整数类型，这时就可以编写两个同名函数，一个用来处理双精度浮点型的输入参数，另一个用来处理整数类型的输入参数。这样，当实际调用函数时，MATLAB 就可以根据实际传递的变量类型选择执行其中的一个函数。

MATLAB 中重载函数通常放置在不同的文件夹下，文件夹名称通常以符号@开头，然后跟一个代表 MATLAB 数据类型的字符，如@double 目录下的重载函数输入参数应该是双精度浮点型，而@int32 目录下的重载函数的输入参数应该是 32 位整型。

9.3 参数传递

在 MATLAB 中通过 M 文件编写函数时，只需要指定输入和输出的形式参数列表。而在函数实际被调用时，需要把具体的数值提供给函数声明中给出的输入参数，这时就需要用到参数传递。

9.3.1 参数传递概述

MATLAB 中参数传递过程是传值传递，也就是说，在函数调用过程中，MATLAB 将传入的实际变量值赋值为形式参数指定的变量名，这些变量都存储在函数的变量空间中，和工作区变量空间是独立的，每个函数在调用中都有自己独立的函数空间。

例如，在 MATLAB 中编写函数：

```
function y=myfun(x,y)
```

在命令行窗口通过语句 a=myfun(3,2)调用此函数，MATLAB 首先会建立 myfun 函数的变量空间，把 3 赋值给 x，把 2 赋值给 y，然后执行函数实现的代码，执行完毕后把 myfun 函数返回的参数 y 的值传递给工作区变量 a，调用过程结束后，函数变量空间被清除。

9.3.2 输入和输出参数的数目

第 38 集
微课视频

MATLAB 的函数可以具有多个输入或输出参数。通常在调用时，需要给出和函数声明语句中一一对应的输入参数；而输出参数个数可以按参数列表对应指定，也可以不指定。

不指定输出参数调用函数时，MATLAB 默认把输出参数列表中的第 1 个参数的数值返回给工作区变量 ans。

MATLAB 中可以通过 nargin 和 nargout 函数确定函数调用时实际传递的输入和输出参数个数，结合条件分支语句，就可以处理函数调用中指定输入/输出参数个数不同的情况。

【例 9-4】 输入和输出参数个数的使用。

解 在编辑器窗口中输入以下代码，并保存为 mytha.m 文件。

```
function [n1,n2]=mytha(m1,m2)
if nargin==1
    n1=m1;
    if nargout==2
        n2=m1;
    end
else
    if nargout==1
        n1=m1+m2;
    else
        n1=m1;
        n2=m2;
    end
end
end
```

进行函数调试，在命令行窗口中输入以下语句。

```
>> m=mytha(4)
m=
```

```
          4
>> [m,n]=mytha(4)
m=
          4
n=
          4
>> m=mytha(4,8)
m=
         12
>> [m,n]=mytha(4,8)
m=
          4
n=
          8
>> mytha(4,8)
ans=
          4
```

指定输入和输出参数个数的情况比较容易理解，只要对应函数 M 文件中对应的 if 分支项即可；而不指定输出参数个数的调用情况，MATLAB 是按照指定了所有输出参数的调用格式对函数进行调用，不过在输出时只把第 1 个输出参数对应的变量值赋给工作区变量 ans。

9.3.3 可变数目的参数传递

nargin 和 nargout 函数结合条件分支语句，可以处理可能具有不同数目的输入和输出参数的函数调用，但这要求对每种输入参数数目和输出参数数目的结果分别进行代码编写。

有些情况下，可能无法确定具体调用中传递的输入参数或输出参数的个数，即存在可变数目的传递参数。前面提到，MATLAB 可通过 varargin 和 varargout 函数实现可变数目的参数传递，使用这两个函数对于处理具有复杂的输入/输出参数个数组合的情况也是便利的。

varargin 和 varargout 函数把实际函数调用时传递的参数值封装成一个元胞数组，因此在函数实现部分的代码编写中，就要用访问元胞数组的方法访问封装在 varargin 和 varargout 函数中的元胞或元胞内的变量。

【例 9-5】 可变数目的参数传递。

解 在编辑器窗口中输入以下代码，并保存为 mythb.m 文件。

```
function y=mythb(x)
a=0;
for i=1:1:length(x)
    a=a+mean(x(i));
end
y=a/length(x);
```

mythb 函数以 x 作为输入参数，从而可以接收可变数目的输入参数。函数实现部分首先计算了各个输入参数（可能是标量、一维数组或二维数组）的均值，然后计算这些均值的均值，调用结果如下。

```
>> mythb([4 3 4 5 1])
ans=
    3.4000
>> mythb(4)
ans=
    4
```

```
>> mythb([2 3;8 5])
ans=
    5
>> mythb(magic(4))
ans=
    8.5000
```

9.3.4 返回被修改的输入参数

前面已经讲过，MATLAB 函数有独立于 MATLAB 工作区的自己的变量空间，因此输入参数在函数内部的修改，都只具有和函数变量空间相同的生命周期，如果不指定将此修改后的输入参数值返回到工作区间，那么在函数调用结束后，这些修改后的值将被自动清除。

【例 9-6】 函数内部的输入参数修改。

解 在编辑器窗口中输入以下代码，并保存为 mythc.m 文件。

```
function y=mythc(x)
x=x+2;
y=x.^2;
end
```

在 mythc 函数的内部，首先修改了输入参数 x 的值（x=x+2），然后以修改后的 x 值计算输出参数 y 的值（y=x.^2）。在命令行窗口中输入以下命令，输出结果如下。

```
>> x=2
x=
    2
>> y=mythc(x)
y=
    16
>> x
x=
    2
```

由此可见，调用结束后，函数变量区中的 x 在函数调用中被修改，但此修改只能在函数变量区有效，并没有影响到 MATLAB 工作区变量空间中的变量 x 的值，函数调用前后，MATLAB 工作区中的变量 x 取值始终为 2。

如果希望函数内部对输入参数的修改也对 MATLAB 工作区中的变量有效，就需要在函数输出参数列表中返回此输入参数。对于 mythc 函数，则需要把函数修改为 function[y,x]=mythcc(x)，而在调用时也要通过[y,x]=mythcc(x)语句。

【例 9-7】 将修改后的输入参数返回给 MATLAB 工作区。

解 在编辑器窗口中输入以下代码，并保存为 mythcc.m 文件。

```
function [y,x]=mythcc(x)
x=x+2;
y=x.^2;
end
```

调试结果如下。

```
>> x=2
x=
    2
>> [y,x]=mythcc(x)
y=
```

```
      16
x=
       4
>> x
x=
       4
```

通过函数调用后，MATLAB 工作区中的变量 x 取值从 2 变为 4，可见通过[y,x]=mythcc(x)调用，实现了函数对 MATLAB 工作区变量的修改。

9.3.5　全局变量

通过返回修改后的输入参数，可以实现函数内部对 MATLAB 工作区变量的修改。另一种殊途同归的方法是使用全局变量，声明全局变量需要用到 global 关键词。

通过全局变量可以实现 MATLAB 工作区变量空间和多个函数的函数空间共享，这样，多个使用全局变量的函数和 MATLAB 工作区将共同维护这一全局变量，任何一处对全局变量的修改，都会直接改变此全局变量的取值。

在应用全局变量时，通常在各个函数内部通过 global variable 语句声明，在命令行窗口或脚本文件中也要先通过 global 语句声明，然后进行赋值。

【例 9-8】　全局变量的使用。

解　在编辑器窗口中输入以下代码，并保存为 mythd.m 文件。

```
function y=mythd(x)
global a;
a=a+9;
y=cos(x);
end
```

在命令行窗口中声明全局变量赋值，然后调用该函数。

```
>> global a
>> a=2
a=
    2
>> mythd(pi)
ans=
    -1
>> cos(pi)
ans=
    -1
>> a
a=
   11
```

由此可见，用 global 将 a 声明为全局变量后，函数内部对 a 的修改也会直接作用到 MATLAB 工作区，函数调用一次后，a 的值从 2 变为 11。

本章小结

通过本章的学习，读者应掌握函数文件的结构，并熟练掌握 MATLAB 中各种类型的函数，尤其要熟练应用匿名函数、以 M 文件为核心的主函数、子函数、嵌套函数等，同时还要熟悉参数传递过程及相关函数。

本章习题

1. 选择题

（1）调用函数时，如果函数文件名与函数名不一致，则使用（　　）。

A. 函数文件名　　　　　　　　　　　　B. 函数名

C. 函数文件名和函数名均可　　　　　　D. @和函数名

（2）下列可作为 MATLAB 合法变量名的是（　　）。

A. 总计　　　　　　B. _01　　　　　　C. @m　　　　　　D. abc_xy

（3）使用语句 t=0:10 生成的是（　　）个元素的向量。

A. 0　　　　　　　B. 9　　　　　　　C. 10　　　　　　D. 11

（4）执行 reshape(1:6,2,3)函数后得到的结果是（　　）。

A. 6 个元素的行向量　　　　　　　　　B. 6 个元素的列向量

C. 2×3 矩阵　　　　　　　　　　　　D. 3×2 矩阵

（5）已知 ch=['abcdefgh';'12345678']，则 ch(2,4)代表的字符是（　　）。

A. 4　　　　　　　B. d　　　　　　　C. 3　　　　　　　D. b

（6）程序调试时用于设立断点的函数是（　　）。

A. dbclear　　　　B. dbstop　　　　　C. dbstack　　　　D. dbcont

（7）执行语句"fn=@(y)10*y;"，则 fn 是（　　）。

A. 内部函数　　　　B. 函数句柄　　　　C. 匿名函数　　　　D. 内联函数

（8）有以下程序段"a=eye(5); for n=a(2:end,:) ... end"，其中 for 循环的循环次数是（　　）。

A. 3　　　　　　　B. 4　　　　　　　C. 5　　　　　　　D. 6

（9）在命令行窗口中输入下列命令后，x 的值是（　　）。

```
clear
x=i*j
```

A. 1　　　　　　　B. –1　　　　　　　C. 0　　　　　　　D. 不确定

（10）针对下面的程序段，下列描述中正确的是（　　）。

```
k=5;
while k
    k=k-1
end
```

A. while 循环执行 5 次　　　　　　　　B. 循环是无限循环

C. 循环体语句一次也不执行　　　　　　D. 循环体语句执行一次

2. 填空题

（1）将有关 MATLAB 命令编成程序存储在一个扩展名为.m 的文件中，该文件称为_____。

（2）默认情况下，函数式 M 文件中的变量都是_____变量。

（3）for 循环的循环判断条件通常就是_____。

（4）while 循环是先_____后_____。

（5）在命令行窗口中，_____可以终止死循环。

（6）在函数定义时，函数的输入输出参数称为_____参数，简称_____。在调用函数时，输入输出参数称为_____参数，简称_____。

（7）通过使用_____命令，可以不必等待循环的自然结束，而可以根据循环的终止条件跳出循环。

（8）由语句 for k=[1,2,3;3,4,5]引导的循环结构，其循环体执行的次数为_____。

（9）针对语句 k=1; while(~k) k=10;，其循环次数为_____。

（10）程序调试方法有两种，一种是利用_____进行程序调试，另一种是利用_____进行程序调试。

3. 计算与简答题

（1）写出下列程序输出结果。

```
s=0;
a=[1,2,3;4,5,6; 7,8,9;10,11,12];
for k=a
    for j=1:4
    if rem(k(j),2)~=0
        s=s+k(j);
        end
    end
end
s
```

（2）用 for 循环计算 1～100 的奇数之和以及偶数之和。

（3）用 while 循环计算 1～100 的奇数和。

（4）已知 $s = 2^0 + 2^1 + 2^2 + \cdots + 2^{100}$，分别用循环结构和调用 sum 函数求 s 的值。

（5）在 MATLAB 中产生 20 个两位随机整数，输出其中小于平均值的偶数。

（6）输入 10 个数，求其中的最大值和最小值。要求分别用循环结构和调用 max、min 函数来实现。

（7）当 n=100 时，求 $1 - \dfrac{1}{3} + \dfrac{1}{5} - \dfrac{1}{7} + \cdots + \dfrac{1}{n}$。

（8）输入一个正整数，如果它是偶数就除以 2，是奇数就乘以 3 加上 1，如此一直变化，直到最后变成 1。

（9）Fibonacci 数列定义为 $f_1 = f_2 = 1$，$f_{n+1} = f_n + f_{n-1}$。试用递归调用求 Fibonacci 数列。

（10）列出所有水仙花数（一个 3 位整数各位数字的立方和等于该数本身则称该数为水仙花数），如 $153 = 1^3 + 5^3 + 3^3$。

第 10 章

Simulink 系统仿真

Simulink 提供一个动态系统建模、仿真和综合分析的集成环境。Simulink 具有适应面广、结构和流程清晰及仿真精细、贴近实际、效率高、灵活等优点，已广泛应用于控制理论和数字信号处理的复杂仿真和设计，同时有大量的第三方软件和硬件可应用于或被要求应用于 Simulink。Simulink 已成为信号处理、通信原理、自动控制等专业的重要基础课程的首选实验平台。本章介绍利用 Simulink 进行系统仿真的基础知识。

10.1 基本介绍

第 39 集
微课视频

Simulink 是 MATLAB 中的可视化仿真工具，是一种基于 MATLAB 的框图设计环境，实现动态系统建模、仿真和分析的软件包，广泛应用于线性系统、非线性系统、数字控制及数字信号处理的建模和仿真中。

10.1.1 运行 Simulink

Simulink 的工作环境是由库浏览器与模型窗口组成的，库浏览器为用户提供了进行 Simulink 建模与仿真的标准模块库与专业工具箱，而模型窗口是用户创建模型的主要场所。通过 MATLAB 进入 Simulink 的操作步骤如下。

（1）启动 MATLAB，在 MATLAB 主界面中单击"主页"选项卡 SIMULINK 选项组中的 Simulink 按钮，或在命令行窗口中执行 simulink 命令，将弹出如图 10-1 所示的 Simulink 起始界面。

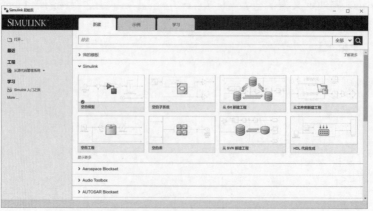

图 10-1　Simulink 起始界面

（2）单击右侧 Simulink 选项组中的"空白模型"，即可进入如图 10-2 所示的 Simulink 仿真界面。

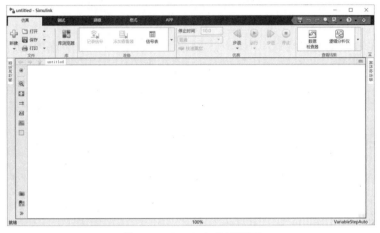

图 10-2　Simulink 仿真界面

10.1.2　初识模块库

Simulink 模块库包括很多工具箱，用户能够针对不同行业的数学模型进行快速设计。单击 Simulink 仿真界面"仿真"选项卡→"库"选项组中的"库浏览器"按钮 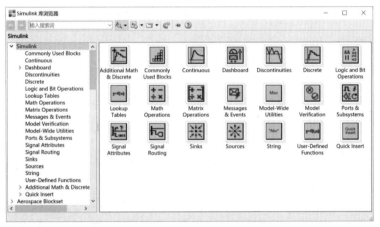，将弹出如图 10-3 所示的 Simulink 库浏览器，给出了 MATLAB 为各领域开发的仿真模块库。

图 10-3　Simulink 库浏览器

Simulink 库浏览器的左侧列表是 Simulink 所有库的名称，第 1 个库为 Simulink 库，该库为 Simulink 的公共模块库，包含 Simulink 仿真所需的基本模块子库，包括 Continuous（连续）模块库、Discrete（离散）模块库、Sinks（信宿）模块库、Sources（信源）模块库、Math Operations（数学运算）模块库等。

Simulink 还集成了许多面向各专业领域的系统模块库，不同领域的系统设计者可以使用这些系统模块快速构建自己的系统模型，然后在此基础上进行系统的仿真与分析，从而完成系统设计的任务。

10.1.3　打开系统模型

Simulink 的系统模型文件是具有专门的格式的模型文件，以.slx 或.mdl 作为扩展名。通过以下任何一种方式都可以打开 Simulink 系统模型。

（1）单击 Simulink 仿真界面"仿真"选项卡→"文件"选项组中的"打开"按钮▢，在弹出的对话框中选择或输入需要打开的系统模型的文件名。

（2）在 MATLAB 命令行窗口中，输入要打开的系统模型的文件名（略去文件扩展名.mdl）。该系统模型文件必须在 MATLAB 的当前目录内或在 MATLAB 的搜索路径的某个目录内。

10.1.4　保存系统模型

单击 Simulink 仿真界面"仿真"选项卡→"文件"选项组中的"保存"按钮▢，可以保存所创建的系统模型。Simulink 通过生成特定格式的文件（即模型文件）保存模型，文件的扩展名可以为.slx，也可以为.mdl。模型文件中包含模型的方框图和模型属性。

如果是第 1 次保存模型，使用"保存"命令可以为模型文件命名并指定保存位置。模型文件的名称必须以字母开头，最多不能超过 63 个字母、数字和下画线。

注意：模型文件名不能与 MATLAB 命令同名。

如果要保存一个已保存过的模型文件，则可以用"保存"命令替换原文件，或者用"另存为"命令为模型文件重新指定文件名和保存位置。

如果在保存过程中出现错误，则 Simulink 会将临时文件重新命名为原模型文件的名称，并将当前的模型版本写入扩展名为.err 的文件中，同时发出错误消息。

10.1.5　打印模型框图并生成报告

单击 Simulink 仿真界面"仿真"选项卡→"文件"选项组中的"打印"按钮▢，可以打印模型方块图，该命令会打印当前窗口中的模型图；也可以在 MATLAB 命令行窗口中使用 print 命令（在所有系统平台上）打印模型图。

1. 打印模型

当执行打印命令时，Simulink 会弹出如图 10-4 所示的"打印模型"对话框，通过该对话框可以有选择地打印模型内的系统。

在打印时，每个系统方块图都会带有轮廓图，当选择"当前系统及其下的系统"或"所有系统"时，会激活"选项"选项组中的"查看封装内部对话框"和"扩展唯一库链接"复选框。

2. 生成模型报告

Simulink 模型报告是描述模型结构和内容的 HTML 文档，报告包括模型方块图和子系统，以及模块参数的设置。

要生成当前模型的报告，可执行 Simulink 仿真界面"仿真"选项卡→"文件"选项组中的"打印"→"打印详细信息"命令，弹出 Print Details 对话框，如图 10-5 所示。

在 File Location/Naming 选项区内，可以利用路径参数指定报告文件的保存位置和名称，Simulink 会在用户指定的路径下保存生成的 HTML 报告。

图 10-4 "打印模型"对话框

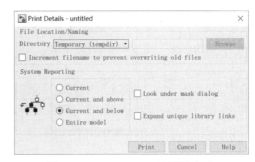

图 10-5 Print Details 对话框（1）

完成报告选项的设置后，单击 Print 按钮，Simulink 会在默认的 HTML 浏览器内生成 HTML 报告并在消息面板内显示状态消息。

使用默认设置生成该系统的模型报告，单击 Print 按钮后，模型的消息面板将被替换为 Print Details 对话框，如图 10-6 所示，单击消息面板右上角的 ▼ 按钮，可以从列表中选择消息详细级别。

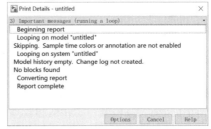

图 10-6 Print Details 对话框（2）

在报告生成过程开始后，Print Details 对话框内的 Print 按钮将变为 Stop 按钮，单击该按钮可终止报告的生成。

当报告生成过程结束后，Stop 按钮将变为 Options 按钮，单击该按钮将显示报告生成选项，并允许用户在不必重新打开 Print Details 对话框的情况下生成另一个报告。报告中详细列出了模型层级、仿真参数值、组成系统模型的模块名称和各模块的设置参数值等。

10.1.6 常用鼠标和键盘操作

模块、线条及信号标识相关的常用鼠标和键盘操作如表 10-1 所示，这些操作适用于微软 Windows 操作系统。其中，LMB 表示按下鼠标左键（Left Mouse Button），RMB 表示按下鼠标右键（Right Mouse Button），+表示同时操作。

表 10-1 常用鼠标和键盘操作

任　务	操　作	任　务	操　作
模块操作			
选取模块	LMB	连接模块	LMB
选取多个模块	Shift+LMB	断开模块	Shift+LMB+拖开模块
从另一个窗口复制模块	LMB+拖至复制处	打开所选子系统	Enter
搬移模块	LMB+拖至目的地	回到子系统的母系统	Esc
在同一个窗口内复制模块	RMB+拖至目的地		

续表

任　　务	操　　作	任　　务	操　　作
线条操作			
选取连线	LMB	移动线段	LMB+拖动
选取多条连线	Shift+LMB	移动线段拐角	LMB+拖动
绘制分支连线	Ctrl+LMB+拖动连线	改变连线走向	Shift+LMB+拖动
绘制绕过模块的连线	Shift+LMB+拖动		
信号标记操作			
产生信号标记	双击信号线,输入标记符	编写信号标记	单击标记符，编辑
复制信号标记	Ctrl+LMB+拖动标记符	消除信号标记	Shift+单击标记+Delete
移动信号标记	LMB+拖动标记符		
注文操作			
加入注文	双击框图空白的区域,输入注文	编辑注文	单击注文，编辑
复制注文	Ctrl+LMB+拖动注文	消除注文	Shift+单击注文+Delete
移动注文	LMB+拖动注文		

10.1.7　环境设置

MATLAB 环境设置对话框（见图 10-7）可以让用户集中设置 MATLAB 及其工具软件包的使用环境，包括 Simulink 环境的设置。要在 Simulink 环境中打开该对话框，可以在 Simulink 仿真界面“建模”选项卡→“评估和管理”选项组中执行“环境” ||| ▾ →“Simulink 预设项”命令。对话框各部分的含义如下。

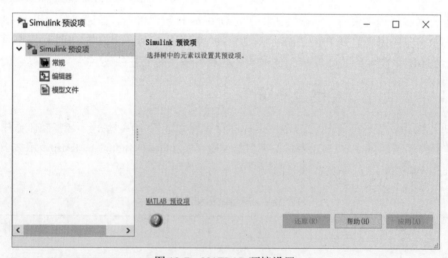

图 10-7　MATLAB 环境设置

（1）常规：用来设置 Simulink 的通用参数，其中“存放生成文件的文件夹”用于设置文件的保存位置，“背景颜色”用于修改 Simulink 的背景颜色。

（2）编辑器：定义 Simulink 在建模时交叉线的显示方式。

（3）模型文件：定义 Simulink 的模型文件等。

10.1.8 仿真基本步骤

Simulink 实际上是面向结构的系统仿真软件。创建系统模型及利用所创建的系统模型对系统进行仿真是 Simulink 仿真的两个最基本的步骤。

1. 创建系统模型

创建系统模型是用 Simulink 进行动态系统仿真的第 1 个环节，它是进行系统仿真的前提。模块是创建 Simulink 模型的基本单元，通过适当的模块操作及信号线操作就能完成系统模型的创建。为了达到理想的仿真效果，在建模后仿真前必须对各个仿真参数进行配置。

2. 利用模型对系统仿真

在完成了系统模型的创建及合理的仿真参数设置后，就可以进行第 2 个步骤——利用模型对系统仿真。

运行仿真的方法包括使用窗口选项卡功能及使用命令运行两种。对仿真结果的分析是进行系统建模与仿真的重要环节，因为仿真的主要目的就是通过创建系统模型以得到某种计算结果。Simulink 提供了很多可以对仿真结果进行分析的输出模块，在 MATLAB 中也有丰富的用于结果分析的函数和指令。

下面通过一个简单的示例介绍如何建立动态系统模型。

【例 10-1】 系统的输入为一个正弦波信号，输出为此正弦波信号与一个常数的乘积。要求建立系统模型，并以图形方式输出系统运算结果。已知系统的数学描述如下。

系统输入：$u(t) = \sin(t)$，$t \geqslant 0$

系统输出：$y(t) = au(t)$，$a \neq 0$

解 （1）启动 Simulink 并新建一个系统模型文件。该系统的模型包括以下系统模块（均在 Simulink 公共模块库中）。

① Sources 模块库中的 Sine Wave 模块：产生一个正弦波信号。

② Math Operations 模块库中的 Gain 模块：将信号乘以一个常数（即信号增益）。

③ Sinks 模块库中的 Scope 模块：以图形方式显示结果。

选择相应的系统模块并将其拖动到新建的系统模型中，如图 10-8 所示。

（2）选择构建系统模型所需的所有模块后，需要按照系统的信号流程将各系统模块正确连接起来。连接系统模块的方法如下。

Sine Wave　　　　Gain　　　　Scope

图 10-8　选择系统所需要的模块

① 将鼠标指针指向起始块的输出端口，此时鼠标指针变成+。拖动到目标模块的输入端口，在接近到一定程度时红色的信号线将变成黑色实线，此时松开鼠标，连接完成。

② 单击起始模块的输出端口，随后单击输入模块的输入端口，连接完成。

完成连接后在输入端连接点处将出现一个箭头，表示系统中信号的流向，如图 10-9 所示。按照信号的输入/输出关系连接各系统模块之后，系统模型的创建工作便已结束。

（3）模块参数设置。为了对动态系统进行正确的仿真与分析，必须设置正确的系统模块参数与系统仿真参数。双击系统模块，打开模块参数设置对话框，在对话框中设置合适的模块参数。本例设置"增益"为 5，其余保持默认设置，如图 10-10 所示。

（4）设置系统仿真参数。单击 Simulink 仿真界面"建模"选项卡→"设置"选项组中的"模型设置"按钮 ⚙ ，即可弹出如图 10-11 所示的"配置参数"对话框，在该对话框中可以进行动态系统的仿真参数设置。本例采用 Simulink 的默认设置。

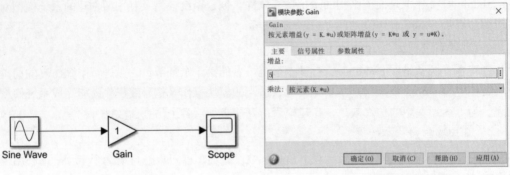

图 10-9　模块连接　　　　　　　　　　　　图 10-10　模块参数设置

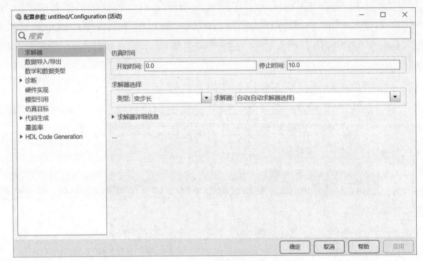

图 10-11　系统参数设置

（5）系统运行并查看结果。单击 Simulink 仿真界面"仿真"或"建模"选项卡→"仿真"选项组中的"运行"按钮 ▶ ，运行仿真系统。运行完成后，单击 Scope 模块，可查看仿真结果，如图 10-12 所示。

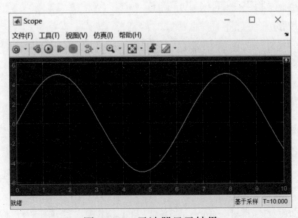

图 10-12　示波器显示结果

10.1.9　系统封装

在 Simulink 仿真界面单击"建模"选项卡→"组件"选项组中的下拉按钮，在弹出的如图 10-13 所示的选项面板中单击"系统封装"选项组中的"创建系统封装"按钮，将弹出如图 10-14 所示的系统封装编辑器。

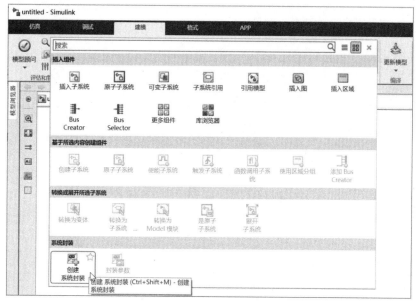

图 10-13　选项面板

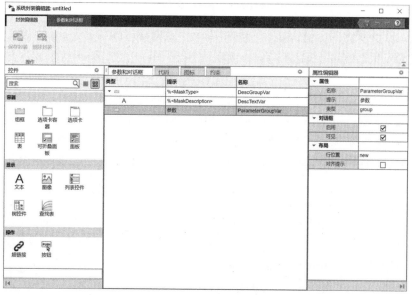

图 10-14　系统封装编辑器

在系统封装编辑器中有"参数和对话框""代码""图标""约束"4 个选项卡，选择不同的选项卡，窗口两侧显示的内容并不相同。利用该编辑器可以对整个仿真系统进行封装操作。

限于篇幅，关于系统封装的知识本书不作介绍，读者可参考后面子系统封装部分内容。

10.2　模块库介绍

为了方便用户快速构建所需的动态系统，Simulink 提供了大量的以图形形式给出的内置系统模块。使用这些内置模块可以快速方便地设计出特定的动态系统。下面介绍模块库中一些常用的模块功能。

10.2.1　信号源模块库

信号源（Sources）模块库如图 10-15 所示，部分模块的功能如下。

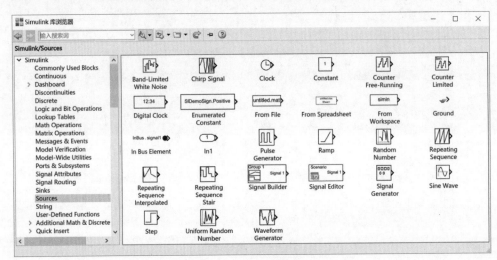

第 40 集
微课视频

图 10-15　信号源模块库

（1）输入常数模块（Constant）：产生一个常数。该常数可以是实数，也可以是复数。

（2）信号发生器模块（Signal Generator）：产生不同的信号，包括正弦波、方波、锯齿波信号。

（3）从文件读取信号模块（From File）：从一个 MAT 文件中读取信号，读取的信号为一个矩阵，格式与 To File 模块中介绍的矩阵格式相同。如果矩阵在同一采样时间有两个或更多的列，则数据点的输出应该是首次出现的列。

（4）从工作区读取信号模块（From Workspace）：从 MATLAB 工作区读取信号作为当前的输入信号。

（5）随机数模块（Random Number）：产生正态分布的随机数，默认的随机数是期望为 0，方差为 1 的标准正态分布量。

（6）带宽限制白噪声模块（Band-Limited White Noise）：实现对连续或者混杂系统的白噪声输入。

【例 10-2】　搭建如图 10-16 所示的包含 Random Number 模块的输出系统并运行，输出结果如图 10-17所示。

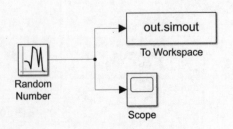

图 10-16　Random Number 模块的使用

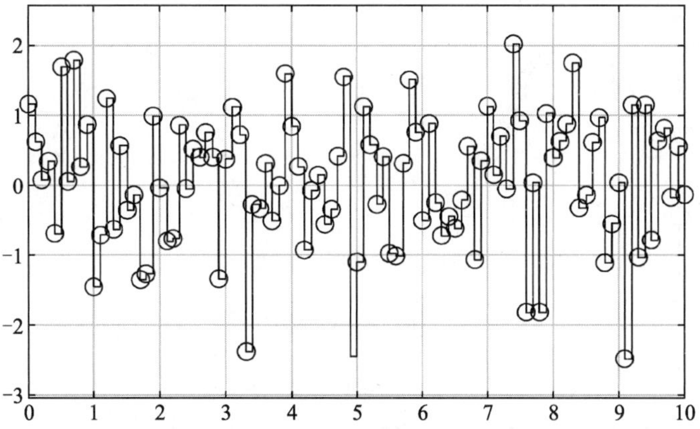

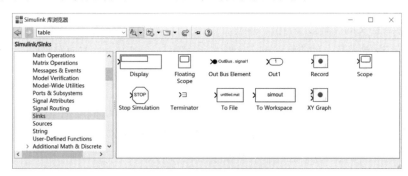

图 10-17　示波器输出（1）

10.2.2　信号输出模块库

信号输出（Sinks）模块库如图 10-18 所示，部分模块的功能如下。

图 10-18　信号输出模块库

（1）示波器模块（Scope）：显示在仿真过程中产生的输出信号，用于在示波器中显示输入信号与仿真时间的关系曲线，仿真时间为 x 轴。

（2）二维信号显示模块（XY Graph）：在 MATLAB 的图形窗口中显示一个二维信号图，并将两路信号分别作为示波器坐标的 x 轴与 y 轴，同时把二者之间的关系图形显示出来。

（3）显示模块（Display）：按照一定的格式显示输入信号的值。可供选择的输出格式包括 short、long、short_e、long_e、bank 等。

（4）输出到文件模块（To File）：按照矩阵的形式把输入信号保存到一个指定的 MAT 文件。第 1 行为仿真时间，余下的行则是输入数据，一个数据点是输入向量的一个分量。

（5）输出到工作区模块（To Workspace）：把信号保存到 MATLAB 的当前工作区，是另一种输出方式。

（6）终止信号模块（Terminator）：中断一个未连接的信号输出端口。

（7）结束仿真模块（Stop simulation）：停止仿真过程。当输入非零时，停止系统仿真。

【例 10-3】　搭建如图 10-19 所示的包含 Sine Wave 模块的输出系统并运行，输出结果如图 10-20 所示。

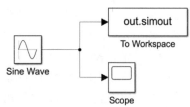

图 10-19　Sine Wave 模块的使用

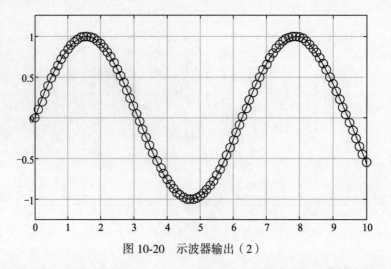

图 10-20　示波器输出（2）

【例 10-4】　将阶跃信号的幅度扩大一倍，并以 Out1 模块为系统设置一个输出接口。

解　模型如图 10-21 所示。模型中 Out1 模块为系统提供了一个输出接口，如果同时定义返回工作区的变量，则会返回到定义的工作变量中。

图 10-21　阶跃信号幅度扩大一倍模型

变量通过"配置参数"对话框中的"数据导入/导出"选项定义（其设置下文会介绍），此处输出信号时间变量 tout 和输出变量 yout 使用默认设置。

运行仿真，在 MATLAB 命令行窗口中输入以下语句绘制输出曲线。

```
>> plot(tout,yout)
```

输出曲线在 MATLAB 图形窗口显示，如图 10-22 所示。

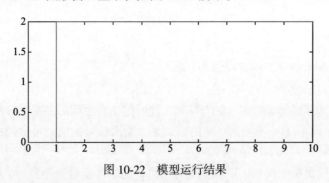

图 10-22　模型运行结果

10.2.3　表格模块库

表格（Lookup Tables）模块库如图 10-23 所示，主要实现各种一维、二维或更高维函数的查表，用户还可以根据需要创建更复杂的函数。部分模块的功能如下。

（1）一维查表模块（1-D Lookup Table）：实现对单路输入信号的查表和线性插值。

（2）二维查表模块（2-D Lookup Table）：根据给定的二维平面网格上的高度值，把输入的两个变量经过查表、插值，计算出模块的输出值，并返回这个值。

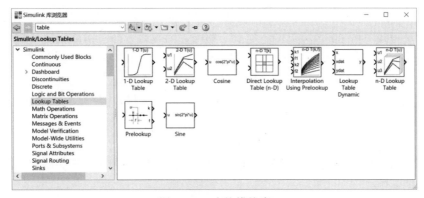

图 10-23　表格模块库

【例 10-5】　搭建如图 10-24 所示的包含 1-D Lookup Table 模块的输出系统并设置采样时间为 0.1s，运行仿真，输出结果如图 10-25 所示。

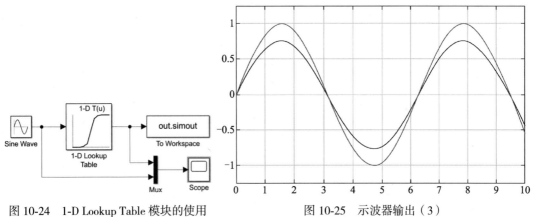

图 10-24　1-D Lookup Table 模块的使用　　　　　图 10-25　示波器输出（3）

10.2.4　数学运算模块库

数学运算（Math Operations）模块库如图 10-26 所示，包含多个数学运算模块，部分模块的功能如下。

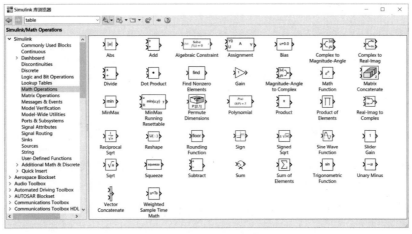

图 10-26　数学运算模块库

（1）求和模块（Sum）：用于对多路输入信号进行求和运算，并输出结果。

（2）乘法模块（Product）：用于实现对多路输入的乘积、商、矩阵乘法或模块的转置等运算。

（3）向量点乘模块（Dot Product）：用于实现输入信号的点积运算。

（4）增益模块（Gain）：用于将输入信号乘以一个指定的增益因子，使输入产生增益。

（5）常用数学函数模块（Math Function）：用于执行多个通用数学函数，其中包含 exp、log、log10、square、sqrt、pow、reciprocal、hypot、rem、mod 等。

（6）三角函数模块（Trigonometric Function）：用于对输入信号进行三角函数运算，共有 10 种三角函数供选择。

（7）特殊数学模块：包括求最大最小值模块（MinMax）、取绝对值模块（Abs）、符号函数模块（Sign）、取整数函数模块（Rounding Function）等。

（8）关系运算模块（Relational Operator）：关系符号包括==（等于）、≠（不等于）、<（小于）、<=（小于或等于）、>（大于）、>=（大于或等于）等。

（9）复数运算模块：包括计算复数的模与幅角（Complex to Magnitude-Angle）、由模和幅角计算复数（Magnitude-Angle to Complex）、提取复数实部与虚部模块（Complex to Real-Image）和由复数实部与虚部计算复数（Real-Image to Complex）。

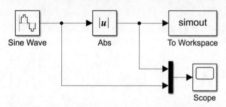

图 10-27　Abs 模块的使用

【例 10-6】　搭建如图 10-27 所示的包含 Abs 模块的输出系统并运行仿真，输出结果如图 10-28 所示。

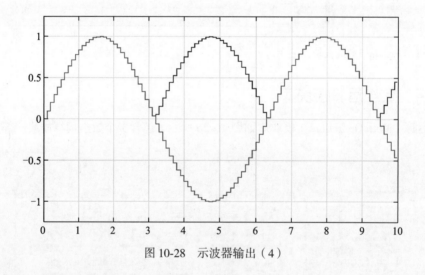

图 10-28　示波器输出（4）

10.2.5　连续模块库

连续（Continuous）模块库如图 10-29 所示，包括常见的连续模块，部分模块的功能如下。

（1）微分模块（Derivative）：通过计算差分 $\Delta u / \Delta t$ 近似计算输入变量的微分。

（2）积分模块（Integrator）：对输入变量进行积分。模块的输入可以是标量，也可以是向量；输入信号的维数必须与输入信号保持一致。

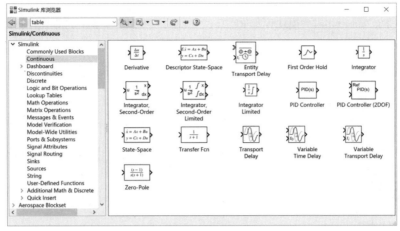

图 10-29　连续模块库

（3）线性状态空间模块（State-Space）：用于实现以下数学方程描述的系统。

$$\begin{cases} x' = Ax + Bu \\ y = Cx + Du \end{cases}$$

（4）传递函数模块（Transfer Fcn）：用于执行一个线性传递函数。

（5）零极点传递函数模块（Zero-Pole）：用于建立预先指定的零点和极点，并用延迟算子 s 表示连续。

（6）PID 控制模块（PID Controller）：进行 PID 控制。

（7）传输延迟模块（Transport Delay）：用于将输入端的信号延迟指定的时间后再传输给输出信号。

（8）可变传输延迟模块（Variable Transport Delay）：用于将输入端的信号进行可变时间的延迟。

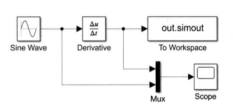

【例 10-7】　搭建如图 10-30 所示的包含 Derivative 模块的输出系统并运行仿真，输出结果如图 10-31 所示。

图 10-30　Derivative 模块的使用

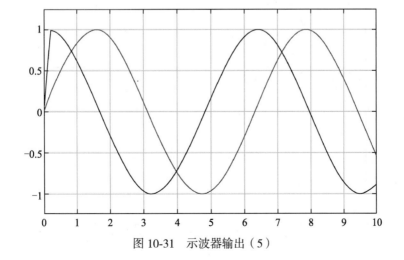

图 10-31　示波器输出（5）

10.2.6　非线性模块库

非线性（Discontinuities）模块库如图 10-32 所示，包括一些常用的非线性模块，部分模块的功能如下。

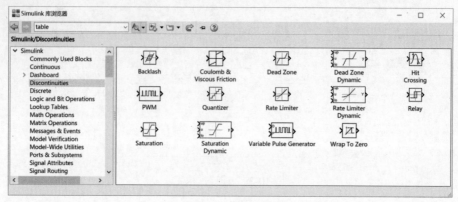

图 10-32　非线性模块库

（1）比率限幅模块（Rate Limiter）：用于限制输入信号的一阶导数，使信号的变化率不超过规定的限制值。

（2）饱和度模块（Saturation）：用于设置输入信号的上下饱和度，即上下限的值，以约束输出值。

（3）量化模块（Quantizer）：用于把输入信号由平滑状态变成台阶状态。

（4）死区输出模块（Dead Zone）：在规定的区内没有输出值。

（5）继电模块（Relay）：用于实现在两个不同常数值之间进行切换。

【例 10-8】 搭建如图 10-33 所示的包含 Backlash 模块的输出系统并运行仿真，输出结果如图 10-34 所示。

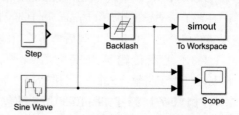

图 10-33　Backlash 模块的使用

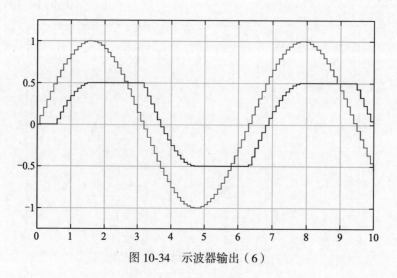

图 10-34　示波器输出（6）

10.2.7　离散模块库

离散（Discrete）模块库如图 10-35 所示，主要用于建立离散采样的系统模型，部分模块的功能如下。

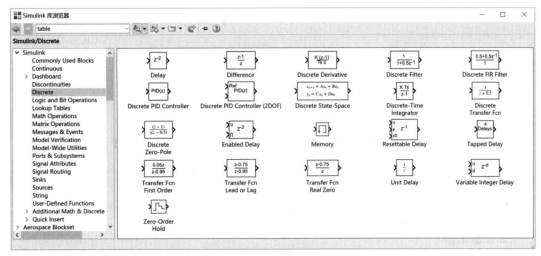

图 10-35　离散模块库

（1）零阶保持器模块（Zero-Order Hold）：在一个步长内将输出的值保持在同一个值上。

（2）单位延迟模块（Unit Delay）：将输入信号作单位延迟，并保持一个采样周期，相当于时间算子 $z-1$。

（3）离散时间积分模块（Discrete Time Integrator）：在构造完全离散的系统时，代替连续积分的功能。使用的积分方法有向前欧拉法、向后欧拉法和梯形法。

（4）离散状态空间模块（Discrete State-Space）：用于实现以下数学方程描述的系统。

$$\begin{cases} x[(n+1)T] = Ax(nT) + Bu(nT) \\ y(nT) = Cx(nT) + Du(nT) \end{cases}$$

（5）离散滤波器模块（Discrete Filter）：用于实现无限脉冲响应和有限脉冲响应的数字滤波器。

（6）离散传递函数模块（Discrete Transfer Fcn）：用于执行一个离散传递函数。

（7）离散零极点传递函数模块（Discrete Zero-Pole）：用于建立预先指定的零点和极点，并用延迟算子 $z-1$ 表示离散系统。

【例 10-9】　搭建如图 10-36 所示的包含 Discrete Transfer Fcn 模块的输出系统并设置采样时间为 0.1s，运行仿真，输出结果如图 10-37 所示。

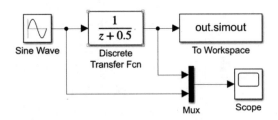

图 10-36　Discrete Transfer Fcn 模块的使用

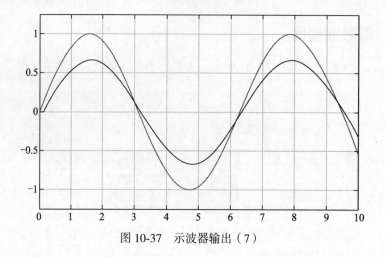

图 10-37　示波器输出（7）

10.2.8　信号路由模块库

信号路由（Signal Routing）模块库如图 10-38 所示，部分模块的功能如下。

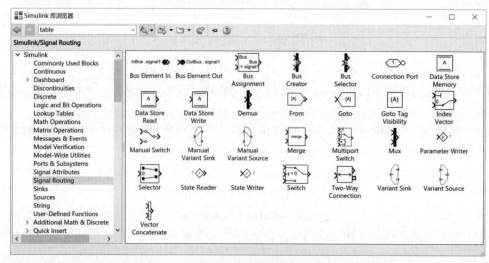

图 10-38　信号模块库

（1）Bus 信号选择模块（Bus Selector）：用于获取从 Mux 模块或其他模块引入的 Bus 信号。

（2）混路器模块（Mux）：把多路信号组成一个向量信号或 Bus 信号。

（3）分路器模块（Demux）：把混路器组成的信号按照原来的构成方法分解成多路信号。

（4）信号合成模块（Merge）：把多路信号合成一个单一的信号。

（5）接收/传输信号模块（From/Goto）：接收/传输信号模块常常配合使用，From 模块用于从一个 Goto 模块中接收一个输入信号，Goto 模块用于把输入信号传输给 From 模块。

【例 10-10】　搭建如图 10-39 所示的包含 Bus Selector 模块的输出系统并运行仿真，输出结果如图 10-40 所示。

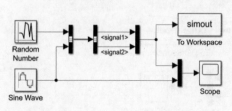

图 10-39　Bus Selector 模块的使用

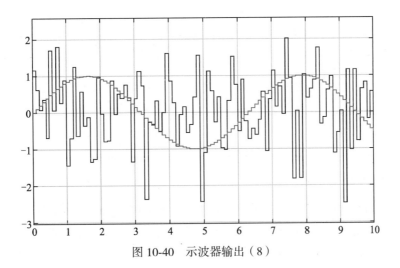

图 10-40　示波器输出（8）

10.3　模块操作

模块是构成 Simulink 模型的基本元素，用户可以通过连接模块构造任何形式的动态系统模型。

10.3.1　Simulink 模块类型

Simulink 把模块分为非虚拟模块和虚拟模块两种类型。非虚拟模块在仿真过程中起作用，如果用户在模型中添加或删除了一个非虚拟模块，那么 Simulink 会改变模型的动作方式；相比而言，虚拟模块在仿真过程中不起作用，它只是帮助以图形方式管理模型。

第 41 集
微课视频

此外，有些 Simulink 模块在某些条件下是虚拟模块，而在其他条件下则是非虚拟模块，这样的模块称为条件虚拟模块。表 10-2 列出了 Simulink 中的虚拟模块和条件虚拟模块。

表 10-2　虚拟模块和条件虚拟模块

模 块 名 称	作为虚拟模块的条件
Bus Selector	虚拟模块
Demux	虚拟模块
Enable	条件虚拟模块。当与 Outport 模块直接连接时是非虚拟模块，否则总是虚拟模块
From	虚拟模块
Goto	虚拟模块
Goto Tag Visibility	虚拟模块
Ground	虚拟模块
Inport	除非把模块放置在条件执行子系统内，且与输出端口模块直接连接，否则就是虚拟模块
Mux	虚拟模块
Outport	条件虚拟模块。当模块放置在任何子系统模块（条件执行子系统或无条件执行子系统）内，且不在最顶层的 Simulink 窗口中时才是虚拟模块
Selector	条件虚拟模块。除了在矩阵模式下不是虚拟模块，其他情况下都是虚拟模块

续表

模 块 名 称	作为虚拟模块的条件
Signal Specification	虚拟模块
Subsystem	条件虚拟模块。当模块依条件执行，并且选择了模块的TreatasAtomicUnit选项时，该模块是虚拟模块
Terminator	虚拟模块
Trigger Port	条件虚拟模块。当输出端口未出现时是虚拟模块

10.3.2 模块的创建

在建立 Simulink 模型时，从 Simulink 模块库或已有的模型窗口中可以将模块复制到新的模型窗口，目标模型窗口中的模块可以利用鼠标拖动或按↑、↓、←或→键移动到新的位置。

在复制模块时，新模块会继承源模块的所有参数值。如果要把模块从一个窗口移动到另一个窗口，则在选择模块的同时要按下 Shift 键。

Simulink 会为每个被复制模块分配名称，如果这个模块是模型中此种模块类型的第 1 个模块，那么模块名称会与源窗口中的模块名称相同。例如，从 Math Operations 模块库中向用户模型窗口中复制 Gain 模块，那么这个新模块的名称是 Gain；如果模型中已经包含了一个名为 Gain 的模块，那么 Simulink 会在模块名称后添加一个序列号。当然，用户也可以为模块重新命名。

Simulink 建模过程就是将模块库中的模块复制到模型窗口中。Simulink 的模型能根据常见的分辨率自动调整大小，可以利用鼠标拖动边界重新定义模型的大小。

1. 模块复制

Simulink 模型搭建过程中，模块的复制能够为用户提供快捷的操作方式，复制操作步骤如下。

1）不同模型窗口（包括模型库窗口）之间的模块复制

（1）选定模块，直接按住鼠标左键（或右键）将其拖到另一模型窗口中。

（2）在模块上右击，在弹出的快捷菜单中选择 Copy、Paste 命令。

2）在同一模型窗口内的复制模块

（1）选定模块，按下鼠标右键拖动模块到合适的位置，释放鼠标。

（2）选定模块，按住 Ctrl 键的同时拖动到合适的位置，释放鼠标。

（3）在模块上右击，在弹出的快捷菜单中选择 Copy、Paste 命令。

复制的效果如图 10-41 所示。

2. 模块移动

首先选定需要移动的模块，然后用鼠标将模块拖到合适的位置。当模块移动时，与之相连的连线也随之移动。

3. 模块删除

首先选定待删除模块，直接按 Delete 键；或者右击待删除模块，在弹出的快捷菜单中选择 Cut 命令。

4. 改变模块大小

选定需要改变大小的模块，出现小黑块编辑框后，用鼠标拖动编辑框，可以实现放大或缩小，如图 10-42 所示。

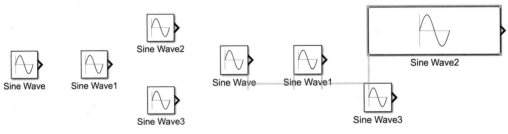

图 10-41 模块的复制　　　　　　　　图 10-42 模块的拉伸

5. 模块翻转

（1）模块翻转 180°。选定模块并右击，在弹出的快捷菜单中选择 Rotate & Flip→Flip Block，可以将模块旋转 180°。

（2）模块翻转 90°。选定模块并右击，在弹出的快捷菜单中选择 Rotate & Flip→Clockwise，可以将模块旋转 90°，如果一次翻转不能达到要求，可以进行多次翻转。也可以按 Ctrl + R 快捷键实现模块的 90° 翻转。翻转效果如图 10-43 所示。

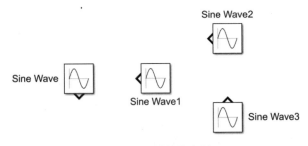

图 10-43 模块的翻转

6. 模块名编辑

（1）修改模块名：单击模块下方或旁边的模块名，即可对模块名进行修改。

（2）模块名字体设置：选定模块并右击，在弹出的快捷菜单中选择 Format→Font Style for Selection，打开 Select Font 对话框设置字体。

（3）模块名的显示和隐藏：选定模块，执行 BLOCK 选项卡→FORMAT 选项组中的 Auto Name→Name On / Name Off 命令，可以显示或隐藏模块名。

（4）模块名的翻转：选定模块并右击，在弹出的快捷菜单中选择 Rotate & Flip→Flip Block Name，可以翻转模块名。

10.3.3 模块的连接

Simulink 框图中使用线表示模型中各模块之间信号的传输路径，用户可以用鼠标从模块的输出端口到另一模块的输入端口绘制连线，也可以由 Simulink 自动连接模块。

1. 自动连接模块

如果要 Simulink 自动连接模块，可先选中模块，然后在按住 Ctrl 键的同时单击目标模块，Simulink 会自动把源模块的输出端口与目标模块的输入端口相连。

如果需要，Simulink 还会绕过某些干扰连接的模块，如图 10-44 所示。

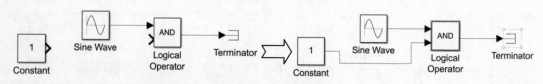

图 10-44　自动连接模块

在连接两个模块时，如果两个模块上有多个输出端口和输入端口，则 Simulink 会尽可能地连接这些端口，如图 10-45 所示。

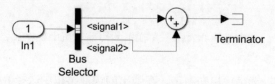

图 10-45　多个输出端口连线

如果要把一组源模块与一个目标模块连接，则可以先选中这组源模块（按住 Shift 键然后依次单击源模块，或用鼠标拖动框选），然后按下 Ctrl 键，再单击目标模块，如图 10-46 所示。

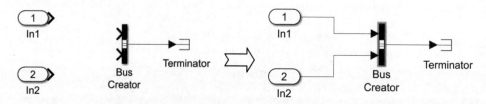

图 10-46　连接一组源模块与一个目标模块

如果要把一个源模块与一组目标模块连接，则可以先选中这组目标模块（按住 Shift 键然后依次单击源模块，或用鼠标拖动框选），然后按下 Ctrl 键，再单击源模块，如图 10-47 所示。

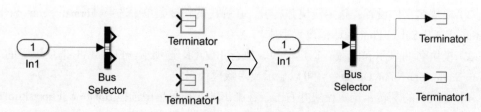

图 10-47　连接一个源模块与一组目标模块

2. 手动连接模块

如果要手动连接模块，可先把鼠标放置在源模块的输出端口，不必精确地定位鼠标位置，鼠标指针的形状会变为十字形，然后拖动到目标模块的输入端口，如图 10-48 所示。

图 10-48　手动连接模块

当释放鼠标时，Simulink 会用带箭头的连线替代端口符号，箭头的方向表示信号流的方向。

也可以在模型中绘制分支线，即从已连接的线上分出支线，携带相同的信号至模块的输入端口，利用分支线可以把一个信号传递到多个模块。

首先选中需要分支的线，按住 Ctrl 键，同时在分支线的起始位置单击，拖动到目标模块的输入端口，然后释放 Ctrl 键和鼠标，Simulink 会在分支点和模块之间建立连接，如图 10-49 所示。

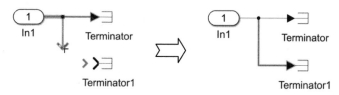

图 10-49　在分支点和模块之间建立连接

提示： 如果要断开模块与线的连接，可按下 Shift 键，然后将模块拖动到新的位置即可。

也可以在连线上插入模块，但插入的模块只能有一个输入端口和一个输出端口。首先选中要插入的模块，然后拖动模块到连线上，释放鼠标并把模块放置到线上，Simulink 会在连线上自动插入模块，如图 10-50 所示。

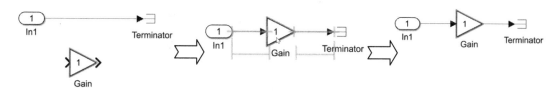

图 10-50　在连线上自动插入模块

3. 信号线的分支和折线

1）分支的产生

将鼠标指向信号线的分支点上，按下右键，鼠标指针将变为十字形，拖动到分支线的终点释放鼠标；或者按住 Ctrl 键，同时按下鼠标左键拖动到分支线的终点，如图 10-51 所示。

2）信号线的折线

选中已存在的信号线，将鼠标指向折点处，按住 Shift 键，同时按下鼠标左键，当鼠标指针变成小圆圈时，拖动小圆圈将折点拉至合适处，释放鼠标，如图 10-52 所示。

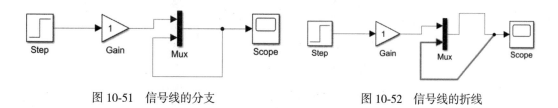

图 10-51　信号线的分支　　　　　　　图 10-52　信号线的折线

4. 文本注释

（1）添加文本注释：在空白处双击，在出现的空白文本框中输入文本，可以添加文本注释。在信号线上双击，在出现的空白文本框中输入文本，可以添加信号线注释。

（2）修改文本注释：单击需要修改的文本注释，出现虚线编辑框即可修改文本。

（3）移动文本注释：在文本注释上按住鼠标左键并拖动，就可以移动编辑框。

（4）复制文本注释：在文本注释上按住 Ctrl 键的同时，按住鼠标左键并拖动，即可复制文本注释。

文本注释效果如图 10-53 所示。

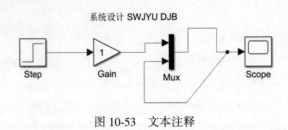

图 10-53　文本注释

10.3.4　模块参数设置

Simulink 中的每个模块都有一个"模块参数"对话框，在该对话框内可以查看和设置这些参数。可以利用以下几种方式打开"模块参数"对话框。

（1）双击模型或模块库窗口中的模块图标。

（2）右击模块，在弹出的快捷菜单中选择"模块参数"。

对于不同的模块，模块的参数对话框也会有所不同，MATLAB 中的常值、变量或表达式均可以作为参数对话框中的参数值。

例如，在模型窗口中双击 Signal Generator（信号发生器）模块，可以打开"模块参数"对话框，如图 10-54 所示。Signal Generator 模块可以通过"波形"参数选择不同的信号波形，并设置相应波形的参数值。

第 42 集
微课视频

图 10-54　Signal Generator 模块及其模块参数对话框

10.4　系统仿真

Simulink 是 MATLAB 最重要的组件之一，它提供一个动态系统建模、仿真和综合分析的集成环境。构建好一个系统的模型之后，需要运行模型得到仿真结果。运行一个仿真的完整过程分为 3 个步骤：设置仿真参数、启动仿真和仿真结果分析。

10.4.1　设置仿真参数

构建好一个系统的模型后，在运行仿真前，必须对仿真参数进行设置。仿真参数的设置包括仿真过程中的仿真算法、仿真的起始时刻、误差容限及错误处理方式等，还可以定义仿真结果的输出和存储方式。

在 Simulink 仿真界面中单击"建模"选项卡→"设置"选项组中的"模型设置"按钮 ⚙️，将弹出如图 10-55 所示的"配置参数"对话框，默认显示"求解器"选项。

图 10-55　"配置参数"对话框

1.　求解器参数设置

（1）仿真时间：用于设置仿真起始和结束时间。

（2）求解器选择：用于求解微分方程组的设置，其中"类型"用于步长设置，"求解器"用于求解器设置。

（3）求解器详细信息：用于求解器的详细参数设置。

2.　数据导入/导出参数设置

在"配置参数"对话框左侧列表中选择"数据导入/导出"选项，此时的对话框如图 10-56 所示。可以设置 Simulink 从工作空间输入数据、初始化状态模块等参数，也可以把仿真的结果、状态模块数据保存到当前工作空间。

（1）从工作区加载：用于设置从工作空间装载数据参数。

（2）保存到工作区或文件：用于设置保存数据到工作空间或文件参数。

（3）勾选"时间"复选框，模型将把时间变量以在右侧文本框中填写的变量名（默认为 tout）存放于工作空间。

（4）勾选"状态"复选框，模型将把其状态变量以在右侧文本框中填写的变量名（默认为 xout）存放于工作空间。

（5）勾选"输出"复选框，模型将把其输出数据变量以在右侧文本框中填写的变量名（默认为 yout）存放于工作空间。如果模型窗口中使用输出模块 Out，那么就必须勾选"输出"复选框。

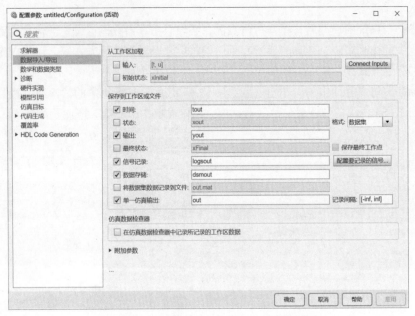

图 10-56 "数据导入/导出"选项参数设置

（6）勾选"最终状态"复选框，模型将把最终状态值以在右侧文本框中填写的变量名（默认为 xFinal）存放于工作空间。

10.4.2 启动仿真

系统的仿真参数设置完成后，就可以对系统进行仿真了。启动 Simulink 仿真有以下两种方式。

（1）单击"仿真"或"建模"选项卡→"仿真"选项组中的"运行"按钮 ⏵ 进行仿真。

（2）在 MATLAB 命令行窗口中直接输入"sim('model')"语句进行仿真。

10.4.3 仿真结果分析

仿真的最终目的是要通过模型得到某种计算结果，故仿真结果的分析是系统仿真的重要环节。仿真结果的分析不仅可以通过 Simulink 提供的输出模块完成，MATLAB 也提供了一些用于仿真结果分析的函数和指令。

模型仿真的结果可以用数据的形式保存在文件中，也可以用图形的方式直观地显示出来。对于大多数工程设计人员，查看和分析结果曲线对于了解模型的内部结构及判断结果的准确性具有重要意义。

Simulink 仿真模型运行后，可以用以下几种方法绘制模型的输出轨迹。

（1）将输出信号传输到 Scope 模块或 XY Graph 模块。

（2）使用悬浮 Scope 模块和 Display 模块。

（3）将输出数据写入返回变量，并用 MATLAB 的绘图命令绘制曲线。

（4）将输出数据用 To Workspace 模块写入工作区，利用 MATLAB 进行数据分析。

10.4.4　简单系统的仿真分析

【**例 10-11**】　　建立一个如图 10-57 所示的 Simulink 模块仿真图，并对其进行仿真计算。

解　搭建模块仿真图的主要操作步骤如下。

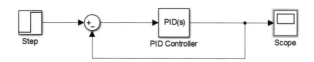

图 10-57　Simulink 模块仿真图

（1）启动 MATLAB，在 MATLAB 主界面中单击"主页"选项卡→SIMULINK 选项组中的 Simulink 按钮 ，或在命令行窗口中输入 simulink 命令。执行命令后将弹出 Simulink 起始页界面。

（2）选择"空白模型"进入 Simulink 仿真界面。

（3）单击 Simulink 仿真界面"仿真"选项卡→"库"选项组中的"库浏览器"按钮 ，弹出 Simulink 库浏览器窗口（模块库窗口）。

（4）将模块库窗口中的相应模块拖动到 Simulink 窗口中，该系统的模型包括以下系统模块（均在 Simulink 公共模块库中）。

① Sources 模块库中的 Step 模块：产生一个阶跃信号。

② Math Operations 模块库中的 Sum 模块：实现信号衰减/增强运算，本例用于实现衰减运算。

③ Continuous 模块库中的 PID Controller 模块：实现连续和离散时间 PID 控制算法。

④ Sinks 模块库中的 Scope 模块：以图形方式显示结果。

选择相应的系统模块并将其拖动到新建的系统模型中，如图 10-58 所示。

图 10-58　选择系统所需要的模块

说明：当不确定模块所在模块库时，可以在 Simulink 库浏览器界面左上角搜索框输入关键词进行模块的查找。根据查询结果选择所需模块即可。

（5）依次搭建每个模块，通过连线构成一个系统，得到相应的系统图，如图 10-59 所示（此处已将 Sum 模块的名称隐藏）。

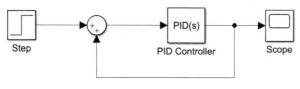

图 10-59　系统图（1）

（6）双击 Step 模块，在弹出的"模块参数"对话框中设置阶跃时间为 0，如图 10-60 所示，单击"确定"按钮完成设置。

（7）双击 Sum 模块，在弹出的"模块参数"对话框中设置"符号列表"参数为"|+−"，如图 10-61 所示，单击"确定"按钮完成设置。此时的仿真系统图中 Sum 模块下方的+变为−，如图 10-62 所示。

图 10-60　Step 模块参数设置　　　　　　　　　　图 10-61　Sum 模块参数设置

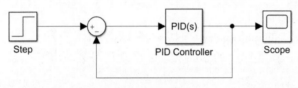

Step　　　　　　　　　　　PID Controller　　　　Scope

图 10-62　系统图（2）

（8）双击 PID Controller 模块，在弹出的"模块参数"对话框中设置控制器参数，比例为 0.4267，积分为 7.7329，导数为 1.607，其余参数不变，如图 10-63 所示，单击"确定"按钮完成设置。

图 10-63　PID Controller 模块参数设置

（9）单击 Simulink 仿真界面"仿真"选项卡→"仿真"选项组中的"运行"按钮 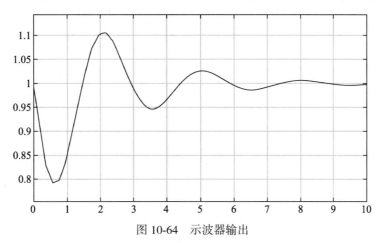，进行模型仿真。

（10）待仿真结束，双击 Scope 示波器，将弹出示波器图形窗口，显示的仿真后的结果如图 10-64 所示。至此，一个简单的 Simulink 模型由搭建到仿真到生成图形，全部结束。

图 10-64　示波器输出

（11）在 Simulink 仿真界面单击"仿真"选项卡→"文件"选项组中的"保存"按钮 ，在弹出的"另存为"对话框中进行 Simulink 文件的保存操作，即生成 Simulink 文件。

综上，Simulink 模型搭建较简单，关键在于 Simulink 模型所代表的数学模型，通常情况下，数学模型限制了 Simulink 资源的使用。

【例 10-12】　建立一个 Simulink 模型，使得该模型满足：当 $t \leqslant 5s$ 时，输出为正弦信号 $\sin(t)$；当 $t > 5s$ 时，输出为 5。

解　（1）建立系统模型。

根据系统数学描述选择合适的 Simulink 模块。

① Sources 模块库中的 Sine Wave 模块：作为输入的正弦信号。

② Sources 模块库中的 Clock 模块：表示系统的运行时间。

③ Sources 模块库中的 Constant 模块：用来产生特定的时间。

④ Logic and Bit operations 模块库中的 Relational Operator 模块：建立该系统时间上的逻辑关系。

⑤ Signal Routing 模块库中的 Switch 模块：实现系统输出随仿真时间的切换。

⑥ Sink 模块库下的 Scope 模块：完成输出图形显示功能。

建立的系统仿真模型如图 10-65 所示。

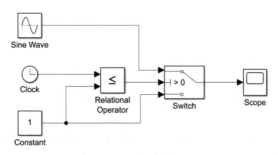

图 10-65　系统仿真模型

（2）模块参数的设置。

双击所用模块，在弹出的"模块参数"对话框中进行参数设置，没有提到的模块及相应的参数均采用默认值。

① Sine Wave 模块：振幅为 1，频率为 1，即为默认设置。

② Constant 模块：常量值为 5，用于设置判断 t 是大于还是小于 5 的门限值，如图 10-66 所示。

③ Relational Operator 模块：关系运算符设置为<=，即为默认值。

④ Switch 模块：阈值为 0.1（该值只需要大于 0 且小于 1 即可），如图 10-67 所示。

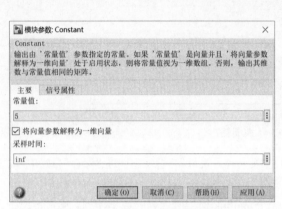

图 10-66　Constant 模块参数设置

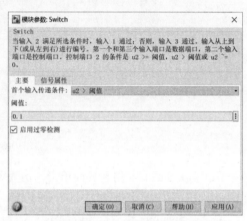

图 10-67　Switch 模块参数设置

（3）仿真参数设置。

在进行仿真之前，需要对仿真参数进行设置。在 Simulink 仿真界面中单击"建模"选项卡→"设置"面板中的"模型设置"按钮 ⚙，即可弹出如图 10-68 所示的"配置参数"对话框。

图 10-68　仿真参数设置

在"求解器"选项下设置开始时间为 0.0，停止时间为 10.0（时间大于 5s 时系统输出才有转换，需要设置合适的仿真结束时间），其余选项保持默认。单击"确定"按钮完成设置。

（4）运行仿真。

在 Simulink 仿真界面单击"仿真"选项卡→"仿真"选项组中的"运行"按钮 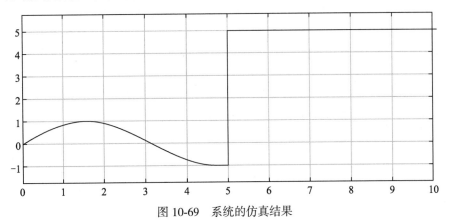，进行模型仿真。仿真完成后得到的仿真结果如图 10-69 所示。

图 10-69　系统的仿真结果

从仿真结果可以看出，在模型运行到第 5 步时，输出曲线由正弦曲线变为恒定常数 5。

本章小结

本章重点介绍了 MATLAB 中的可视化仿真工具 Simulink 的基本功能，对常用模块库进行了介绍，对 Simulink 的模型创建也做了重点介绍，最后通过示例对 Simulink 系统仿真流程进行了讲解。Simulink 仿真与调试部分作为本书的附赠内容，读者可根据需要参考自学。

本章习题

1. 选择题

（1）Input 模块的作用（　　　）。

A. 设置系统输入信号　　　　　　　　　　B. 设置系统输出信号

C. 为系统提供一个固定常量　　　　　　　D. 设置系统的仿真状态

（2）在 Simulink 各个模块中，可以对数据进行观测的模块是（　　　）。

A. Scope 模块　　　　B. Input 模块　　　　C. Output 模块　　　　D. Gain 模块

（3）积分器主要用来实现（　　　）运算。

A. 积分　　　　　　　B. 微分　　　　　　　C. 比例　　　　　　　D. 保持

（4）在一个模型窗口中按 Shift 键同时将一个模块移动到另一个模型窗口，则（　　　）。

A. 在两个模型窗口中都有这个模块　　　　B. 在后一个模型窗口中有这个模块

C. 在前一个模型窗口中有这个模块　　　　D. 在两个模型窗口中都有模块并添加连线

（5）使用 S 函数时，要在模型编辑窗口添加（　　　）。

A. Sine Wave 模块　　　　　　　　　　　B. S-Program 模块

C. Subsystem 模块　　　　　　　　　　　D. S-Function 模块

（6）Integrator（积分）模块包含在（　　　）模块库中。

A. Sources   B. Sinks   C. Continuous   D. Math Operations

（7）将模块连接好之后，如果要分出一根连线，操作方法是（   ）。

A. 将鼠标指针移到分支点的位置，按住鼠标左键拖动到目标模块的输入端

B. 双击分支点的位置，按住鼠标左键拖动到目标模块的输入端

C. 将鼠标指针移到分支点的位置，按住 Shift 键并拖动到目标模块输入端

D. 将鼠标指针移到分支点的位置，按住 Ctrl 键并拖动到目标模块输入端

（8）离散系统一般用（   ）方式描述。

A. 微分方程   B. 差分方程   C. 代数方程   D. 逻辑描述

（9）Simulink 的系统模型文件是具有专门的格式的模型文件，以（   ）作为其扩展名。

A. .slx   B. .m   C. .doc   D. .mlx

（10）在 Simulink 中建立子系统，首先要给子系统设置输入输出端，则子系统的输出端 out 在（   ）模块组中找到。

A. Discrete   B. Sources   C. Sinks   D. Continuous

（11）下列不是启动 Simulink 的方法的是（   ）。

A. 在命令行窗口中输入 Simulink 命令

B. 在"主页"选项卡中单击 SIMULINK 选项组的 Simulink 命令按钮

C. 在"主页"选项卡中单击"文件"面板中的"新建"命令按钮

D. 在"主页"选项卡中单击"文件"命令组中的"新建脚本"命令按钮

（12）能够完成信号组合的系统模块是（   ）。

A. Mux   B. Bus Selector   C. Demux   D. Bus Creator

（13）Scope 模块中可以设置（   ）个坐标系。

A. 2   B. 3   C. 4   D. 无限制

（14）下列可以反转 Simulink 模块的命令为（   ）。

A. Rotate Block   B. Show Drop Shadow

C. Flip Block   D. Foreground color

（15）下列对仿真步长的理解正确的是（   ）。

A. 仿真起始时间   B. 仿真结束时间

C. 仿真时间段   D. 两次采样时间的时间差

2. 填空题

（1）利用 Simulink 仿真_____（可以/不可以）求定积分。

（2）建立 Simulink 仿真模型是在_____窗口进行的。

（3）Simulink 基本模块子库包括_____、_____、_____、_____、_____等。

（4）Simulink 通过生成特定格式的文件（即模型文件）保存模型，文件的扩展名可以为_____或_____。

（5）创建 Simulink 模型的基本单元是_____，_____是用 Simulink 进行动态系统仿真的第 1 个环节。

（6）运行仿真的方法包括_____和_____。

（7）Simulink 把模块分为_____和_____两种类型。_____在仿真过程中起作用；_____在仿真过程中不起作用，而只帮助以图形方式管理模型。

（8）为子系统定制参数设置对话框和图标，使子系统本身有一个独立的操作界面，这种操

作称为子系统的_____。

（9）求解器参数设置包括_____、_____和_____。

（10）Simulink 支持_____和_____两种模拟方法。

（11）Simulink 框图中使用线表示模型中各模块之间的_____，可以用鼠标从模块的输出端口到另一模块的输入端口绘制连线，也可以由 Simulink 自动连接模块。

（12）在 Simulink 中，模块的参数可以在_____中设置。

（13）运行一个仿真的完整过程分为 3 个步骤：_____、_____和_____。

（14）Simulink 仿真模型运行后，有_____种方法绘制模型的输出轨迹。

（15）From Workspace 模块的功能是从_____读取信号作为当前的输入信号。

3．计算与简答题

（1）简述使用 Simulink 进行系统建模和系统仿真的基本步骤。

（2）在一个 Simulink 模型中，输入信号为 $3\sin(10\pi t)$，通过一个增益值为 2 的增益模块，然后输出到示波器。请计算在 1s 的模拟时间内，输出的最大值是多少？

（3）用 Simulink 分别画出 $\sin(t)$ 和 $\cos(t)$ 的波形，并将叠加后的波形与原波形进行比较。

（4）写出图 10-70 中输入输出的关系表达式，其中 Ka=2，Kb=1。

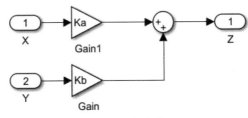

图 10-70　仿真模型

（5）对离散系统模型 $y(n)=u(n)+y(n-1)$，已知初态 $y(0)=1$，输入 $u(n)=n$，试求 $y(1)$ 与 $y(2)$。

（6）已知某简单系统的方程为 $y(t)=\begin{cases} 5\sin t, & t>10s \\ 3\sin t, & t\leqslant 10s \end{cases}$，试建立此简单系统的 Simulink 模型。

（7）试对系统 $y(t)=x^2(t)$ 进行仿真，其中输入信号 $x(t)=3\sin50t$，$y(t)$ 为输出信号，并通过 Scope（示波器）显示原始信号和结果信号。

（8）利用 Simulink 仿真 $x(t)=\dfrac{8A}{\pi^2}\left(\cos\omega t+\dfrac{1}{9}\cos3\omega t+\dfrac{1}{25}\cos5\omega t\right)$，取 $A=1$，$\omega=2\pi$。

（9）设计一个实现以下函数模块的子系统并对子系统进行封装。

```
Output=(Input1+Input2)*Input3-Input4
```

（10）设系统微分方程为 $\begin{cases} y'=3y \\ y(0)=1 \end{cases}$，试建立系统模型并仿真。

第 11 章

数据分析与优化求解

数据分析和处理在各个领域有着广泛的应用，尤其是在数学、物理等科学领域和工程领域的实际应用中，会经常遇到进行数据分析的情况。例如，在工程领域根据有限的已知数据对未知数据进行推测时经常需要用到数据插值和拟合，在信号工程领域则经常需要用到傅里叶变换工具等。

11.1 多项式计算

第 43 集
微课视频

在 MATLAB 中，n 次多项式用一个长度为 $n+1$ 的行向量表示，缺少的幂次项系数为 0。如果 n 次多项式表示为

$$p(x) = a_n x^n + a_{n-1} x^{n-1} + \cdots + a_1 x + a_0$$

则在 MATLAB 中，$p(x)$ 表达为向量形式：$[a_n, a_{n-1}, \cdots, a_1, a_0]$。

11.1.1 四则运算

多项式之间可以进行四则运算，其运算结果仍为多项式。

1. 多项式加减运算

在 MATLAB 中，并没有提供专门进行多项式加减运算的函数，多项式的加减运算就是其所对应的系数向量的加减运算。

对于次数相同的两个多项式，可直接对多项式系数向量进行加减运算。如果多项式的次数不同，则应该把低次的多项式系数不足的高次项用 0 补足，使同式中的各多项式具有相同的次数。

【例 11-1】 已知多项式 $p_1(x) = 4x^4 + 2x^2 + 5x + 3$，$p_2(x) = 3x^3 + 2x^2 + 5$，试计算 $p_1(x) + p_2(x)$。

解 在命令行窗口中依次输入以下语句，同时会输出相应的结果。

```
>> p1=[4 0 2 5 3];
>> p2=[0 3 2 0 5];
>> p=p1+p2
p=
     4    3    4    5    8
```

由此可知，$p_1(x) + p_2(x) = 4x^4 + 3x^3 + 4x^2 + 5x + 8$。

2. 多项式乘法运算

在 MATLAB 中，利用 conv 函数可以实现多项式的乘法运算，该函数主要用于计算向量的卷积，其调用格式如下。

```
w=conv(u,v)           %返回向量 u 和 v 的卷积
                      %若 u 和 v 是多项式系数的向量，对其卷积与将这两个多项式相乘等效
w=conv(u,v,'same')    %返回与 u 等大小的卷积的中心部分
conv(u,v,'valid')     %返回计算的没有补零边缘的卷积部分
```

【例 11-2】　已知多项式 $p_1(x) = 4x^4 + 2x^2 + 5x + 3$，$p_2(x) = 3x^3 + 2x^2 + 5$，试计算 $p_1(x)p_2(x)$。

解　在命令行窗口中依次输入以下语句，同时会输出相应的结果。

```
>> p1=[4 0 2 5 3];
>> p2=[3 2 0 5];
>> p=conv(p1,p2)
p=
    0    12    8    6    39    19    16    25    15
```

由此可知，$p_1(x)p_2(x) = 12x^7 + 8x^6 + 6x^5 + 39x^4 + 19x^3 + 16x^2 + 25x + 15$。

3. 多项式除法运算

在 MATLAB 中，利用 deconv 函数可以实现多项式的除法运算，该函数主要用于计算向量的去卷积，其调用格式如下。

```
[q,r]=deconv(u,v)    %将向量 v 从向量 u 中去卷积，返回商 q 和余数 r，使 u=conv(v,q)+r
                     %若 u、v 是多项式系数向量，去卷积与将 u 表示的多项式除以 v 表示的多项式等效
```

说明：向量 u 和 v 分别包含两个多项式的系数。通过将 v 从 u 中去卷积，将第 1 个多项式除以第 2 个多项式，得出与多项式对应的商系数以及与多项式对应的余数系数。

【例 11-3】　已知多项式 $p_1(x) = 2x^3 + 7x^2 + 4x + 9$，$p_2(x) = x^2 + 1$，试计算 $\dfrac{p_1(x)}{p_2(x)}$。

解　在命令行窗口中依次输入以下语句，同时会输出相应的结果。

```
>> u=[2 7 4 9];
>> v=[1 0 1];
>> [q,r]=deconv(u,v)
q=
    2    7
r=
    0    0    2    2
>> p=conv(q,v)+r            %验证 deconv 和 conv 是互逆的
```

由此可知，$\dfrac{p_1(x)}{p_2(x)}$ 的商为 $q(x) = 2x + 7$，余数为 $r(x) = 2x + 2$。

11.1.2　多项式导函数

在 MATLAB 中，利用 polyder 函数可以求多项式的导函数（多项式微分），其调用格式如下。

```
k=polyder(p)     %返回 p 中的系数表示的多项式的导数，即 k(x) = d/dx p(x)

k=polyder(a,b)   %返回多项式 a 和 b 的乘积的导数，即 k(x) = d/dx a(x)b(x)
```

```
        [q,d]=polyder(a,b)        %返回多项式 a 和 b 的商的导数，即 k(x)= d/dx [a(x)/b(x)]
```

【例 11-4】 已知多项式 $p_1(x) = 2x^3 + 7x^2 + 4x + 9$，$p_2(x) = x^2 + 1$，试求 $p_1(x)$、$p_1(x)p_2(x)$、$\dfrac{p_1(x)}{p_2(x)}$ 的导数。

解 在命令行窗口中依次输入以下语句，同时会输出相应的结果。

```
>> p1=[2 7 4 9];
>> p2=[1 0 1];
>> k1=polyder(p1)
k1=
     6    14     4
>> k2=polyder(p1, p2)
k2=
    84    48    30   156    57    32    25
>> [q,d]=polyder(p1, p2)
q=
     2     0     2    -4     4
d=
     1     0     2     0     1
```

由结果可知：

$$k_1(x) = \frac{\mathrm{d}}{\mathrm{d}x} p_1(x) = 6x^2 + 14x + 4$$

$$k_2(x) = \frac{\mathrm{d}}{\mathrm{d}x}[p_1(x)p_2(x)] = 84x^6 + 48x^5 + 30x^4 + 156x^3 + 57x^2 + 32x + 25$$

$$k(x) = \frac{\mathrm{d}}{\mathrm{d}x}\left[\frac{a(x)}{b(x)}\right] = \frac{q(x)}{p(x)} = \frac{2x^4 + 2x^2 - 4x + 4}{2x^4 + 2x^2 + 1}$$

11.1.3 多项式导函数求值

n 次多项式具有 n 个根，当然这些根可能是实根，也可能含有若干对共轭复根。在 MATLAB 中，利用 roots 函数可以求多项式的全部根，其调用格式如下。

```
r=roots(p)    %以列向量的形式返回 p 表示的多项式的根
              %p 是包含 n+1 多项式系数的向量，以系数 xn 开头，0 系数表示不存在的中间幂
```

说明：roots 函数是对 $p(x) = a_1x^n + a_2x^{n-1} + \cdots + p_nx + p_{n+1} = 0$ 格式的多项式方程求解，包含带有非负指数的单一变量的多项式方程。

若已知多项式的全部根，则可以利用 poly 函数建立该多项式，其调用格式如下。

```
p=poly(r)    %r 为向量，返回多项式的系数，其中多项式的根是 r 的元素
p=poly(A)    %A 为 n×n 矩阵，返回矩阵 det(λI−A) 的特征多项式的 n+1 个系数
```

【例 11-5】 试求方程 $3x^2 - 2x - 4 = 0$ 和 $x^4 - 2 = 0$ 的根。

解 在命令行窗口中依次输入以下语句，同时会输出相应的结果。

```
>> p1=[3 -2 -4];
>> r1=roots(p1)
r1=
```

```
      1.5352
     -0.8685
>> p1=poly(r1)                        %求多项式 p1(x)
p1=
     1.0000    -0.6667    -1.3333
>> p1=p1*3                            %获取原方程系数
ans=
     3.0000    -2.0000    -4.0000

>> p2=[1 0 0 0 -2];
>> r2=roots(p2)
r2=
  -1.1892 + 0.0000i
  -0.0000 + 1.1892i
  -0.0000 - 1.1892i
   1.1892 + 0.0000i
>> p2=poly(r2)                        %求多项式 p2(x)
p2=
     1.0000         0    0.0000    0.0000    -2.0000
```

11.2　数据插值

　　插值是指在给定基准数据的情况下，研究如何平滑地估算出基准数据之间其他点的函数数值。MATLAB 提供了大量的插值函数，保存在 MATLAB 的 polyfun 子目录下。下面对一维插值、二维插值、三维插值、多维插值和样条插值分别进行介绍。

第 44 集
微课视频

11.2.1　一维插值

　　一维插值是进行数据分析的重要方法，在 MATLAB 中，一维插值有基于多项式的插值和基于快速傅里叶的插值两种类型。一维插值就是对一维函数 $y = f(x)$ 进行插值。

　　在 MATLAB 中，采用 interp1 函数实现一维多项式插值，该函数找出一元函数 $f(x)$ 在中间点的数值，其中函数 $f(x)$ 由所给数据决定。其调用格式如下。

```
vq=interp1(x,v,xq)              %使用线性插值返回一维函数在特定查询点的插入值
               %向量 x 包含样本点，v 对应值 v(x)，xq 包含查询点的坐标
vq=interp1(x,v,xq,method)              %指定备选插值方法 method
vq=interp1(x,v,xq,method,extrapolation)        %指定外插策略计算落在 x 域范围外的点
               %extrapolation 设置为'extrap'可以使用 method 算法进行外插
               %extrapolation 指定一个标量值，将为所有落在 x 域范围外的点返回该标量值

vq=interp1(v,xq)        %返回插入值，并假定 x=1:N，N 为向量 v 的长度，或矩阵 v 的行数
vq=interp1(v,xq,method)                %指定备选插值方法 method
vq=interp1(v,xq,method,extrapolation)           %指定外插策略
pp=interp1(x,v,method,'pp')           %使用 method 方法返回分段多项式形式的 v(x)
```

　　说明：interp1 函数使用多项式技术对数据点间计算内插值，即通过提供的数据点利用多项式函数计算目标插值点上的插值函数值。

　　一维插值备选插值方法 method 包括'linear'（默认）、'nearest'、'next'、'previous'、'pchip'、'cubic'、'v5cubic'、'makima'或'spline'。

　　（1）'linear'：线性插值。该方法采用直线连接相邻的两点，为 MATLAB 系统中采用的默认方法。对超出范围的点将返回 NaN（Not a Number）。

　　（2）'nearest'：邻近点插值。该方法在已知数据的最邻近点设置插值点，对插值点的数值采用四舍五入的方法处理。对超出范围的点将返回一个 NaN。

　　（3）'next'：下一个邻近点插值。在查询点插入的值是下一个抽样网格点的值。

　　（4）'previous'：上一个邻近点插值。在查询点插入的值是上一个抽样网格点的值。

　　（5）'pchip'：分段三次 Hermite 插值。对查询点的插值基于邻点网格点处数值的保形分段三次插值。

　　（6）'cubic'：与分段三次 Hermite 插值相同，用于 MATLAB 5 的三次卷积。

　　（7）'v5cubic'：使用一个三次多项式函数对已知数据进行拟合，同'cubic'。

　　（8）'makima'：修正 Akima 三次 Hermite 插值。在查询点插入的值基于次数最大为 3 的多项式的分段函数。

　　（9）'spline'：三次样条插值。使用非结终止条件的样条插值，对查询点的插值基于各维中邻近点网格点处数值的三次插值。

　　说明：对于超出 x 范围的 xq 的分量，使用'nearest'、'linear'、'v5cubic'插值算法，相应地将返回 NaN。对其他方法，interp1 函数将对超出的分量执行外插值算法。

　　【例 11-6】　已知当 $x=0{:}0.3{:}3$ 时函数 $y=(x^2-4x+2)\sin(x)$ 的值，对 xi=0:0.01:3 采用不同的插值方法进行插值。

　　解　在编辑器窗口中输入以下语句。运行程序，输出结果如图 11-1 所示。可以看出，采用邻近点插值时，数据的平滑性最差，得到的数据不连续。

```
clear, clc
x=0:0.3:3;
y=(x.^2-4*x+2).*sin(x);
xi=0:0.01:3;                                    %要插值的数据
hold on;
subplot(231);plot(x,y,'ro');                   %绘制数据点
title('已知数据点');

yi_nearest=interp1(x,y,xi,'nearest');          %邻近点插值
subplot(232);plot(x,y,'ro',xi,yi_nearest,'b-'); %绘制插值结果
title('邻近点插值');
yi_linear=interp1(x,y,xi);                     %默认为线性插值
subplot(233);plot(x,y,'ro',xi,yi_linear,'b-'); %绘制插值结果
title('线性插值');
yi_spine=interp1(x,y,xi,'spline');             %三次样条插值
subplot(234);plot(x,y,'ro',xi,yi_spine,'b-');  %绘制插值结果
title('三次样条插值');
yi_pchip=interp1(x,y,xi,'pchip');              %分段三次 Hermite 插值
subplot(235);plot(x,y,'ro',xi,yi_pchip,'b-');  %绘制插值结果
title('分段三次 Hermite 插值');
```

```
yi_v5cubic=interp1(x,y,xi,'v5cubic');              %三次多项式插值
subplot(236);plot(x,y,'ro',xi,yi_v5cubic,'b-');    %绘制三次多项式插值结果
title('三次多项式插值');
```

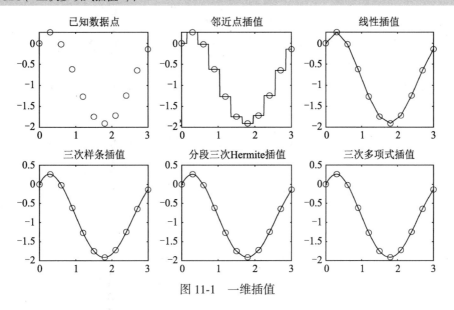

图 11-1　一维插值

选择插值方法时考虑的因素主要有运算时间、占用计算机内存和插值的光滑程度。下面对邻近点插值、线性插值、三次样条插值和分段三次 Hermite 插值进行比较，如表 11-1 所示。

表 11-1　不同插值方法进行比较

插 值 方 法	运 算 时 间	占用计算机内存	光 滑 程 度
邻近点插值	快	少	差
线性插值	稍长	较多	稍好
三次样条插值	最长	较多	最好
分段三次Hermite插值	较长	多	较好

邻近点插值的速度最快，但是得到的数据不连续，其他方法得到的数据都连续。三次样条插值的速度最慢，可以得到最光滑的结果，是最常用的插值方法。

11.2.2　二维插值

二维插值主要用于图像处理和数据的可视化，对函数 $z = f(x, y)$ 进行插值，其基本思想与一维插值相同。

在 MATLAB 中，采用 interp2 函数实现 meshgrid 格式的二维网格数据插值，其调用格式如下。

```
Vq=interp2(X,Y,V,Xq,Yq) %使用线性插值返回双变量函数在特定查询点的插入值
                %X、Y 为样本点坐标，V 为样本点对应的函数值，Xq、Yq 为查询点坐标
Vq=interp2(V,Xq,Yq)     %采用默认样本点网格 X=1:n 和 Y=1:m，其中[m,n]=size(V)

Vq=interp2(V)           %将每个维度上样本值之间的间隔分割一次（优化网格），并返回插入值
Vq=interp2(V,k)         %将每个维度上样本值之间的间隔反复分割 k 次，并返回插入值
```

```
                          %将在样本值之间生成 2^k-1 个插值点
Vq=interp2(___,method)              %指定备选插值方法
Vq=interp2(___,method,extrapval)    %指定标量值 extrapval
```

说明： 标量值 extrapval 为处于样本点域范围外的所有查询点赋予该标量值。若省略该参数，对于'spline'和'makima'方法，则返回外插值；对于其他内插方法，返回 NaN 值。

二维插值备选插值方法 method 包括'linear'（默认）、'nearest'、'cubic'、'makima'或'spline'。

（1）'linear'：双线性插值算法。对查询点的插值基于各维中邻点网格点处数值的线性插值，为默认插值方法。

（2）'nearest'：最邻近插值。对查询点的插值是距样本网格点最近的值。

（3）'cubic'：双三次插值。对查询点的插值基于各维中邻点网格点处数值的三次插值。插值基于三次卷积。

（4）'makima'：修正 Akima 三次 Hermite 插值。对查询点的插值基于次数最大为 3 的多项式的分段函数，使用各维中相邻网格点的值进行计算。

（5）'spline'：三次样条插值。对查询点的插值基于各维中邻点网格点处数值的三次插值。插值基于使用非结终止条件的三次样条。

【例 11-7】 分别采用不同的方法进行二维插值，并绘制三维曲面图。

解 在编辑器窗口中输入以下语句。运行程序，输出的结果如图 11-2 所示。分别采用了邻近点插值、线性插值、三次样条插值和三次多项式插值。

```
clear, clf
[x,y]=meshgrid(-5:1:5);                      %原始数据
z=peaks(x,y);
[xi,yi]=meshgrid(-5:0.8:5);                  %插值数据必须是栅格格式
hold on;
subplot(231);surf(x,y,z);                    %绘制原始数据点
title('原始数据');

zi_nearest=interp2(x,y,z,xi,yi,'nearest');   %邻近点插值
subplot(232);surf(xi,yi,zi_nearest);         %绘制插值结果
title('邻近点插值');
zi_linear=interp2(x,y,z,xi,yi);              %系统默认为线性插值
subplot(233);surf(xi,yi,zi_linear);          %绘制插值结果
title('线性插值');
zi_spline=interp2(x,y,z,xi,yi,'spline');     %三次样条插值
subplot(234);surf(xi,yi,zi_spline);          %绘制插值结果
title('三次样条插值');
zi_cubic=interp2(x,y,z,xi,yi,'cubic');       %三次多项式插值
subplot(235);surf(xi,yi,zi_cubic);           %绘制插值结果
title('三次多项式插值');
```

说明：

（1）在二维插值中，已知数据(x,y)必须是栅格格式，一般采用 meshgrid 函数产生。

（2）interp2 函数要求数据(x,y)必须严格单调，即单调递增或单调递减。

（3）若数据(x,y)在平面上分布不是等间距的，interp2 函数会通过变换将其转换为等间距；若是等间距的，可以在 method 参数前加星号'*'（如'*cubic'）提高插值的速度。

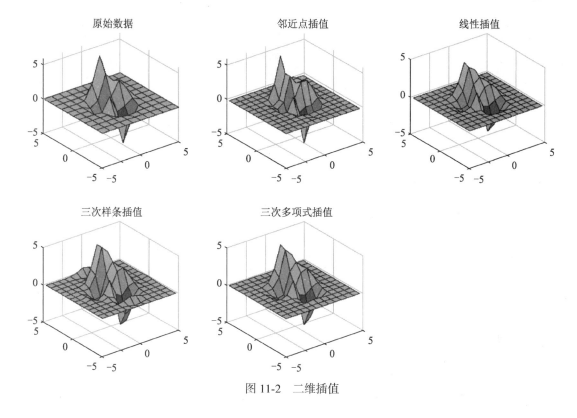

图 11-2　二维插值

11.2.3　三维插值

三维插值的基本思想与一维插值和二维插值相同，如对函数 $v = f(x, y, z)$ 进行三维插值。在 MATLAB 中，采用 interp3 函数实现三维数据插值，其调用格式如下。

```
Vq=interp3(X,Y,Z,V,Xq,Yq,Zq)      %使用线性插值返回三变量函数对特定查询点的插值
                    %X、Y 和 Z 为样本点的坐标，V 为对应的函数值，Xq、Yq 和 Zq 为查询点坐标
Vq=interp3(V,Xq,Yq,Zq)   %采用 X=1:n、Y=1:m 和 Z=1:p 插值，其中[m,n,p]=size(V)

Vq=interp3(V)           %将每个维度上样本值之间的间隔分割一次（优化网格），并返回插入值
Vq=interp3(V,k)         %将每个维度上样本值之间的间隔反复分割 k 次，并返回插入值
                    %将在样本值之间生成 2^k-1 个插值点
Vq=interp3(___,method)              %指定插值方法
Vq=interp3(___,method,extrapval)    %额外指定标量值 extrapval
```

说明：三维插值函数的参数 method、extrapval 的含义与 interp2 函数相同，这里不再赘述。

【**例 11-8**】　三维插值示例。

解　在编辑器窗口中输入以下语句。运行程序，输出图形如图 11-3 所示。

```
clear, clf
[X,Y,Z,V]=flow(10);                 %利用 flow 函数采样，每个维度采样 10 个点
subplot(121);
slice(X,Y,Z,V,[6 9],2,0);           %绘制穿过以下样本体的切片：X=6、X=9、Y=2 和 Z=0
shading flat
[Xq,Yq,Zq]=meshgrid(.1:.25:10,-3:.25:3,-3:.25:3)   %创建查询网格，间距为 0.25
```

```
Vq=interp3(X,Y,Z,V,Xq,Yq,Zq);          %对查询网格中的点插值
subplot(122);
slice(Xq,Yq,Zq,Vq,[6 9],2,0);          %使用相同的切片平面绘制
shading flat
```

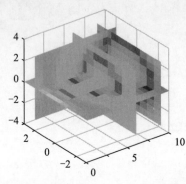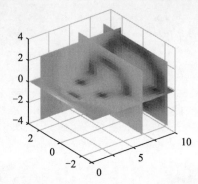

图 11-3   三维插值

11.2.4   多维插值

MATLAB 中还提供了 interpn 函数进行多维插值，可以实现一维、二维、三维插值在内的多维插值，其调用格式如下。

```
Vq=interpn(X1,...,Xn,V,Xq1,...,Xqn)    %返回 n 变量函数在特定查询点的插入值
             %X1,...,Xn 为样本点坐标，V 为对应函数值，Xq1,...,Xqn 为查询点的坐标
Vq=interpn(V,Xq1,...,Xqn) %网格每个维度均包含点 1,2,...,ni，ni 为第 i 个维度的长度

Vq=interpn(V)             %将每个维度上样本值之间的间隔分割一次，并返回插入值
Vq=interpn(V,k)           %将每个维度上样本值之间的间隔反复分割 k 次，并返回插入值
                          %将在样本值之间生成 2^k-1 个插值点
Vq=interpn(___,method)              %指定插值方法
Vq=interpn(___,method,extrapval)    %额外指定标量值 extrapval
```

说明：多维插值函数参数 method、extrapval 的含义与 interp2 函数相同，这里不再赘述。

【**例 11-9**】   多维插值示例。

解   在编辑器窗口中输入以下语句。运行程序，输出图形如图 11-4 所示。

```
clear, clf
x=[1 2 3 4 5];
v=[12 16 31 10 6];
xq=(1:0.1:5);
vq=interpn(x,v,xq,'cubic');                    %一维插值
figure(1)
subplot(121);plot(x,v,'o',xq,vq,'-');
legend('样本','Cubic插值');

[X1,X2]=ndgrid((-5:1:5));
R=sqrt(X1.^2 + X2.^2)+ eps;
V=sin(R)./(R);
Vq=interpn(V,'cubic');                         %二维插值
subplot(122);mesh(Vq);
```

```
f=@(x,y,z,t) t.*exp(-x.^2 - y.^2 - z.^2);
[x,y,z,t]=ndgrid(-1:0.2:1,-1:0.2:1,-1:0.2:1,0:2:10);
V=f(x,y,z,t);
[xq,yq,zq,tq]=ndgrid(-1:0.05:1,-1:0.08:1,-1:0.05:1,0:0.5:10);
Vq=interpn(x,y,z,t,V,xq,yq,zq,tq);            %四维插值
nframes=size(tq, 4);
figure(2)
for j=1:nframes
   slice(yq(:,:,:,j),xq(:,:,:,j),zq(:,:,:,j),Vq(:,:,:,j),0,0,0);
   caxis([0 10]);
   M(j)=getframe;
end
movie(M)
```

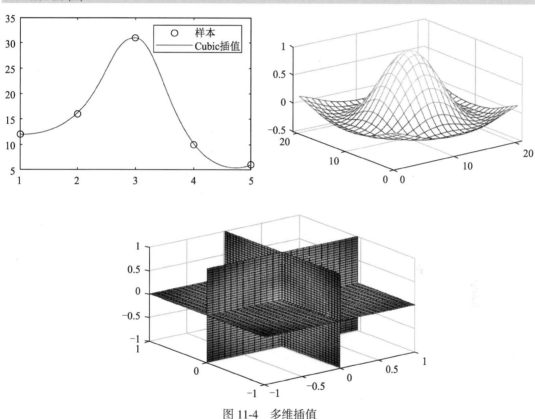

图 11-4　多维插值

11.2.5　样条插值

在 MATLAB 中，利用 spline 函数可以实现三次样条插值，其调用格式如下。

```
s=spline(x,y,xq)      %返回与 xq 中查询点对应的插值 s，s 值由 x 和 y 的三次样条插值确定
pp=spline(x,y)        %返回一个分段多项式的系数矩阵 pp，用于 ppval 和样条工具 unmkpp
```

【例 11-10】　对离散分布在 $y=\exp(x)\sin(x)$ 函数曲线上的数据点进行样条插值计算。

解　在编辑器窗口中输入以下语句。运行程序，输出图形如图 11-5 所示。

```
clear, clf
x=[0 2 4 5 8 12 12.8 17.2 19.9 20];
```

```
y=exp(x).*sin(x);
xx=0:.25:20;
yy=spline(x,y,xx);
plot(x,y,'o',xx,yy)
```

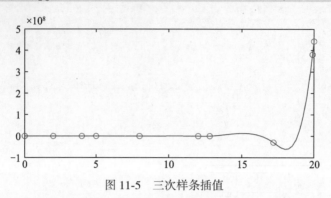

图 11-5　三次样条插值

在 MATLAB 中，还提供了其他一些插值函数，如 griddedInterpolant、pchip、makima、spline、ppval、mkpp、unmkpp、padecoef、interpft，限于篇幅，这里就不再讲解。

11.3　曲线拟合

第 45 集
微课视频

在科学和工程领域，曲线拟合的主要功能是寻找平滑的曲线，以最好地表现带有噪声的测量数据，从这些测量数据中寻找两个函数变量之间的关系或变化趋势，最后得到曲线拟合的函数表达式 $y = f(x)$。

从 11.2 节可以看出，使用多项式进行数据拟合会出现数据振荡，而 Spline 插值的方法可以得到很好的平滑效果，但是关于该插值方法有太多的参数，不适合曲线拟合。

同时，由于在进行曲线拟合时，已经认为所有测量数据中已经包含噪声，因此最后的拟合曲线并不要求通过每个已知数据点，衡量拟合数据的标准则是整体数据拟合的误差最小。

一般情况下，MATLAB 的曲线拟合方法采用的是"最小方差"函数，其中方差的数值是拟合曲线和已知数据之间的垂直距离。

11.3.1　多项式拟合

在 MATLAB 中，polyfit 函数采用最小二乘法对给定的数据进行多项式拟合，得到该多项式的系数。该函数的调用方式如下。

```
p=polyfit(x,y,n)      %采用最小二乘法拟合，返回阶数为 n 的多项式 p(x) 的系数
                      %n 是 y 中数据的最佳拟合，p 中的系数按降幂排列，长度为 n+1
[p,S]=polyfit(x,y,n)  %额外返回结构体 S（矩阵）作为 polyval 函数的输入，以计算误差
[p,S,mu]=polyfit(x,y,n)   %还返回二元向量 mu，包含中心化值和缩放值
                      %mu(1) 为 mean(x)，mu(2) 为 std(x)
```

返回的多项式形式为

$$p(x) = p_1 x^n + p_2 x^{n-1} + \cdots + p_n x + p_{n+1}$$

【例 11-11】　某数据的横坐标为 x=[0.2 0.3 0.5 0.6 0.8 0.9 1.2 1.3 1.5 1.8]，纵坐标为 y=[1 2 3 5 6 7 6 5 4 1]，试对该数据进行多项式拟合。

解 在编辑器窗口中输入以下语句。运行程序，得到的输出结果如图 11-6 所示。

```
clear, clf
x=[0.3 0.4 0.7 0.9 1.2 1.9 2.8 3.2 3.7 4.5];
y=[1 2 3 4 5 2 6 9 2 7];
p5=polyfit(x,y,5);                    %5 阶多项式拟合
y5=polyval(p5,x);
p5=vpa(poly2sym(p5),5)                %vpa 函数用于显示 5 阶多项式

p9=polyfit(x,y,9);                    %9 阶多项式拟合
y9=polyval(p9,x);
plot(x,y,'bo')
hold on
plot(x,y5,'r')
plot(x,y9,'b--')
legend('原始数据','5 阶多项式拟合','9 阶多项式拟合',Location='northwest')
xlabel('x');ylabel('y')
```

运行程序后，还可以得到如下的 5 阶多项式。

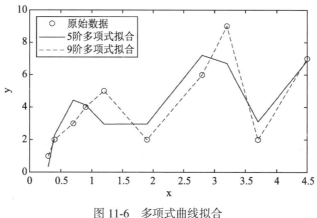

图 11-6 多项式曲线拟合

```
p5=
    0.8877*x^5 - 10.3*x^4 + 42.942*x^3 - 77.932*x^2 + 59.833*x - 11.673
```

可以看出，使用 5 次多项式拟合时，得到的结果比较差；使用 9 次多项式拟合时，得到的结果与原始数据拟合较好。

注意：使用 polyfit 函数进行拟合时，多项式的阶数最大不能超过 length(x)–1。

11.3.2 曲线拟合工具

MATLAB 还提供了曲线拟合工具直接进行曲线拟合。该工具可以实现多种曲线的拟合，可以绘制拟合残余，还可以将拟合结果和估计数值保存到 MATLAB 工作区中。

曲线拟合工具位于 MATLAB 图形窗口的"工具"菜单下的"基本拟合"命令中。下面通过一个示例展示曲线拟合工具的应用。

1. 曲线拟合

（1）在使用该工具时，首先将需要拟合的数据采用 plot 函数绘图，在编辑器窗口中输入以下语句。

```
clear, clf
x=-3:1:3;
y=[1.1650  0.0751  -0.6965  0.0591 0.6268  0.3516  1.6961];
plot(x,y,'o')
```

运行程序，得到如图 11-7 所示的图形窗口。

（2）在该图形窗口中执行"工具"→"基本拟合"菜单命令，将弹出"基本拟合"对话框。单击各选项左侧的"展开"按钮 ▾，将全部展开基本拟合对话框，如图 11-8 所示。

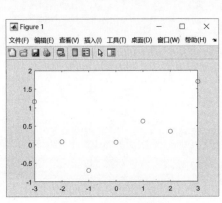

图 11-7　绘制原始数据

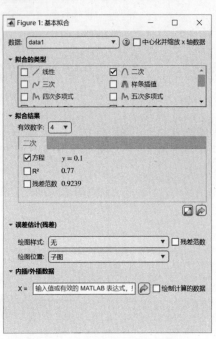

图 11-8　"基本拟合"对话框

（3）在"基本拟合"对话框的"拟合的类型"选项组中勾选"五次多项式"复选框，在图形窗口中会把拟合曲线绘制出来；在"拟合结果"选项区域中勾选"方程"复选框，此时图形窗口中会自动列出曲线拟合的多项式，如图 11-9 所示。

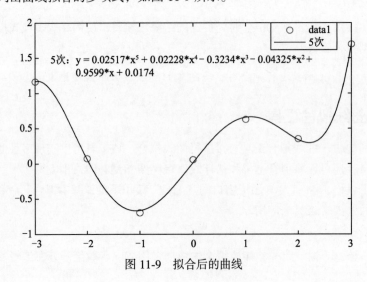

图 11-9　拟合后的曲线

（4）单击"拟合结果"选项区域右下方的"扩展结果"按钮 ，将弹出如图 11-10 所示的"5 次拟合结果"对话框，该对话框中会自动列出曲线拟合的多项式系数、残差范数等。

2. 拟合残差

绘制拟合残差图形，并显示拟合残差及其标准差。

（1）在"基本拟合"对话框中展开"误差估计（残差）"选项组，在"绘图样式"下拉列表框中选择"条形图"，在"绘图位置"下拉列表框中选择"子图"，并勾选"残差范数"复选框，如图 11-11 所示。

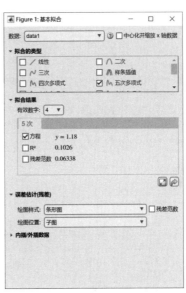

图 11-10　选择 5 阶多项式拟合　　　　图 11-11　显示拟合残差及其标准差

（2）完成上面的设置后，MATLAB 会在图形窗口原始图形的下方绘制残差图形，并在图形中显示残差的标准差，如图 11-12 所示。

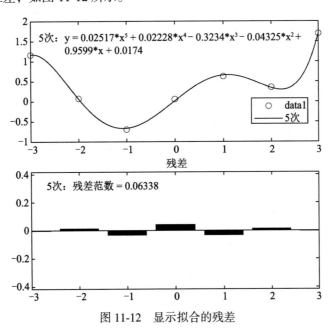

图 11-12　显示拟合的残差

在"基本拟合"对话框中可以选择残差图形的图标类型，可以在对应的选项组中选择图标类型，还可以选择绘制残差图形的位置。

3. 数据预测

（1）在"基本拟合"对话框中展开"内插/外插数据"选项组，在 X=文本框中输入-2:0.8:2，在其下方表格会显示预测数据，如图 11-13 所示。

（2）勾选"绘制计算的数据"复选框，预测结果将显示在图形窗口中，如图 11-14 所示。

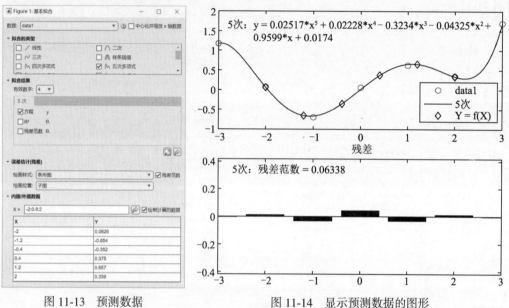

第 46 集
微课视频

图 11-13 预测数据   图 11-14 显示预测数据的图形

（3）保存预测的数据，然后单击"将计算导入工作区"按钮 ，弹出"将结果保存到工作区"对话框，如图 11-15 所示。在其中设置保存数据选项，单击"确定"按钮，即可保存预测的数据。

上面的操作比较简单，基本演示了曲线拟合工具的使用方法，读者可以根据实际情况，选择不同的拟合参数，完成其他的拟合工作。

图 11-15 保存预测数据

11.4　优化问题

在 MATLAB 中，基于问题的求解包括对方程问题及对优化问题的求解两类，其中 optimvar 函数用于创建优化变量，eqnproblem 函数用于创建方程问题，optimproblem 函数用于创建优化问题，solve 函数用于对问题的求解，下面分别介绍。

11.4.1　创建优化变量

在 MATLAB 中，利用 optimvar 函数可以创建优化变量，其调用格式如下。

```
x=optimvar(name)          %创建标量优化变量（符号对象），为目标函数和问题约束创建表达式
x=optimvar(name,n)        %创建由优化变量组成的 n×1 向量
x=optimvar(name,cstr)     %创建可使用 cstr 进行索引的优化变量向量
```

说明：x 的元素数与 cstr 向量的长度相同；x 的方向与 cstr 的方向相同，当 cstr 是行向量时，x 也是行向量，当 cstr 是列向量时，x 也是列向量。

```
x=optimvar(name,cstr1,n2,...,cstrk)
                          %基于正整数 ni 和名称 cstrk 的任意组合创建一个优化变量数组
                          %其维数等于整数 ni 和条目 cstr1k 的长度
x=optimvar(name,{cstr1,cstr2,...,cstrk})    %同上
x=optimvar(name,[n1,n2,...,nk])             %同上
x=optimvar(____,Name,Value)   %使用由一个或多个 Name-Value 参数对指定的其他选项
```

Name-Value（名称-值）参数对如表 11-2 所示。

表 11-2　optimvar函数名称-值参数对

Name	含　义	Value
'Type'	变量类型	指定为'continuous'（实数值）或'integer'（整数值）。适用于数组中的所有变量，当需要多种变量类型时需要创建多个变量
'LowerBound'	下界	指定为与x大小相同的数组或实数标量，默认为Inf，如果为标量，则该值适用于x的所有元素
'UpperBound'	下界	指定为与x大小相同的数组或实数标量，默认为Inf，如果为标量，则该值适用于x的所有元素

【例 11-12】　利用 optimvar 函数创建变量示例。

解　在命令行窗口中依次输入以下语句。

```
>> dollars=optimvar('dingding')          %创建一个名为 dingding 的标量优化变量
>> x=optimvar('x',3)                      %创建一个名为 x 的 3×1 优化变量向量
>> x=optimvar('x','Type','integer')       %指定整数变量
>> xarray=optimvar('xarray',3,4,2)        %创建一个名为 xarray 的 3×4×2 优化变量数组
>> x=optimvar('x',3,3,3,'Type','integer','LowerBound',0,'UpperBound',1)
                                          %创建一个名为 x，大小为 3×3×3 的表示二元优化变量
```

读者可自行运行，观察输出结果。

11.4.2　创建方程问题

在 MATLAB 中，利用 eqnproblem 函数可以创建方程问题，其调用格式如下。

```
prob=eqnproblem                   %利用默认属性创建方程问题
prob=eqnproblem(Name,Value)       %使用一个或多个 Name-Value 参数对指定附加选项
```

Name-Value（名称-值）参数对如表 11-3 所示。

表 11-3　eqnproblem函数名称-值参数对

Name	含　义	Value
'Equations'	问题约束	指定为OptimizationEquality数组或以OptimizationEquality数组为字段的结构体，如sum(x.^2,2)==4
'Description'	问题标签	指定为字符串或字符向量，不参与运算，可以存储关于模型或问题的描述性信息

例如，在构造问题时可以使用 Equations 名称指定方程等。其中，Name 为参数名称，必须放在引号中，Value 为对应的值。例如：

```
prob=eqnproblem('Equations',eqn)
```

输出参数 prob 为方程问题，它以 EquationProblem 对象形式返回。通常需要指定 prob.Equations 完成问题的描述，对于非线性方程，还需要指定初始点结构体。最后通过调用 solve 函数完成问题的完整求解。

注意：基于问题的优化求解方法不支持在目标函数、非线性等式或非线性不等式中使用复数值。如果某函数计算具有复数值，哪怕是作为中间值，最终结果也可能不正确。

【例 11-13】　基于问题求多项式非线性方程组的解。其中，x 为 2×2 矩阵。

$$x^3 = \begin{bmatrix} 1 & 2 \\ 3 & 4 \end{bmatrix}$$

解　在编辑器窗口中输入以下代码。

```
x=optimvar('x',2,2);              %将变量 x 定义为一个 2×2 矩阵变量
eqn=x^3==[1 2; 3 4];              %使用 x 定义要求解的方程
prob=eqnproblem('Equations',eqn); %用此方程创建一个方程问题
x0.x=ones(2);      %基于问题方法，将初始点指定为结构体，并将变量名称作为结构体的字段
sol=solve(prob,x0);               %从[1 1;1 1]点开始求解问题
disp(sol.x)                       %查看求解结果
sol.x^3                           %验证解
```

运行程序，输出结果如下。

```
Solving problem using fsolve.
Equation solved.
fsolve completed because the vector of function values is near zero as measured
by the value of the function tolerance, and the problem appears regular as
measured by the gradient.
<stopping criteria details>
   -0.1291    0.8602
    1.2903    1.1612
ans=
    1.0000    2.0000
    3.0000    4.0000
```

11.4.3　创建优化问题

在 MATLAB 中，利用 optimproblem 函数可以创建优化问题，其调用格式如下。

```
    prob=optimproblem                      %利用默认属性创建优化问题
    prob=optimproblem(Name,Value)          %使用一个或多个 Name_Value 参数对指定附加选项
```

其中，Name 为参数名称，必须放在引号中，Value 为对应的值，如表 11-4 所示。

表 11-4　optimproblem函数名称-值参数对

Name	含　　义	Value
'Constraints'	问题约束	指定为OptimizationConstraint数组或以OptimizationConstraint数组为字段的结构体，如prob=optimproblem('Constraints',sum(x,2)==1)
'Objective'	目标函数	指定为标量OptimizationExpression对象，如prob=optimproblem('Objective', sum(sum(x)))
'ObjectiveSense'	优化方向	指定为'minimize'（或'min'，默认）时，solve函数将最小化目标；指定为'maximize'（或'max'）时，函数将最大化目标。如prob=optimproblem('ObjectiveSense','max')
'Description'	问题标签	指定为字符串或字符向量，不参与运算，可以存储关于模型或问题的描述性信息

输出参数 prob 为方程问题，它以 OptimizationProblem 对象形式返回。通常需要指定目标函数和约束完成问题的描述。但是，也可能会遇到没有目标函数的可行性问题或没有约束的问题。最后通过调用 solve 函数求解完整的问题。

基于问题的方法不支持目标函数、非线性等式或非线性不等式中使用复数值。如果某函数计算具有复数值，即使是作为中间值，最终结果也可能不正确。

```
>> prob=optimproblem
prob=
  OptimizationProblem - 属性:
      Description: ''
   ObjectiveSense: 'minimize'
        Variables: [0×0 struct] containing 0 OptimizationVariables
        Objective: [0×0 OptimizationExpression]
      Constraints: [0×0 struct] containing 0 OptimizationConstraints
No problem defined.
```

说明： 在创建优化问题时，使用比较运算符==、<=或>=从优化变量创建优化表达式，其中由==创建等式，由<=或>=创建不等式约束。

【例 11-14】　创建并求解拥有两个正变量和 3 个线性不等式约束的最大化线性规划问题。

解　在编辑器窗口中输入以下语句。

```
prob=optimproblem('ObjectiveSense','max');    %创建最大化线性规划问题
x=optimvar('x',2,1,'LowerBound',0);           %创建正变量
prob.Objective=x(1)+2*x(2);                   %在问题中设置一个目标函数

%在问题中创建线性不等式约束
cons1=x(1)+5*x(2)<=100;
cons2=x(1)+x(2)<=40;
cons3=2*x(1)+x(2)/2<=60;
prob.Constraints.cons1=cons1;
prob.Constraints.cons2=cons2;
prob.Constraints.cons3=cons3;
```

```
        show(prob)                              %检查问题是否正确
        sol=solve(prob);                        %问题求解
        sol.x                                   %显示求解结果
```

运行程序，输出结果如下。

```
        OptimizationProblem:
Solve for:
      x
maximize:
      x(1) + 2*x(2)
subject to cons1:
      x(1) + 5*x(2) <= 100
subject to cons2:
      x(1) + x(2) <= 40
subject to cons3:
      2*x(1) + 0.5*x(2) <= 60
variable bounds:
      0 <= x(1)
      0 <= x(2)
Solving problem using linprog.
Optimal solution found.
ans=
   25.0000
   15.0000
```

11.4.4   问题求解

在 MATLAB 中，利用 solve 函数可以求优化问题或方程问题的解，其调用格式如下。

```
sol=solve(prob)              %求解 prob 指定的优化问题或方程问题
sol=solve(prob,x0)           %从初始点 x0 开始求解 prob，x0 指定为结构体，其字段名称
                             %等于 prob 中的变量名称
sol=solve(___,Name,Value)    %使用 Name-Value 参数对修正求解过程，如表 11-5 所示
[sol,fval]=solve(___)        %返回在解处的目标函数值
[sol,fval,exitflag,output,lambda]=solve(___)        %额外返回退出标志等
```

表 11-5   名称-值参数对

Name	含　义	Value
'Options'	优化选项	指定为一个由optimoptions创建的对象，或一个由optimset等创建的options结构体，如opts=optimoptions('intlinprog','Display','none') solve(prob,'Options',opts)
'Solver'	优化求解器	指定为求解器的名称
'ObjectiveDerivative'	对非线性目标函数使用自动微分	设置对非线性目标函数是否采用自动微分(AD)，指定为'auto'（尽可能使用AD）、'auto-forward'（尽可能使用正向AD）、'auto-reverse'（尽可能使用反向AD）或'finite-differences'（不要使用AD）
'ConstraintDerivative'	对非线性约束函数使用自动微分	设置对非线性约束函数是否采用自动微分(AD)，参数同上
'EquationDerivative'	对非线性方程使用自动微分	设置对非线性方程是否采用自动微分(AD)，参数同上

最后一条语句额外返回一个说明退出条件的退出标志 exitflag 和一个 output 结构体（包含求解过程的其他信息）；对于非整数优化问题，还返回一个拉格朗日乘数结构体 lambda。

例如，若 prob 具有名为 x 和 y 的变量，初始点可以指定如下。

```
>> x=optimvar('x');                    %创建名为 x 的优化变量
>> y=optimvar('y');                    %创建名为 y 的优化变量
>> x0.x=[3,2,17];                      %指定优化变量 x 的初始点
>> x0.y=[pi/3,2*pi/3];                 %指定优化变量 y 的初始点
```

【例 11-15】　求解由优化问题定义的线性规划问题。

解　在编辑器窗口中依次输入以下语句。

```
%创建优化问题
x=optimvar('x');
y=optimvar('y');
prob=optimproblem;                     %创建一个优化问题 prob
prob.Objective=-x-y/3;                 %创建目标函数

prob.Constraints.cons1=x+y<=2;         %创建约束 1
prob.Constraints.cons2=x+y/4<=1;       %创建约束 2
prob.Constraints.cons3=x-y<=2;         %创建约束 3
prob.Constraints.cons4=x/4+y>=-1;      %创建约束 4
prob.Constraints.cons5=x+y>=1;         %创建约束 5
prob.Constraints.cons6=-x+y<=2;        %创建约束 6

sol=solve(prob)                        %问题求解
val=evaluate(prob.Objective,sol)       %求目标函数在解处的值
```

运行程序，输出结果如下。

```
olving problem using linprog.
Optimal solution found.
sol=
    包含以下字段的 struct:
      x: 0.6667
      y: 1.3333
val=
    -1.1111
```

【例 11-16】　使用基于问题的方法求解非线性规划问题。在 $x^2+y^2 \leqslant 4$ 区域内，求 peaks 函数的最小值。

解　在编辑器窗口中依次输入以下语句。

```
x=optimvar('x');
y=optimvar('y');
prob=optimproblem('Objective',peaks(x,y));   %以 peaks 作为目标函数,创建优化问题
prob.Constraints=x^2+y^2<=4;                 %将约束作为不等式包含在优化变量中
x0.x=1;                                      %将 x 的初始点设置为 1
x0.y=-1;                                     %将 y 的初始点设置为-1
sol=solve(prob,x0)                           %求解问题
```

运行程序，输出结果如下。

```
Solving problem using fmincon.
Local minimum found that satisfies the constraints.
<stopping criteria details>
sol=
  包含以下字段的 struct:
    x: 0.2283
    y: -1.6255
```

说明： 如果目标函数或非线性约束函数不完全由初等函数组成，则必须使用 fcn2optimexpr 函数将这些函数转换为优化表达式。上面的示例可以通过以下方式转换。

```
convpeaks=fcn2optimexpr(@peaks,x,y);
prob.Objective=convpeaks;
sol2=solve(prob,x0)
```

【例 11-17】 从初始点开始求解混合整数线性规划问题。该问题有 8 个整数变量和 4 个线性等式约束，所有变量都限制为正值。

解 在编辑器窗口中依次输入以下语句。

```
prob=optimproblem;
x=optimvar('x',8,1,'LowerBound',0,'Type','integer');
Aeq=[22  13  26  33  21   3  14  26
      39  16  22  28  26  30  23  24
      18  14  29  27  30  38  26  26
      41  26  28  36  18  38  16  26];
beq=[7872; 10466; 11322; 12058];
cons=Aeq*x==beq;                         %创建 4 个线性等式约束
prob.Constraints.cons=cons;

f=[2  10  13  17   7   5   7   3];
prob.Objective=f*x;                       %创建目标函数

[x1,fval1,exitflag1,output1]=solve(prob);  %在不使用初始点的情况下求解问题

x0.x=[8 62 23 103 53 84 46 34]';
[x2,fval2,exitflag2,output2]=solve(prob,x0);  %使用初始可行点求解
fprintf('无初始点求解需要%d 步。\n 使用初始点求解需要%d 步。'...
                        ,output1.numnodes, output2.numnodes)
```

运行程序，输出结果略，读者自行输出查看即可。

说明： 给出初始点并不能始终改进问题。此处使用初始点节省了时间和计算步数。但是，对于某些问题，初始点可能会导致 solve 函数使用更多求解步数。

【例 11-18】 求下面的解整数规划问题，输出时不显示迭代过程。

$$\min \ -3x_1 - 2x_2 - x_3$$

$$\text{s.t.} \begin{cases} x_1 + x_2 + x_3 \leqslant 7 \\ 4x_1 + 2x_2 + x_3 = 12 \\ x_1, \ x_2 \geqslant 0 \\ x_3 = 0 \ \text{或} \ 1 \end{cases}$$

解　在编辑器窗口中依次输入以下语句。

```
x=optimvar('x',2,1,'LowerBound',0);              %声明变量 x1 和 x2
x3=optimvar('x3','Type','integer','LowerBound',0,'UpperBound',1);
prob=optimproblem;
prob.Objective=-3*x(1)-2*x(2)-x3;
prob.Constraints.cons1=x(1)+x(2)+x3<=7;
prob.Constraints.cons2=4*x(1)+2*x(2)+x3==12;
options=optimoptions('intlinprog','Display','off');
%[sol,fval,exitflag,output]=solve(prob)           %输出所有数据，便于检查
sol=solve(prob,'Options',options)
sol.x
x3=sol.x3
```

运行程序，输出结果如下。

```
sol=
  包含以下字段的 struct:
     x: [2×1 double]
    x3: 1
ans=
        0
    5.5000
x3=
     1
```

【例 11-19】　强制 solve 函数使用 intlinprog 求解线性规划问题。

解　在编辑器窗口中依次输入以下语句。

```
x=optimvar('x');
y=optimvar('y');
prob=optimproblem;
prob.Objective=-x-y/3;
prob.Constraints.cons1=x+y<=2;
prob.Constraints.cons2=x+y/4<=1;
prob.Constraints.cons3=x-y<=2;
prob.Constraints.cons4=x/4+y>=-1;
prob.Constraints.cons5=x+y>=1;
prob.Constraints.cons6=-x+y<=2;
sol=solve(prob,'Solver','intlinprog')
```

运行程序，输出结果如下。

```
Solving problem using intlinprog.
LP:              Optimal objective value is -1.111111.


Optimal solution found.
No integer variables specified. Intlinprog solved the linear problem.
sol=
  包含以下字段的 struct:
    x: 0.6667
    y: 1.3333
```

【例 11-20】 使用基于问题的方法求解非线性方程组。

解 在编辑器窗口中依次输入以下语句。

```
x=optimvar('x',2);                           %将 x 定义为一个二元素优化变量
eq1=exp(-exp(-(x(1)+x(2))))==x(2)*(1+x(1)^2);  %创建第 1 个方程作为优化等式
eq2=x(1)*cos(x(2))+x(2)*sin(x(1))==1/2;       %创建第 2 个方程作为优化等式
prob=eqnproblem;                             %创建一个方程问题
prob.Equations.eq1=eq1;
prob.Equations.eq2=eq2;
show(prob)                                   %检查问题
```

运行程序，输出结果如下。

```
   EquationProblem:
      Solve for:
         x
      eq1:
         exp((-exp((-(x(1) + x(2)))))) == (x(2) .* (1 + x(1).^2))
      eq2:
         ((x(1) .* cos(x(2))) + (x(2) .* sin(x(1)))) == 0.5
```

对于基于问题的方法，将初始点指定为结构体，并将变量名称作为结构体的字段。该问题只有一个变量 x。继续在编辑器窗口中依次输入以下语句。

```
x0.x=[0 0];
[sol,fval,exitflag]=solve(prob,x0)            %从[0,0]点开始求解问题
```

运行程序，输出结果如下。

```
Solving problem using fsolve.
Equation solved.
fsolve completed because the vector of function values is near zero as measured
by the value of the function tolerance, and the problem appears regular as
measured by the gradient.
<stopping criteria details>

sol=
   包含以下字段的 struct:
     x: [2×1 double]
fval=
   包含以下字段的 struct:
     eq1: -2.4070e-07
     eq2: -3.8255e-08
exitflag=
   EquationSolved
```

在命令行窗口中依次输入以下语句查看解点。

```
>> disp(sol.x)                               %查看解点
   0.3532
   0.6061
```

如果方程函数不是由初等函数组成的，需要使用 fcn2optimexpr 将函数转换为优化表达式。针对本例，转换如下。

```
ls1=fcn2optimexpr(@(x)ex x0.x=[0 0];
eq1=ls1==x(2)*(1+x(1)^2);
ls2=fcn2optimexpr(@(x)x(1)*cos(x(2))+x(2)*sin(x(1)),x);
eq2=ls2==1/2;
```

本章小结

　　基于数据分析和处理在各个领域的广泛应用，本章依次介绍了如何使用 MATLAB 进行常见的数据分析，包括数据插值、曲线拟合等。这些应用相对于前面的章节而言，涉及的数学知识比较深，因此建议读者在阅读本章内容时，能够结合数学知识进行学习。

本章习题

1．选择题

（1）求指定多项式的导数函数，应使用的函数是（　　　）。

A．conv　　　　　　　B．deconv　　　　　　C．polyder　　　　　　D．root

（2）求两个关于 x 的函数 $a(x)$、$b(x)$ 之商 $c(x)$ 的导数表达式，下列语句中正确的是（　　　）。

A．k=polyder(a)　　　　　　　　　　　B．k=polyder(b)

C．k=polyder(a,b)　　　　　　　　　　D．[q,d]=polyder(a,b)

（3）在进行一维插值时，下列方法中参数将对超出范围的分量执行外插法的是（　　　）。

A．makima　　　　　　B．nearest　　　　　　C．linear　　　　　　D．v5cubic

（4）下列说法中正确的是（　　　）。

A．interp2 函数的传入数据对单调性没有要求

B．interp2 函数的传入数据必须是栅格格式

C．邻近点插值方法得到的插值结果是连续的

D．对二维插值函数 interp2 而言，当数据(x,y)在平面上分布不均匀时，函数将不会对传入数据做任何预处理

（5）以下不是基本拟合对话框中信息栏的是（　　　）。

A．拟合的类型　　　　B．拟合结果　　　　　C．拟合图像　　　　　D．误差估计

（6）某数据的横坐标为[0.5,0.6,0.8,1.1,1.4,1.8]，纵坐标为[1.0,1.0,4.0,5.0,1.0,4.0]，使用 5 次多项式拟合，残差范数为（　　　）。

A．1.0464e−11　　　　B．1.0464e−12　　　　C．2.4467e−11　　　　D．2.4467e−12

（7）下列不属于多目标线性规划问题的求解方法是（　　　）。

A．单纯形法　　　　　B．理想点法　　　　　C．线性加权和法　　　D．目标规划法

（8）执行以下程序段后，下列不属于程序的输出内容的是（　　　）。

```
options=optimset('PlotFcns','optimplotfval','TolX',3e-7);
fun=@(x)100*((x(2) - x(1)^2))^2 + (1 - x(1))^2;
x0=[1,-2];
[x,fval]=fminsearch(fun,x0,options)
```

A．寻优结束点的坐标　　　　　　　　　B．寻优结束点对应的函数值

C．每次迭代的函数数值　　　　　　　　D．每次迭代结果随迭代次数变换的图像

（9）下列 optimset 函数的调用格式不正确的是（   ）。

A．options=optimset('TolX',5e−7); B．options=optimset(oldopts,newopts);

C．options=optimset(oldopts,Value); D．optimset=optimset(optimfun);

（10）下列描述不符合 solve 函数方法中 fminbnd 求解器性质的是（   ）。

A．该求解器将计算目标函数端点处的值

B．该求解器只能给出局部解

C．当解位于区间的边界上时，可能表现出慢收敛

D．作为优化对象的最小值函数必须是连续的

2. 填空题

（1）在 MATLAB 中，利用 conv 函数可以实现多项式的乘法运算，该函数主要用于计算_____。

（2）n 次多项式具有_____个根，使用_____函数可以求多项式的全部根。

（3）三维插值函数的调用格式 Vq=interp3(X,Y,Z,V,Xq,Yq,Zq)中，X、Y、Z 为_____，V 为_____。

（4）一维插值函数 interp1 的方法参数 makima 在使用时，查询点插入的值基于次数最大为_____的多项式_____函数。

（5）在 MATLAB 中，polyfit 函数采用_____对给定数据进行拟合。

（6）完成函数拟合后，要取得坐标向量[−3:0.2:3]上的预测数据，要在"基本拟合"对话框中展开_____选项组，在 X=文本栏中输入_____。

（7）optimset 函数的 TolFun 变量仅适用于_____，用于设置函数的_____，默认值为_____。在当前函数值与先前函数值相差_____olFun 时（相对于初始函数值），迭代结束。

（8）solve 函数中求解器 fmincon 的退出条件值 exitflag=1 表明_____，exitflag=−1 表明_____，exitflag=−2 表明_____。

（9）使用 fminunc 为求解器时，目标函数必须是_____，优化计算时，fminunc 只对_____进行优化，即 x 必须为_____。

（10）solve 函数中线性规划求解器 linprog 的退出条件值 exitflag=1 时，说明_____；exitflag=−2 时，说明_____；exitflag=−4 时，说明_____。

（11）在 MATLAB 中，基于问题的求解包括对_____及对_____的求解两类，其中 optimvar 函数用于_____，eqnproblem 函数用于_____，optimproblem 函数用于_____，solve 函数用于_____。

（12）在 MATLAB 中求解优化问题分为_____和_____两种求解问题的方法。

3. 计算与简答题

（1）已知 $f_1(x) = 5x^5 + 4x^4 + x^2 + 6$，$f_2(x) = x^3 - 4x + 1$，求函数 $f_3(x) = f_1(x)f_2(x)$ 的所有根。

（2）已知函数 $f_1(x) = 4x^2 + 2$，$f_2(x) = 3x - 7$，$f_3(x) = 3x^2 + 5x + 2$，求 $f_4(x) = f_1(x)f_2(x)$ 与 $f_3(x)$ 的商系数 $f_5(x)$。

（3）函数 $f(x) = xe^x \sin x$ 在采样坐标向量 $x = [-4.0:0.1:4.0]$ 下生成一系列函数值，使用这组采样点进行线性插值并输出点 3.1415 为横坐标的插值。

（4）对二元函数 $f(x) = 425(x^1 + x_2^2)^2 + (10 - x_1 - x_2)^2$ 在采样坐标向量 $x_1 = [-3.0:0.5:3.0]$、

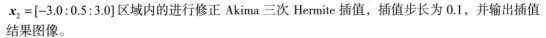

$x_2 = [-3.0 : 0.5 : 3.0]$ 区域内的进行修正 Akima 三次 Hermite 插值，插值步长为 0.1，并输出插值结果图像。

（5）设 $f(x) = e^x \cos x$，采样坐标向量为 $[-3 : 0.3 : 3]$，使用 7 次拟合，输出拟合结果图像和拟合残差。

（6）设 $f(x) = x^2 \cos x + \ln(x^2 + 1)$，采样向量为 $[0 : 0.5 : 5]$，使用 4 次拟合，输出拟合结果图像和拟合残差。

（7）阐述优化问题与方程问题可用求解器的适应范围。

（8）求解优化问题。求函数 $f(x) = -3x_1x_2x_3$ 满足条件 $-10 \leqslant 5x_1 + x_2 + x_3 \leqslant 100$ 时的最小值。

（9）求解目标函数 $f(x_1, x_2, x_3) = (x_1 + 1)^3 (x_2 + 2)^2 (x_3 + 3)$ 的最小值，约束条件如下。

$$\begin{cases} 250 - 232x_1^{-1.14} x_3^{0.9} \leqslant 0 \\ 15 + 0.205 x_1^4 x_2^{-2} x_3^{-1} \leqslant 0 \\ (x_1^2 - x_2^2)^{-2} + x_3^3 - 1234 \leqslant 0 \\ 0 \leqslant x_1 \leqslant 32 \\ 0 \leqslant x_2 \leqslant 74 \\ 0 \leqslant x_3 \leqslant 64 \end{cases}$$

（10）某单位有一批资金用于 4 个工程项目的投资，用于各工程项目时所得净收益占投入资金的百分比如表 11-6 所示。

表 11-6　工程项目收益

工程项目	A	B	C	D
收益/%	15	9	12	13

由于某种原因，决定用于项目 B 的投资不大于其他各投资之和；用于项目 C 和项目 D 的投资要大于项目 A 的投资，试确定使该单位收益最大的投资分配方案。

（11）求线性规划问题：

$$\min f(x) = -5x_1 - 4x_2 - 3x_3$$
$$\text{s.t.} \begin{cases} x_1 - x_2 + x_3 \leqslant 20 \\ 3x_1 + 2x_2 + 4x_3 \leqslant 42 \\ 3x_1 + 2x_2 \leqslant 30 \\ 0 \leqslant x_1, x_2, x_3 \end{cases}$$

（12）求二次规划问题：

$$\max f(x) = 8x_1 + 10x_2 - x_1^2 - x_2^2$$
$$\text{s.t.} \begin{cases} 3x_1 + 2x_2 \leqslant 6 \\ x_1, x_2 \geqslant 0 \end{cases}$$

（13）求多目标规划问题：

$$\min f_1(x) = 2x_1 + 1.5x_2$$
$$\max f_2(x) = x_1 + x_2$$
$$\text{s.t.} \begin{cases} x_1 + x_2 \geqslant 120 \\ 2x_1 + 1.5x_2 \leqslant 300 \\ x_1 \geqslant 60 \\ x_2 \geqslant 0 \end{cases}$$

（14）给定一根长度为 400m 的绳子，用来围成一块矩形的菜地，问长和宽各为多少时菜地的面积最大？

（15）某工厂利用甲、乙、丙 3 种原料，生产 A、B、C、D 共 4 种产品。每月可供应该厂原料甲 600t、乙 500t、丙 300t，生产 1t 产品 A、产品 B、产品 C 和产品 D 分别可获得利润 200元、250 元、300 元和 400 元。生产 1t 不同产品所消耗的原料数量如表 11-7 所示。问：工厂每月应如何安排生产计划，才能使总利润最大？

表 11-7　生产 1t不同产品所消耗的原料数量

单位：t

产　　品	原　　料		
	原料甲	原料乙	原料丙
产品A	1	0	1
产品B	1	1	2
产品C	2	1	1
产品D	2	3	0

<table>
<tr><td style="width:18%"></td><td></td></tr>
</table>

第12章

CHAPTER 12

输入与输出

MATLAB 具有直接对磁盘文件进行访问的功能，用户不仅可以进行程序设计，还可以进行磁盘文件的读/写操作。MATLAB 有很多有关文件输入和输出的函数，可以方便地对二进制文件或 ASCII 文件进行打开、关闭和存储等操作。本章将介绍如何打开与关闭文件、二进制文件与文本文件的读写及二者的区别，最后介绍文件位置控制和状态函数。

12.1 文件打开与关闭

熟悉 C 语言的读者都了解对文件进行操作的一些相关命令。MATLAB 中也有类似函数，但是与 C 语言中的函数有着细微的不同。

第 47 集
微课视频

12.1.1 打开文件

在使用程序或创建一个磁盘文件时，必须向操作系统发出打开文件的命令，使用完毕，还需要通知操作系统关闭这些文件。

在 MATLAB 中，利用 fopen 函数可以打开一个文件并返回这个文件的文件标识符，其调用格式如下。

```
fid=fopen(fname,permission) %打开文件 fname，并返回大于或等于 3 的整数文件标识符
[fid,msg]=fopen(fname,permission)
fids=fopen('all')        %返回包含所有打开文件的文件标识符的行向量
fname=fopen(fid)         %返回上一次调用 fopen 函数打开 fid 指定的文件时所使用的文件名
```

其中，fname 要打开的文件的名字；fid 是一个大于或等于 3 的非负整数，称为文件标识符，对文件进行的任何操作，都是通过这个标识符来传递的；permission 用于指定打开文件的模式（访问类型），可省略。permission 表示文件访问类型，具体如表 12-1 所示。

表 12-1　文件访问类型

字符串	含　　义
'r'	以只读方式打开文件，默认值
'w'	以写入方式打开或新建文件，写入时覆盖文件原有内容，如果文件名不存在，则生成新文件
'a'	增补文件，在文件尾增加数据，如果文件名不存在，则生成新文件
'r+'	读/写文件，不生成文件
'w+'	以读/写方式打开或新建文件，如果文件存有数据，写入时删除数据，从文件的开头写入

续表

字符串	含　义
'a+'	以读/写方式打开或新建文件，写入时从文件的最后追加数据
'A'	以写入方式打开或新建文件，从文件的最后追加数据。写入时不会自动刷新当前输出缓冲区
'W'	以写入方式打开或新建文件，如果文件存有数据，则删除其中的数据，从文件的开头写入数据。写入时不会自动刷新当前输出缓冲区

如果文件被成功打开，则在这个语句执行之后，fid 将为一个大于或等于 3 的非负整数（由操作系统设定），msg 将为一个空字符。如果文件打开失败，则在这个语句执行之后，fid 将为 −1，msg 将为解释错误出现的字符串。

如果返回的 fid 为−1，则表示无法打开该文件，原因可能是该文件不存在。而以'r'或'r+'方式打开文件，也可能是因为用户无权限打开此文件。在程序设计中，每次打开文件时都要进行打开操作是否正确的测定。

如果 MATLAB 要打开一个不在当前目录的文件，那么 MATLAB 将按搜索路径进行搜索。文件可以以二进制（默认）形式或文本形式打开，在二进制形式下，字符串不会被特殊对待。如果要求以文本形式打开文件，则需在 permission 字符串后面加't'，如'rt+'、'wt+'等。

提示： MATLAB 保留文件标识符 0、1 和 2 分别用于标准输入、标准输出（屏幕）和标准错误。

【例 12-1】 打开文件操作示例。

```
fid=fopen('exam.dat','r')    %以只读方式打开二进制文件exam.dat
fid=fopen('junk','r+')   %打开已存在文件junk，对其进行二进制形式的输入和输出操作
fid=fopen('junk','w+')   %创建新文件junk，对其进行二进制形式的输入和输出操作
                         %如果该文件已存在，则旧文件内容将被删除
```

如果文件已存在，将旧文件内容删除，替换已存在的数据，可以采用以下方式。

```
fid=fopen('outdat','wr')        %创建并打开输出文件outdat，等待写入数据
```

如果该文件已存在，新的数据将会添加到已存在的数据中，不替换已存在的数据，可以采用以下方式。

```
fid=fopen('outdat','at')        %打开要增加数据的输出文件outdat，等待写入数据
```

在试图打开一个文件之后，检查错误是非常重要的。如果 fid 的值为−1，则说明文件打开失败，系统会把这个问题报告给执行者，允许其选择其他文件或跳出程序。

使用 fopen 函数，要注意指定合适的权限，这取决于要读取数据还是要写入数据。在执行打开文件操作后，需要检查它的状态以确保它被成功打开。如果文件打开失败，则会提示解决方法。

12.1.2　关闭文件

在进行完读/写操作后，必须关闭文件，以免打开的文件过多造成资源浪费。在 MATLAB 中，利用 fclose 函数可以实现文件的关闭操作，其调用格式如下。

```
fclose(fid)             %关闭文件标识符为fid的文件
fclose('all')           %关闭所有文件
```

```
status=fclose(___)        %返回操作结果，文件关闭成功后，status 将为 0，否则为-1
```

注意：打开和关闭文件的操作都比较费时，因此，尽量不要将其置于循环语句中，以提高程序执行效率。

12.2　文件读写

在 MATLAB 中可以读/写文件，下面介绍读取和写入文件的 MATLAB 函数。

12.2.1　读取二进制文件

在 MATLAB 中，使用 fread 函数可以从文件中读取二进制数据，将每个字节看作一个整数，将结果写入一个矩阵中并返回，其调用格式如下。

```
A=fread(fid)%将打开文件中的数据读取到列向量 A 中，并将文件指针定位在文件结尾标记处
A=fread(fid,sizeA)        %将文件数据读取到维度为 sizeA 的数组 A 中(按列顺序填充 A)
A=fread(fid,precision)        %根据 precision 描述的格式和大小解释文件中的值
A=fread(fid,sizeA,precision)
A=fread(___,skip)        %在读取文件中的每个值之后将跳过 skip 指定的字节或位数
A=fread(___,machinefmt)        %另外指定在文件中读取字节或位时的顺序
[A,count]=fread(___)        %还将返回 fread 读取到 A 中的字符数
```

其中，fid 是用 fopen 打开的一个文件的文件标识符；A 是包含有数据的数组；count 用来读取文件中变量的数目；sizeA 是要读取文件中变量的数目，它有以下 3 种形式。

第 48 集
微课视频

（1）Inf：读取文件中的所有值。执行完后，A 将是一个列向量，包含有从文件中读取的所有值。

（2）[n,m]：从文件中精确地读取 $n\times m$ 个值，A 是一个 $n\times m$ 的数组。如果 fread 函数执行到达文件的结尾，而输入流没有足够的位数写满指定精度的数组元素，fread 函数就会用最后一位的数值或 0 填充，直到得到全部的值。

（3）n：准确地读取 n 个值。执行完后，A 将是一个包含有 n 个值的列向量。

如果发生错误，那么读取将直接到达最后一位。参数 precision 主要包括两部分：一是数据类型定义，如 int、float 等；二是一次读取的位数。默认情况下，precision 是 uchar（8 位字符型）。常用的精度字符串如表 12-2 所示。

表 12-2　精度字符串

字 符 串	描　　述	字 符 串	描　　述
'uchar'	无符号字符型	'int8'	整型（8位）
'schar'	带符号字符型（8位）	'int16'	整型（16位）
'single'	浮点数（32位）	'int32'	整型（32位）
'float32'	浮点数（32位）	'int64'	整型（64位）
'double'	浮点数（64位）	'uint8'	无符号整型（8位）
'float64'	浮点数（64位）	'uint16'	无符号整型（16位）
'bit$N$'	N位带符号整数($1\leqslant N\leqslant 64$)	'uint32'	无符号整型（32位）
'ubit$N$'	N位无符号整数($1\leqslant N\leqslant 64$)	'uint64'	无符号整型（64位）

【**例 12-2**】 读/写二进制数据。

解 默认存在一个 dingzx.m 文件，文件内容如下。运行程序后，结果如图 12-1 所示。

```
a=1:.2:3*pi;
b=sin(2*a);
plot(a,b+1);
```

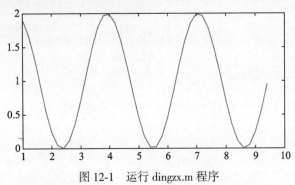

图 12-1 运行 dingzx.m 程序

利用 fread 函数读取此文件，在命令行窗口中输入以下语句。

```
>> fid=fopen('dingzx.m','r');
>> data=fread(fid);
```

在命令行窗口中输入以下语句进行验证。

```
>> disp(char(data'));
  a=1:.2:2*pi;
  b=sin(2*a);
  plot(a,b);
```

说明：如果不用 char 将 data 转换为 ASCII 字符，则输出的是一组整数，取 data 的转置是为了方便阅读。

【**例 12-3**】 读取整个文件的 uint8 数据。

```
>> fid=fopen('nine.bin','w');
>> fwrite(fid,[1:6]);          %将一个六元素向量写入示例文件中，见后文
>> fclose(fid);
>> fid=fopen('nine.bin');
>> A=fread(fid)               %返回一个列向量，文件中的每个字节对应一个元素
A=
    1
    2
    3
    4
    5
    6
>> whos A                     %查看 A 的相关信息
  Name      Size          Bytes  Class      Attributes
  A         6x1              48  double
>> fclose(fid);
```

还有一些类型是与平台有关的，平台不同，可能位数不同，如表 12-3 所示。

表 12-3 与平台有关的精度字符串

字符串	描 述	字符串	描 述
'char'	字符型（8位，有符号或无符号）	'ushort'	无符号整型（16位）
'short'	整型（16位）	'uint'	无符号整型（32位）
'int'	整型（32位）	'ulong'	无符号整型（32位或64位）
'long'	整型（32位或64位）	'float'	浮点数（32位）

12.2.2 写入二进制文件

在 MATLAB 中，利用 fwrite 函数可以将一个矩阵的元素按给定的二进制格式写入某个打开的文件中，并返回成功写入的数据个数，其调用格式如下。

```
fwrite(fid,A)                    %将数组 A 的元素按列顺序以 8 位无符号整数的形式写入二进制文件
fwrite(fid,A,precision)          %按照 precision 说明的形式和大小写入 A 中的值
fwrite(fid,A,precision,skip)     %在写入每个值之前跳过 skip 指定的字节数或位数
fwrite(fid,A,precision,skip,machinefmt)    %额外指定将字节或位写入文件的顺序
count=fwrite(___)                %返回 A 中 fwrite 函数已成功写入文件的元素
```

其中，fid 是用 fopen 打开的一个文件的文件标识符；A 是写出变量的数组；count 是写入文件变量的数目；precision 用于指定输出数据的格式；skip 用于指定在写入每个值之前跳过的字节数或位数；machinefmt 指定字节或位写入文件的顺序。

MATLAB 既支持平台独立的精度字符串，又支持平台不独立的精度字符串。

本书中出现的字符串均为平台独立的精度字符串，所有这些精度都以字节为单位，除了 bitN 和 ubitN，它们以位为单位。

选择性参数 skip 指定在每次写入输出文件之前要跳过的字节数或位数。在替换有固定长度的值时，这个参数将非常有用。

注意： 如果 precision 是一个像 bitN 或 ubitN 的一位格式，则 skip 以位为单位。

【例 12-4】 写入二进制文件。

下面的程序用于生成一个文件名为 dingwrt.bin 的二进制文件，包含 4×4 个数据，即 4 阶方阵，每个数据占用 8 字节的存储单位，数据类型为整型，输出变量 count 的值为 16。

```
>> fid=fopen('dingwrt.bin','w');
>> count=fwrite(fid,rand(4),'int32');
>> status=fclose(fid)
status=
    0
```

二进制文件无法用 type 命令显示文件内容，此时可采用以下命令进行查看。

```
>> fid=fopen('dingwrt.bin','r');
>> data=(fread(fid,16,'int32'))'
data=
    1    1    0    1    0    1    0    1    0    0    0    0    0    1    1    0    1    0    1    0    0
```

12.2.3 写入文本文件

在 MATLAB 中，利用 fprintf 函数可以将数据转换为指定格式字符串，并写入文本文件中，其调用格式如下。

```
fprintf(fid,formatSpec,A1,...,An)    %按列顺序将字符串应用于数组 A1,...,An 的
                                      %所有元素，并将数据写入一个文本文件
fprintf(formatSpec,A1,...,An)        %设置数据的格式并在屏幕上显示结果
count=fprintf(___)                   %返回 fprintf 函数所写入的字节数
```

其中，fid 由 fopen 函数产生，是要写入数据的那个文件的文件标识符，如果 fid 丢失，则数据将写入标准输出设备（命令行窗口）；formatSpec 是控制数据显示的字符串；count 是返回的成功写入的字节数；A1,...,An 是 MATLAB 的数据变量。

fid 值也可以是代表标准输出的 1 和代表标准出错的 2，如果 fid 省略，则默认值为 1，会被输出到屏幕上。常用的格式类型说明符如下。

%e：科学记数形式，即将数值表示成 $a \times 10^b$ 的形式。

%f：固定小数点位置的数据形式。

%g：在上述两种格式中自动选取长度较短的格式。

可以用一些特殊格式，如\n、\r、\t、\b、\f 等产生换行、回车、Tab、退格、走纸等字符。此外，还可以包括数据占用的最小宽度和数据精度的说明。所有可能的格式转换指定符如表 12-4 所示，可能的格式标识（修改符）如表 12-5 所示。

表 12-4　fprintf函数的格式转换指定符

指定符	描　　述	指定符	描　　述
%c	单个字符	%G	与%g类似，只不过要用到大写的E
%d	十进制表示（有符号）	%o	八进制表示（无符号）
%e	科学记数法（小写e，如3.1416e+00）	%s	字符串
%E	科学记数法（大写E，如3.1416E+00）	%u	十进制表示（无符号）
%f	固定点显示	%h	用十六进制表示（用小写字母af表示）
%g	%e和%f中的复杂形式，多余的零会被舍去	%H	用十六进制表示（用大写字母AF表示）

表 12-5　格式标识（修改符）

标识（修改符）	描　　述
负号（-）	数据在域中左对齐，如果没有这个符号，则默认为右对齐
+	输出时数据带有正负号
0	如果数据的位数不够，则用零填充前面的数

如果用格式字符串指定域宽和精度，那么小数点前的数就是域宽，域宽是所要显示的数据所占的字符数；小数点后的数是精度，是指小数点后应保留的位数。除了普通的字符和格式字符，还有转义字符，如表 12-6 所示。

表 12-6　格式字符串的转义字符

符　号	含　义	符　号	含　义	符　号	含　义
\a	警报	\r	回车	\\	打印一个普通反斜杠
\b	退后一格	\t	水平制表	' '	打印一个单引号
\f	换页	\v	垂直制表	%%	打印一个百分号（%）
\n	换行				

提示：fprintf 函数中的数据类型与格式字符串中的格式转换指定符的类型要一一对应，否则将会产生意想不到的结果。

【例 12-5】　将一个平方根表写入 dingfp.dat 文件中。

解　在命令行窗口中输入以下语句并显示输出结果。

```
>> a=4:8;
>> b=[a; sqrt(a)];
>> fid=fopen('dingfp.dat','w');
>> fprintf(fid,'平方根表:\n');                %输出标题文本
>> fprintf(fid,'%2.00f %5.5f\n',b);          %输出变量 b 的值
>> fclose(fid);
>> type dingfp.dat                            %查看文件的内容
平方根表:
 4 2.00000
 5 2.23607
 6 2.44949
 7 2.64575
 8 2.82843
```

12.2.4　读取文本文件

1. fscanf函数

若已知 ASCII 文件的格式，要进行更精确的读取，则可用 fscanf 函数从文件中读取格式化的数据，其调用格式如下。

```
A=fscanf(fid,formatSpec)            %将打开的文本文件中的数据读取到列向量 A 中
A=fscanf(fid,formatSpec,sizeA)      %将文件数据读取到维度为 sizeA 的数组 A 中
[A,count]=fscanf(___)               %额外返回读取到 A 中的字段数
```

其中，fid 是所要读取文件的文件标识符；formatSpec 是控制如何读取的格式字符串；A 是接收数据的数组；输出参数 count 返回从文件中读取的变量的个数；参数 sizeA 指定从文件中读取数据的数目，可以为以下形式。

（1）n：表示准确地读取 n 个值，执行完后，A 将是一个包含有 n 个值的列向量。

（2）[n,m]：表示从文件中精确地读取 $n \times m$ 个值，A 是一个 $n \times m$ 的数组。

（3）Inf：表示读取文件中的所有值，执行完后，A 将是一个列向量，包含有从文件中读取的所有值。

格式字符串用于指定所要读取数据的格式,格式字符串由普通字符和格式转换指定符组成。fscanf 函数把文件中的数据与文件字符串的格式转换指定符进行对比，只要两者匹配，fscanf 函

数就对值进行转换并把它存储在输出数组中。这个过程直到文件结束或读取的文件数目达到了 size(A)时才会结束。

formatSpec 用于指定读入数据的类型，其常用的格式如下。

%s：按字符串进行输入转换。

%d：按十进制数据进行转换。

%f：按浮点数进行转换。

另外，还有其他格式，它们的用法与 C 语言的 fprintf 函数中参数的用法相同。如果文件中的数据与格式转换指定符不匹配，fscanf 函数的操作就会中止。

在格式说明中，除了单个的空格字符可以匹配任意个数的空格字符，通常的字符在输入转换时将与输入的字符一一匹配，fscanf 函数将输入的文件看作一个输入流，MATLAB 根据格式匹配输入流，并将在流中匹配的数据读入 MATLAB 系统中。

【例 12-6】 读取文本文件中的数据。

解 在命令行窗口中输入以下语句并显示输出结果。

```
>> x=100*rand(4,1);
>> fid=fopen('dingfc.txt','w');
>> fprintf(fid,'%4.4f\n',x);            %创建一个包含浮点数的示例文本文件
>> fclose(fid);
>> type dingfc.txt                      %查看文件的内容
83.0829
58.5264
54.9724
91.7194
>> fid=fopen('dingfc.txt','r');         %打开要读取的文件并获取文件标识符
>> formatSpec='%f';                     %定义要读取的数据的格式,'%f'指定浮点数
>> A=fscanf(fid,formatSpec)             %读取文件数据并按列顺序填充输出数组 A
A=
   83.0829
   58.5264
   54.9724
   91.7194
>> fclose(fid);                         %关闭文件
```

2. fgetl和fgets函数

如果需要读取文本文件中的某一行，并将该行的内容以字符串形式返回，则可采用 fgetl 和 fgets 函数实现，其调用格式如下。

```
tline=fgetl(fid)        %从文件中把下一行（最后一行除外）当作字符串来读取，并删除换行符
tline=fgets(fid)        %从文件中把下一行（包括最后一行）当作字符串来读取，并包含换行符
tline=fgets(fid,nchar)  %返回下一行中的最多 nchar 个字符
```

其中，fid 是所要读取的文件的标识符；tline 是接收数据的字符数组，如果函数遇到文件的结尾，则 tline 的值为-1。

提示： 以上两个函数的功能很相似，均可从文件中读取一行数据，区别在于 fgetl 函数会舍弃换行符，而 fgets 函数则保留换行符。

【例 12-7】　读取 badpoem.txt 文件（内置文件）的一行内容，并比较两种读取方式。

解　在命令行窗口中输入以下命令并显示输出结果。

```
>> fid=fopen('badpoem.txt');        %打开文件
>> line_ex=fgetl(fid)               %读取第 1 行，读取时排除换行符
line_ex=
'Oranges and lemons,
>> frewind(fid);                    %再次读取第 1 行，首先将读取位置指针重置到文件的开头
>> line_in=fgets(fid)               %读取第 1 行，读取时包含换行符
line_in=
    'Oranges and lemons,
    '
%通过检查 fgetl 和 fgets 函数返回的行的长度，比较二者的输出
>> length(line_ex)
ans=19
>> length(line_in)
ans=20
fclose(fid);                        %关闭文件
```

12.2.5　文件格式化与二进制输入/输出

格式转换指定符为文件格式转换提供了帮助。格式化文件的优点是可以清楚地看到文件包括什么类型的数据，还可以非常容易地在不同类型的程序间进行转换；缺点是程序必须做大量的工作，对文件中的字符串进行转换（转换为相应的计算机可以直接应用的中间数据格式）。

如果读取数据到其他的 MATLAB 程序中，则所有这些工作都会造成资源浪费。可以直接应用的中间数据格式要比格式化文件中的数据大得多。因此，用字符格式存储数据是低效的且浪费磁盘空间。

无格式文件（二进制文件）可以克服上面的缺点，其中的数据无须转换，可以直接把内存中的数据写入磁盘。因为没有转换发生，所以计算机就没有时间浪费在格式化数据上了。

在 MATLAB 中，二进制输入/输出操作要比格式化输入/输出操作快得多，因为它中间没有转换，数据占用的磁盘空间更小。另外，二进制数据不能进行人工检查和人工翻译，不能移植到不同类型的计算机上，因为不同类型的计算机有不同的中间过程表示整数或浮点数。

格式化输入/输出数据会产生格式化文件。格式化文件由组织字符、数字等组成，并以 ASCII 文本格式存储。这类数据很容易辨认，因为可以将它在屏幕上显示出来或在打印机上打印出来。但是，为了应用格式化文件中的数据，MATLAB 程序必须把文件中的字符转换为计算机可以直接应用的中间数据格式。

格式化文件与无格式化文件的区别如表 12-7 所示。通常，对于那些必须进行人工检查或必须在不同的计算机上运行的数据，最好选择格式化文件。

对于那些不需要进行人工检查且在相同类型的计算机上创建并运行的数据，最好选择无格式化文件存储，因为在此环境下，无格式化文件的运算速度要快得多，占用的磁盘空间也更小。

表 12-7　格式化文件与无格式化文件的区别

格式化文件	无格式化文件
能在输出设备上显示数据	不能在输出设备上显示数据
能在不同的计算机上很容易地进行移植	不能在不同的计算机上很容易地进行移植
相对地，需要较大的磁盘空间	相对地，需要较小的磁盘空间
需要较长的计算时间	需要较短的计算时间
在格式化的过程中，会产生截断误差或四舍五入错误	不会产生截断误差或四舍五入错误

【例 12-8】　格式化和二进制输入/输出文件的比较。

本例比较用格式化和二进制输入/输出操作读/写一个含 10000 个元素的随机数组所需的时间，每项操作运行 15 次求平均值。代码保存为脚本文件 compare.m。

```
%定义变量:count 为读写计数器, fid 为文件标识符, in_array 为输入数组, msg 为弹出错误信息
%out_array 为输出数组, status 表示运算, time 以 s 为单位计时

out_array=randn(1,10000);                          %产生10000个数据的随机数组

%（1）二进制输出操作计时
tic;                                               %重启秒表计时器
for ii=1:15                                        %设置循环次数为15次
    [fid,msg]=fopen('unformatted.dat','w');        %打开二进制文件进行写入操作
    count=fwrite(fid,out_array,'float64');         %写入数据
    status=fclose(fid);                            %关闭文件
end
time=toc/15;                                       %获取平均运行时间
fprintf('未格式化文件的写入时间=%6.3f\n',time);

%（2）格式化输出操作计时
tic;
for ii=1:15
    [fid,msg]=fopen('formatted.dat','wt');         %打开格式化文件进行写入操作
    count=fprintf(fid,'%24.15e\n',out_array);
    status=fclose(fid);
end
time=toc/15;                                       %获取平均运行时间
fprintf('格式化文件的写入时间=%6.4f\n',time);

%（3）二进制操作计时
tic;
for ii=1:15
    [fid,msg]=fopen('unformatted.dat','r');        %打开二进制文件进行读取操作
    [in_array,count]=fread(fid,Inf,'float64');     %读取数据
    status=fclose(fid);
end
time=toc/15;                                       %获取平均运行时间
fprintf('未格式化文件的读取时间=%6.4f\n',time);

%（4）格式化输入操作的时间
```

```
tic;
for ii=1:15
    [fid,msg]=fopen('formatted.dat','rt');        %打开格式化文件进行读取操作
    [in_array, count]=fscanf(fid,'%f',Inf);
    status=fclose(fid);
end
time=toc/15;                                       %获取平均运行时间
fprintf('格式化文件的读取时间=%6.3f\n',time)
```

在命令行窗口中输入以下语句并显示输出结果。

```
>> compare
未格式化文件的写入时间=0.002
格式化文件的写入时间=0.0105
未格式化文件的读取时间=0.0003
格式化文件的读取时间=0.025
```

从结果中可以看到，写入格式化文件数据所需的时间大于写入无格式化文件数据所需的时间，读取时间也大于无格式化文件所需的时间。因此，在非必须情况下，应尽可能采用二进制输入/输出操作。

12.3　文件位置控制

根据操作系统的规定，在读/写数据时，默认的方式总是从磁盘文件的开始顺序地向后在磁盘空间上读/写数据。操作系统通过一个文件指针指示当前的文件位置。

MATLAB 通过专用函数控制和移动文件指针，以达到随机访问磁盘文件的目的。MATLAB 文件是连续地从第 1 条记录开始一直读到最后一条记录。

第 49 集
微课视频

12.3.1　检测函数

在 MATLAB 中，exist 函数用来检测工作区中的变量、内建函数或 MATLAB 搜索路径中的文件是否存在，其调用格式如下。

```
ident=exist('item');              %若条目 item 存在，就根据其类型返回一个值
ident=exist('item','kind');       %指定所要搜索的 item 的类型 kind
```

其中，合法类型 kind 包括 var、file、builtin 和 dir，运行返回的可能结果如表 12-8 所示。利用 exist 函数可以判断一个文件是否存在。当文件被打开时，fopen 函数中的权限运算符 w 和 w+会删除已有文件内容。

表 12-8　exist函数的返回值

值	意　义	值	意　义
0	没有发现条目	5	条目是一个内建函数
1	条目为当前工作区的一个变量	6	条目是一个p代码文件
2	条目为M文件或未知类型的文件	7	条目是一个目录
3	条目是一个MEX文件	8	条目是类
4	条目是一个Simulink模型或库文件		

【例 12-9】 打开一个输出文件。

本例程序从用户那里得到输出文件名，并检查它是否存在。如果存在，就询问用户是要用新数据覆盖这个文件，还是要把新的数据添加到这个文件中；如果不存在，那么这个程序会很容易地打开输出文件。代码保存为脚本文件 outp.m。

```matlab
%目的：打开一个输出文件，检测输出文件是否存在
%定义变量：fid 为文件标识符；out_fname 为输出文件名；yn 表示反馈（Yes/No）

out_fname=input('输入输出文件名：','s');        %得到输出文件
if exist(out_fname,'file')                     %检查文件是否存在
    disp('输出文件已存在。');                    %文件存在
    yn=input('保留现有文件？(y/n) ','s');
    if yn=='n'
        fid=fopen(out_fname,'wt');
    else
        fid=fopen(out_fname,'at');
    end
else
    fid=fopen(out_fname,'wt');                  %文件不存在
end
fprintf(fid,'%s\n',date);                       %输出数据
fclose(fid);
```

在命令行窗口中输入以下语句并显示输出结果。

```
>> outp
输入输出文件名：outp
输出文件已存在。
保留现有文件？(y/n) y
>> type outp
28-Feb-2023
```

12.3.2　错误提示

在 MATLAB 的输入/输出系统中，有许多中间数据变量，包括一些专门提示与每个打开文件相关的错误的变量。每进行一次输入/输出操作，这些错误提示就会被更新一次。

在 MATLAB 中，利用 ferror 函数可以得到这些错误提示变量，并把它们转换为易于理解的字符信息，其调用格式如下。

```
msg=ferror(fid)                         %为指定文件最近的文件 I/O 操作返回错误消息
[msg,errnum]=ferror(fid)                %额外返回与错误消息关联的错误编号
[msg,errnum]=ferror(fid,'clear')        %清除指定文件的错误指示符
```

这个函数会返回与 fid 相对应文件的大部分错误信息。它能在输入/输出操作进行后随时被调用，用来得到错误的详细描述。如果这个文件被成功调用，则产生的提示为"…"，错误数为 0。对于特殊的文件标识，参数 clear 用于清除错误提示。

【例 12-10】 获取最近的错误消息。

本例返回指定文件中最近出现的文件 I/O 错误的详细信息。在命令行窗口中输入以下语句并显示输出结果。

```
>> fid=fopen('outages.csv','r');          %打开要读取的文件
>> status=fseek(fid,-5,'bof')             %读取位置设置为从文件开始处算起的-5 个字节
status=
    -1
```

由于在文件开始之前没有数据存在，因此 fseek 函数返回-1，表示操作失败。

```
>> error=ferror(fid)                      %获取文件中最近出现的错误消息的详细信息
error=
    '偏移量错误 - 文件开始之前。'
>> fclose(fid);                           %关闭文件
```

12.3.3 判断数据位置

一个文件被打开后，就可以通过 feof 和 ftell 函数判断当前数据在文件中的位置。

在 MATLAB 中，feof 函数用于测试指针是否在文件结束位置，其调用格式如下。

```
status=feof(fid)                          %返回文件末尾指示符的状态
```

如果文件标识符为 fid 的文件的末尾指示值被置位，则此命令返回 1，说明指针在文件末尾；否则返回 0。

在 MATLAB 中，ftell 函数返回 fid 对应的文件指针读/写的位置，其调用格式如下。

```
position=ftell(fid)                       %返回指定文件中位置指针的当前位置
```

文件位置是一个非负整数，以字节为单位，从文件的开头开始计数。返回值为-1，代表位置询问不成功。如果这种情况发生了，则利用 ferror 函数询问不成功的原因。

12.3.4 指针位置设定

在 MATLAB 中，frewind 函数用于将指针返回到文件开始位置，其调用格式如下。

```
frewind(fid)                              %将文件位置指针设置到文件的开头
```

在 MATLAB 中，fseek 函数用于设定指针位置，其调用格式如下。

```
status=fseek(fid,offset,origin)           %设定指针位置相对于 origin 的 offset 字节数
```

其中，fid 是文件标识符；offset 是偏移量，以字节为单位，它可以是正数（向文件末尾方向移动指针）、0（不移动指针）或负数（向文件起始方向移动指针）；origin 是基准点，可以是 bof（文件起始位置）、cof（指针目前位置）、eof（文件末尾），也可以用-1、0 或 1 来表示。

如果返回值 status 为 0，则表示操作成功；返回-1 表示操作失败。

【例 12-11】 打开并读取文件示例。

解 在命令行窗口中输入以下语句并显示输出结果。

```
>> a=rand(1,6);
>> fid=fopen('dingrd.bin','w');
>> fwrite(fid,a,'short');
>> status=fclose(fid);
>> fid=fopen('dingrd.bin','r');
>> rd=fread(fid,'short');
>> rd'
ans=
    1    0    1    1    1    0
```

```
>> eof=feof(fid)                    %测试指针是否在文件结束位置
eof=
    1
>> frewind(fid);
>> status=fseek(fid,2,0)            %设定指针位置
status=
    0
>> position=ftell(fid)             %返回 fid 对应的文件指针读/写的位置
position=
    2
```

下面介绍几个操作注意事项。

（1）未经允许，请不要用新数据覆盖原有文件。

（2）在使用 fopen 函数时，一定要注意指定合适的权限，这取决于要读取数据还是要写入数据。良好的编程习惯可以帮助避免错误。

（3）在执行文件打开操作后，需要检查它的状态以确保它被成功打开。

（4）对于那些必须进行人工检查且必须在不同类型的计算机上运行的数据，用格式化文件创建数据；对于那些不需要进行人工检查且在相同类型的计算机上创建并运行的数据，用无格式化文件创建数据。当输入/输出速度缓慢时，用格式化文件创建数据。

（5）除非必须与非 MATLAB 程序进行数据交换，存储和加载文件时都应用 MAT 文件格式。这种格式是高效的且移植性强，它保存了所有 MATLAB 数据类型的细节。

本章小结

本章着重介绍了 MATLAB 的输入和输出函数，包括文件的打开、不同格式文件的读取与写入、对文件操作的几个函数的形式。通过本章的学习，读者可以掌握 MATLAB 输入和输出函数的操作，并且可以读取或写入不同格式的文件，也可以对文件进行相应的操作。

本章习题

1. 选择题

（1）如果[fid,msg]=fopen('test.txt','rt')未能成功执行，fid 将等于（   ）。

A. –1   B. –2   C. 3   D. 4

（2）当 permission 为（   ）时，执行 fid=fopen('exam.dat',permission)语句不会破坏原有文件中的数据。

A. 'W'或'a+'   B. 'w'或'a'   C. 'A'或'a+'   D. 'r'或'w'

（3）利用（   ）函数可实现文件的关闭操作。

A. fopen   B. fclose   C. fread   D. fwrite

（4）若存在一个 exam.bin 文件，其内容如下。

```
1 2 3
```

运行以下语句后，num=（   ）。

```
>> fid=fopen('exam.bin','r');
>> num=fread(fid,[1,4],'int8')
```

A．[1,2,3,3]　　　　B．[1,2,3,0]　　　　C．[1,2,3,0]^T　　　D．运行错误

（5）运行以下语句后，num 的值为（　　　）。

```
>> fid=fopen('ABC.bin','w');
>> num=fwrite(fid,rand(6),'int16');
>> fclose(fid)
```

A．16　　　　　　　B．256　　　　　　C．6　　　　　　D．36

（6）在 MATLAB 中，fprintf 函数用于（　　　）。

A．读取二进制文件　　　　　　　　　B．写入二进制文件

C．读取文本文件　　　　　　　　　　D．写入文本文件

（7）下列关于数据格式描述符的说法正确的是（　　　）。

A．%u 表示十进制整数

B．%3d 表示读取无符号十进制整型数据，取 3 位数据

C．%9.2f 表示读取实型数据，取 9 个字符（含小数点），小数部分占 2 位

D．%s 表示包含空格的字符串

（8）在 MATLAB 中，fgetl 函数和 fgets 函数都可从文件中读取一行数据，但 fgetl 函数会舍弃（　　　）。

A．换行符　　　　　B．走纸符　　　　C．回车符　　　　D．负号

（9）下列说法中正确的是（　　　）。

A．二进制文件占用磁盘空间小

B．二进制文件会出现四舍五入错误

C．格式化文件不能在输出设备上显示数据

D．格式化文件适用于不需要人工检查且在相同类型的计算机上创建并运行的数据

（10）fseek(fid,−1,0)语句表示（　　　）。

A．指针指向文件开始位置　　　　　　B．指针指向文件开始位置后 1 字节

C．指针指向文件当前位置前 1 字节　　D．指针指向文件结束位置前 1 字节

2．填空题

（1）fopen 函数默认打开_____文件，如果打开的是文本文件，则需要在允许使用方式后面加_____。

（2）fgetl 函数只能对_____进行操作，且读入的字符串不包含_____，如果读到文件末尾，则会_____。

（3）在用于文件定位的函数中，_____用于将文件指针定位到文件开头，ferror 用于_____。

（4）_____、_____用于读、写二进制文件，_____、fprintf、_____、_____用于格式化读、写 I/O。

（5）对 MAT 文件进行操作的 C++程序中，一定要包含头文件_____。

（6）_____是用于定义指向 MAT 文件指针的命令。

（7）在 Excel 环境下加载 Spreadsheet Link 程序后，会在 Excel 窗口的"开始"选项卡中增加一个_____命令组。

（8）通过 MATLAB 引擎，可以_____开发应用程序的效率，但包含 MATLAB 引擎函数的程序的执行效率_____。

（9）想获得某命令更详细的使用说明和帮助，可通过_____命令查询。

（10）_____函数可判断一个文件是否存在，当该函数返回值是 5 时，表示_____。

（11）在 MATLAB 中，可以利用_____函数打开一个文件并返回这个文件的文件标识符。如果返回的文件标识符为_____，则表示无法打开该文件。

（12）格式字符串由_____和_____组成，用于指定所要读取数据的格式。常用的格式包括按字符串进行转换格式_____、按十进制数据进行转换格式_____、按浮点数进行转换格式_____。

3. 计算与简答题

（1）计算当 $x = [0.0, 0.2, 0.4, \cdots, 2.0]$ 时，$f(x) = 3^x$ 的值，将计算结果写入 out1.txt 文件。

（2）已知 $y = x^2 + \ln\left(1 + \dfrac{x}{4}\right)$，当 $x = -3.9, -3.8, \cdots, 3.8, 3.9$ 时，求各点的函数值，此外：

① 将函数值输出到一个数据文件中；

② 从数据文件中读出数据，求各点函数值的平均值；

③ 将平均值添加到数据文件开头。

（3）若 Alphabet.txt 文件的内容是按顺序排列的 26 个小写英文字母，试读取前 8 个字母的 ASCII 码和这 8 个字符。

（4）试创建一个包含诗歌的文本文件 poem.txt，利用 fgetl 函数读出文本内容，并显示在屏幕上。

（5）试创建一个 4 阶正态分布方阵，并将方阵写入 dingfz.dat 文件中，方阵中数据保留 3 位小数。

（6）编写一个程序，该程序能读取一个文本文件的内容，并能将文本文件中字母全部转换为对应的小写字母并生成一个新文件。

（7）计算 $y = e^x \cos x, x \in [0, 2\pi]$。将 x 和 y 写入二进制文件 dingmn.dat，读取生成的文件中的后 30 组数据，并绘制图形。

（8）体测表.txt 文件的数据如表 12-9 所示，读取文件的数据。

表 12-9　体测表

姓　　名	性　　别	年龄/岁	身高/m	体重/kg
李华	男	20	1.74	75.1
王强	男	21	1.77	76.5
刘婷婷	女	22	1.65	46.3
李帅	男	25	1.73	66.1
张晓	男	17	1.81	79.4
姚丽	女	17	1.69	61.1
王小玲	女	21	1.68	50.5
曹哲哲	女	20	1.64	52.3
彭励	女	18	1.62	49.8
田涛	男	27	1.83	80.6

（9）执行下列程序后，a、b、c 的值为多少？

```
x=1:2:13;
fid=fopen('num.bin','w');
fwrite(fid,x,'int32');
fclose(fid);
fid=fopen('num.bin','r');
sta=fseek(fid,12,'bof');
a=fread(fid,1,'int32');
sta=fseek(fid,4,'cof');
b=ftell(fid);
c=fread(fid,1,'int32');
fclose(fid);
```

（10）试创建数据文件 Magic7.dat，在该文件存放 7 阶魔方阵，并读取文件内容。

参 考 文 献

[1] 付文利. MATLAB 应用全解[M]. 北京：清华大学出版社，2023.

[2] 刘浩，韩晶. MATLAB R2022a 完全自学一本通[M]. 北京：电子工业出版社，2022.

[3] 李昕. MATLAB 数学建模[M]. 2 版. 北京：清华大学出版社，2022.

[4] 沈再阳. MATLAB 信号处理[M]. 2 版. 北京：清华大学出版社，2023.

[5] 温正. MATLAB 科学计算[M]. 2 版. 北京：清华大学出版社，2023.

[6] 张岩. MATLAB 优化算法[M]. 2 版. 北京：清华大学出版社，2023.

[7] 李献. MATLAB/Simulink 系统仿真[M]. 2 版. 北京：清华大学出版社，2023.

[8] 温正. MATLAB 智能算法[M]. 2 版. 北京：清华大学出版社，2023.

[9] 刘成龙. MATLAB 图像处理[M]. 2 版. 北京：清华大学出版社，2023.

[10] 马昌凤，柯艺芬，谢亚君. 最优化计算方法及其 MATLAB 程序实现[M]. 北京：国防工业出版社，2015.

[11] 汪天飞，邹进，张军. 数学建模与数学实验[M]. 北京：科学出版社，2016.

[12] 汪晓银，李治，周保平. 数学建模与数学实验[M]. 3 版. 北京：科学出版社，2019.

[13] 周开利，邓春晖. MATLAB 基础及其应用教程[M]. 北京：北京大学出版社，2007.

[14] 李宏艳，郭志强. 数学实验 MATLAB 版[M]. 北京：清华大学出版社，2015.

[15] 张志涌，杨祖樱. MATLAB 教程[M]. 北京：北京航空航天大学出版社，2015.

[16] 刘卫国. MATLAB 程序设计与应用[M]. 3 版. 北京：高等教育出版社，2017.

[17] 胡晓冬，董辰辉. MATLAB 从入门到精通[M]. 2 版. 北京：人民邮电出版社，2018.

[18] 徐国保，赵黎明. MATLAB/Simulink 实用教程[M]. 北京：清华大学出版社，2017.